基础教育系列

21 世纪高校计算机应用技术系列规划教材

丛书主编 谭浩强

Web 数据库基础教程

（第二版）

魏善沛 编著

中国铁道出版社
CHINA RAILWAY PUBLISHING HOUSE

内 容 简 介

《Web 数据库基础教程（第二版）》承接了第一版的优点，在原有的基础上增强了教材的易读性，扩展和更新了所用的概念、知识和技术，加之图文并茂，可使读者的学习更加轻松、愉悦。本书的主要内容有：超文本置标语言 HTML、层叠样式表 CSS、可扩展置标语言 XML、FrontPage 2003、脚本语言 VBScript、脚本语言 JavaScript、Microsoft Visual Studio .NET 2003、ASP、ADO 以及 Web 数据库应用实例。书中所有例题和实例均已调试通过，书后有附录和部分习题的参考答案，便于读者及时参考和巩固所学内容。

本书适合作为各高校应用型计算机、电子商务等专业的教学用书，同时也可以作为相关培训班的培训教材和 Web 数据库爱好者的自学用书。

图书在版编目（CIP）数据

Web 数据库基础教程 / 魏善沛编著. —2 版. —北京：中国铁道出版社，2009.5

（21 世纪高校计算机应用技术系列规划教材. 基础教育系列）

ISBN 978-7-113-10102-2

Ⅰ.W… Ⅱ.魏… Ⅲ.因特网－数据库管理系统－高等学校－教材 Ⅳ.TP393.4

中国版本图书馆 CIP 数据核字（2009）第 083976 号

书　　名：Web 数据库基础教程（第二版）
作　　者：魏善沛　编著

策划编辑：秦绪好
责任编辑：崔晓静　　**编辑部电话**：（010）63583215
编辑助理：郑　楠　　**封面制作**：白　雪
版式设计：郑少云　　**责任印制**：李　佳

出版发行：中国铁道出版社（北京市宣武区右安门西街 8 号　　邮政编码：100054）
印　　刷：三河市华业印装厂
版　　次：2009 年 7 月第 2 版　　2009 年 7 月第 6 次印刷
开　　本：787mm × 1092mm　1/16　　**印张**：18.75　　**字数**：430 千
印　　数：5 000 册
书　　号：ISBN 978-7-113-10102-2/TP · 3321
定　　价：29.00 元

21世纪高校计算机应用技术系列规划教材

序

PREFACE

21世纪是信息技术高度发展且得到广泛应用的时代，信息技术从多方面改变着人类的生活、工作和思维方式。每一个人都应当学习信息技术、应用信息技术。人们平常所说的计算机教育其内涵实际上已经发展为信息技术教育，内容主要包括计算机和网络的基本知识及应用。

对多数人来说，学习计算机的目的是为了利用这个现代化工具工作或处理面临的各种问题，使自己能够跟上时代前进的步伐，同时在学习的过程中努力培养自己的信息素养，使自己具有信息时代所要求的科学素质，站在信息技术发展和应用的前列，推动我国信息技术的发展。

学习计算机课程有两种不同的方法：一是从理论入手；二是从实际应用入手。不同的人有不同的学习内容和学习方法。大学生中的多数人将来是各行各业中的计算机应用人才。对他们来说，不仅需要“知道什么”，更重要的是“会做什么”。因此，在学习过程中要以应用为目的，注重培养应用能力，大力加强实践环节，激励创新意识。

根据实际教学的需要，我们组织编写了这套“21世纪高校计算机应用技术系列规划教材”。顾名思义，这套教材的特点是突出应用技术，面向实际应用。在选材上，根据实际应用的需要决定内容的取舍，坚决舍弃那些现在用不到、将来也用不到的内容。在叙述方法上，采取“提出问题-解决问题-归纳分析”的三部曲，这种从实际到理论、从具体到抽象、从个别到一般的方法，符合人们的认知规律，且在实践过程中已取得了很好的效果。

本套教材采取模块化的结构，根据需要确定一批书目，提供了一个课程菜单供各校选用，以后可根据信息技术的发展和教学的需要，不断地补充和调整。我们的指导思想是面向实际、面向应用、面向对象。只有这样，才能比较灵活地满足不同学校、不同专业的需要。在此，希望各校的老师把你们的要求反映给我们，我们将会尽最大努力满足大家的要求。

本套教材可以作为大学计算机应用技术课程的教材以及高职高专、成人高校和面向社会的培训班的教材，也可作为学习计算机的自学教材。

由于全国各地区、各高等院校的情况不同，因此需要有不同特点的教材以满足不同学校、不同专业教学的需要，尤其是高职高专教育发展迅速，不能照搬普通高校的教材和教学方法，必须要针对它们的特点组织教材和教学。因此，我们在原有基础上，对这套教材作了进一步的规划。

本套教材包括以下五个系列：

- 基础教育系列
- 高职高专系列
- 实训教程系列
- 案例汇编系列
- 试题汇编系列

其中基础教育系列是面向应用型高校的教材，对象是普通高校的应用性专业的本科学生。高职高专系列是面向两年制或三年制的高职高专院校的学生，突出实用技术和应用技能，不涉及过多的理论和概念，强调实践环节，学以致用。后面三个系列是辅助性的教材和参考书，可供应用型本科和高职学生选用。

本套教材自2003年出版以来，已出版了70多种，受到了许多高校师生的欢迎，其中有多种教材被国家教育部评为**普通高等教育“十一五”国家级规划教材**。《计算机应用基础》一书出版三年内发行了50万册。这表示了读者和社会对本系列教材的充分肯定，对我们是有力的鞭策。

本套教材由浩强创作室与中国铁道出版社共同策划，选择有丰富教学经验的普通高校老师和高职高专院校的老师编写。中国铁道出版社以很高的热情和效率组织了这套教材的出版工作。在组织编写及出版的过程中，得到全国高等院校计算机基础教育研究会和各高等院校老师的热情鼓励和支持，对此谨表衷心的感谢。

本套教材如有不足之处，请各位专家、老师和广大读者不吝指正。希望通过本套教材的不断完善和出版，为我国计算机教育事业的发展和人才培养做出更大贡献。

全国高等院校计算机基础教育研究会会长

“21世纪高校计算机应用技术系列规划教材”丛书主编

谭浩强

第二版前言

FOREWORD

《Web数据库基础教程》历经6年，获得广大读者的好评，但由于各种技术的提高与发展以及版本的升级，书中的概念、知识、深度、广度均显不足。为此，编者对书中的内容、结构进行了调整和增删，其最大特点是，在改版过程中适当加入了收集的反馈意见，特别是教师和学生的意见和建议，使得本书更具易读性，加之图文并茂、技术与诗文并举，读者学习时会更加轻松，更有兴趣。

第二版主要变更和增加的内容有：略微增加了CSS的介绍，增加了XML的介绍，将FrontPage 2000升级至FrontPage 2003，增加了脚本语言JavaScript的介绍，用Microsoft Visual Studio .NET 2003替代了原有的Microsoft Visual InterDev 6.0，调整了ASP、ADO以及Web数据库实例，并删除了一些过于烦琐或实用性较差的内容。

本书主要内容

- 超文本置标语言HTML
- 层叠样式表CSS
- 可扩展置标语言XML
- FrontPage 2003
- 脚本语言VBScript
- 脚本语言JavaScript
- Microsoft Visual Studio .NET 2003
- ASP和ADO
- Web数据库应用实例

本书特色

本书仍然坚持以实例为主导，结合书中的主要内容，精选例题和实例，使读者能循序渐进地掌握HTML、VBScript、JavaScript、ASP、ADO和Web数据库的设计和开发。其中的例题和实例（可在http://edu.tqbooks.net免费下载）全部经上机调试通过，并附加必要的说明和注意事项，可使读者在学习过程中少走弯路。

书中仍坚持尽可能地将古诗词、名言名句、对联等插入例题或实例中，将具有中国文学特色的范例融入理工科的教学，这一点也是很多老师和同学赞赏的。书后的附录也是读者学习中不可缺少的参考资料。

本书适用对象

通过本书读者应熟悉Windows Server 2003的基本操作，对其他相关软件，如Access 2003、SQL Server 2000也应当有所了解。若学过某种数据库编程，则对阅读本书更加有利。

本书从 HTML 入手，到 Web 数据库的设计开发，跨度较大，但由于知识连贯，过渡平缓，相信不会给读者带来阅读困难。即使是没有编程经验的初学者也能通过学习本书了解和掌握 Web 数据库的设计和开发。本书除适合作为各高校应用型计算机、电子商务专业的 Web 数据库课程的教学用书外，也可以作为喜好网站设计的广大计算机爱好者和相关培训班的参考教材。

建议教学课时（含实习课时）为 72 课时（每周 4 课时）。建议实习课时不少于总课时的 1/2，各章课时的分配建议如下：

第 1 章、第 2 章	8 课时
第 3 章	4 课时
第 4 章	8 课时
第 5 章	12 课时
第 6 章	8 课时
第 7 章	10 课时
第 8 章	8 课时
第 9 章	12 课时
第 10 章、第 11 章	2 课时（其中第 11 章可以作为课程设计）

本书在编写过程中参考了大量的书籍和文献资料，在此对其作者深表感谢。另外，也要感谢我的家人，特别是我的妻子隋秋梅女士做了大量的辅助工作。还有我的同事何海江、彭鑫等，在此一并致谢！

由于编者水平有限，书中仍可能存在这样或那样的不足。如有疏漏或不足之处，恳请广大读者不吝赐教。

魏善沛

2009 年 5 月

第一版前言

FOREWORD

20世纪60年代诞生的数据库技术，为计算机收集、存储、加工和利用数据提供了全面的支持，并起到了关键性的作用，已成为当今计算机信息技术的核心，是计算机技术和应用发展的基础。围绕着数据结构和模型的演变，传统数据库技术相继经历了网状数据库、层次数据库和关系数据库3个阶段。但是，随着Internet的发展和普及，加之关系数据库自身的局限性，它越来越不能适应市场的需求，而新一代基于Internet应用的Web数据库则融合了网络技术、存储技术和检索技术，并结合了传统数据库技术的优点，在数据库模型、存储机制和检索技术等诸多方面进行了创新。这种正迅猛发展的Web数据库为我们开辟了一个崭新的Internet 数据库时代。

广阔的Internet，将我们提前送入"相对论"时代，使我们的"时间延长，尺寸缩短"。Internet把我们彼此之间的距离缩短了，将硕大的地球"浓缩"在小小的屏幕之中，使人们的视野得以扩展，使人类的生命得以"增长"。自从1996年11月Microsoft公司推出了支持Internet的动态服务器网页（Active Server Pages，ASP）技术后，由于它功能强大，支持当前所有的浏览器，以至于其市场占有率直线上升。随着ASP 3.0版的出台，其功能在深度和广度上都得以长足的提升，已能够充分地满足大多数开发者的需求，极大地改变了网站开发者的工作环境，促进了 Internet应用程序的发展。与此同时，也促使ASP技术自身不断完善。

本书与其他同类书相比最大特点是先避开ASP，通过学习ASP的前导知识HTML、VBScript等，使读者逐步适应Web的工作与开发环境。在较好地掌握了这些基础知识之后再学习ASP和ADO技术，直至Web数据库。

本书的另一个特点是尽可能地从任务出发，提供解决方案，并进行必要的总结。书中配以大量的经上机调试通过的实例和精心设计的图、表，恰到好处的词语，以及较详尽的附录资料，使读者在学习的过程中不至于枯燥无味，而有一种较愉悦、轻松的感觉。相信广大读者能接受本书，并衷心地希望每一位读者都能在它的引导之下从中受益。

本书主要内容

Web数据库涵盖的知识相当丰富，本书包含的主要内容有：

- 超文本置标语言HTML（含层叠样式表CSS、可扩展置标语言XML）
- FrontPage 2000
- 脚本语言VBScript
- Visual InterDev 6.0（含PWS）
- ASP和ADO技术（含SQL语句）
- Web数据库

本书特色

本书涵盖了开发 Web 数据库的诸多技术，内容丰富。以实用、够用为原则，精心设计了各种实训例题，并用较简练和通俗易懂的语言给予了描述。

本书结合各知识点和大量经上机调试通过的例题和实例，尽可能地通过实例为读者创建一个学习 Web 数据库的轻松、愉悦的环境，引导或帮助读者学习和掌握 Web 数据库的基本技术，提高实际应用技能，使读者循序渐进地掌握 HTML、VBScript、ASP、ADO 和 Web 数据库的设计和开发。

书后附有部分习题的参考答案，以帮助读者上机练习和理解掌握。较充实的附录也是读者学习中必不可少的参考资料。

本书适用对象

本书读者应熟悉 Windows 2000 的基本操作，对其他相关软件，如 Access 2000、SQL Server，也应当有所了解。若已经学习过用一种数据库编程，则对阅读本书更加有利。

本书由浅入深，从用最基本的工具"记事本"编写超文本文档入手，到 Web 数据库的设计开发，过渡平缓，中间没有太大的阶梯。即使是没有编程经验的初学者也能通过学习本书了解和掌握 Web 数据库的设计和开发。本书除适合作为各高校应用型计算机、电子商务专业 Web 数据库基础的教学用书外，也非常适用于喜好网站设计的广大电脑爱好者。加之，本书各章编排了大量的例题、实例和各种习题，并附有部分习题参考答案，因此也可作为相关专业培训班的参考教材。

建议教学课时（含实习课时）为 72（每周 4 课时）。建议实习课时不少于总课时的 1/2，各章课时的分配建议如下：

第 1 章、第 2 章	8 课时
第 3 章	8 课时
第 4 章	10 课时
第 5 章	6 课时
第 6 章	8 课时
第 7 章	10 课时
第 8 章	12 课时
第 9 章	10 课时

本书在写作和构思中得到了著名计算机专家、全国高等院校计算机基础教育研究会会长、恩师谭浩强教授的亲切指点，在此深表感谢。另外，我的家人也给予了我无微不至的关怀，特别是隋秋梅女士对书稿的录入和校订做了大量的工作。还有我的同事和陈兰芳、崔仙翠、程瑞芬等参与本书的编排人员对我的工作提供了极大的帮助和指导，在此一并致谢！

由于编者水平有限，对 Web 数据库的使用、ASP 的理解、认知仍可能会存在着这样或那样的不足。如有错误或不妥之处，恳请广大读者不吝赐教。同时，我们也会在适当的时间对本书的内容进行修订和补充，并发布在 http://www.tqbooks.net 的"图书修订"栏目中。

魏善沛
2003 年 6 月

目录

CONTENTS

第 1 章　认识 Web 数据库

随着社会的进步和技术的发展，人类已步入网络时代。无论你接受还是不接受，信息的洪流都像一股飓风向你扑面而来。我们面对的信息世界充斥着数以万计的不同数据，无论你承认还是不承认，数据和数据库的管理与应用都是我们现在乃至未来的工作重点。

1.1　Web 数据库概述

1.1.1　简介

Web 数据库，即网络数据库，又称网站数据库、网页数据库。简单地说，就是用户利用浏览器作为输入界面，输入必要的数据，浏览器将这些数据传送至网站，网站再对输入的数据进行处理，并将执行的结果返回给浏览器，再通过浏览器将最终的执行结果提交给用户。用户所做的各种操作（客户端），如把数据存入数据库或对数据库进行访问、查询等，以及服务器对用户各种操作的响应，客户机与服务器的交互示意图如图 1-1 所示。

在未接触 Web 数据库之前我们可能会觉得它是一门极其高深的技术，但如果我们有开发单机或局域网数据库的经验，那么这些知识背景依然适用于 Web 数据库。在这里我们可以用一个简单的公式来描述 Web 数据库：

Web 数据库（Web DB）= 因特网+数据库

即 Web DB = Internet + DB

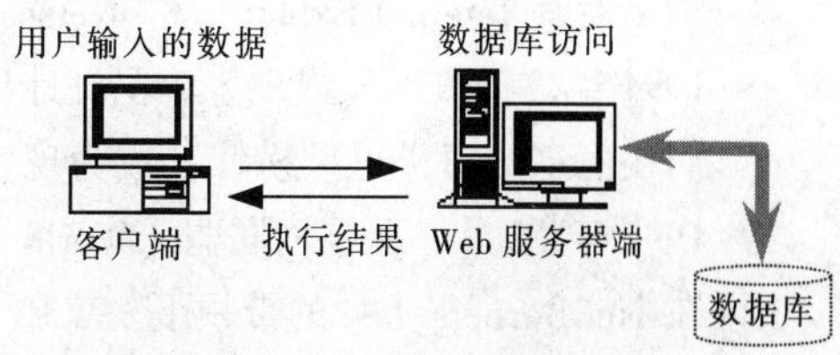

图 1-1　客户机与服务器的交互示意图

网上订货、网上交易、在线查询、资格认证等是人们较为熟悉的网络行为，这些构成了电子商务的基本平台，而 Web 数据库则是它牢固的基石。随着 Internet/Intranet 技术的不断成熟与应用技术的飞速发展，Web 数据库已逐渐渗透到社会的各个领域，并且正在改变着人们的生活方式。Web 网站建设中的数据库开发，更是越来越受到做网站开发的个人和公司以及企业的青睐。商机存在、技术成熟、用途广泛，这就是前程似锦的 Web 数据库。

1.1.2　发展历程

Web 数据库从开始使用到现在，虽说时间短暂，但其发展速度之快却令人惊讶。Web 数据库是“播种”在超文本置标语言（HyperText Markup Language，HTML）这块“土地”上，经过人们的辛勤“耕耘”，生长、发育和壮大起来的一种网络数据库技术。

- 1945 年，Vannevar Bush 提出了超文本文件的格式，他在理论上建立了一个超文本文件系统，该系统就是 Memex，它的目的是要扩充人的记忆力，不过该系统始终停滞在理论阶段。
- 1965 年，Ted Nelson 第一次使用“超文本”一词来形容这种管理信息系统。与 Bush 相同，Ted Nelson 的超文本文件系统 Xanadu，也以失败告终。
- 1967 年，在 IBM 的资助下，由 Andries Van Dam 主持开发的世界上第一个能真正运行成功的“超文本编辑系统”，在美国布朗大学（Brown University）最终完成。
- 1969 年，美国国防部高级研究计划署（Defense Advanced Research Projects Agency，DARPA）建立了阿帕网（ARPA），该网最成功的技术就是 TCP/IP （Transmission Control Protocol over Internet Protocol）协议。它是一项分组交换的网络通信协议，在网络上使用，以确保网络上任意结点出现问题时，不会影响其他网络结点的正常工作。
- 1990 年，美国国防部正式取消了原本为军方服务的阿帕网，代之以美国国家科学基金会（National Science Foundation，NSF）管理的互联网（Internet）。1995 年以后，原本只限于一小部分人使用的互联网逐步向大众公开。
- 20 世纪 80 年代末，在欧洲粒子物理实验室（European Laboratory for Particle Physics，CERN）工作的 Tim Berners-Lee（人称 WWW 之父）通过研究发现：人们的视觉处理是以页为基础的。于是他得出一个结论：电子资料应以页的方式呈现。以此为出发点，Tim Berners-Lee 使用超文本为中心的管理方式来组织网络上的资料，并提出了建立、存取与浏览网页的方法；建立了超文本置标语言；设计了超文本传输协议（Hypertext Transport Protocol，HTTP）用于获取超链接文件；使用统一资源定位器（Uniform Resource Locator，URL）来定位网络文件、站点或服务器。
- 1992 年，Mark Andreeseen 设计出世界上第一个 WWW 浏览器 Mosaic，当前使用较广泛的浏览器有 Internet Explorer 和 Netscape Navigator 等。
- 1994 年，杨致远和戴维·菲罗设计出 WWW 上最著名的搜索引擎“雅虎（Yahoo）”，使我们在信息的海洋里“捞针”成为现实。
- 1997 年 12 月，万维网联盟（World Wide Web Consortium，W3C）发布了 HTML 4.01 版。在 Tim Berners-Lee 的带领下，W3C 不断推荐或发布一些新技术、新规范等。如 1998 年 2 月发布 XML（Extensible Markup Language，可扩展置标语言）；1999 年 11 月发布 XSL（Extensible StyleSheet Language，可扩展样式语言）；2008 年 4 月 3 日公布了 XML 核心工作组，最后征求对 XML Linking Language（Xlink）Version 1.1 的意见及工作草案等。

1.1.3 Web 数据库的基本概念

网络给我们带来了无限精彩的世界，而早期开发的数据库基本上都是基于本地机的，对数据的查询、更改等操作均在单机上完成，它无法带给我们一种无地域限制的享受。现在我们将要学习的 Web 数据库可以通过编写 ASP 程序，利用 ADO 对象，调用 ODBC（Open DataBase Connectivity）或 OLE DB（Object Linking and Embedding DataBase）驱动程序等，非常轻松地通过浏览器完成对各网站上数据库的操作，图 1-2 给出了该过程的示意图。

图 1-2　访问 Web DB 的过程示意图

使用 Web 数据库对初学者来说并不是一件十分容易的事情，最主要的问题是 Web 数据库涉及的知识面比较广，初次接触难以接受，许多的技术难以理清。图 1-3 给出了开发 Web 数据库需要掌握的一些基本工具、知识和技能等。

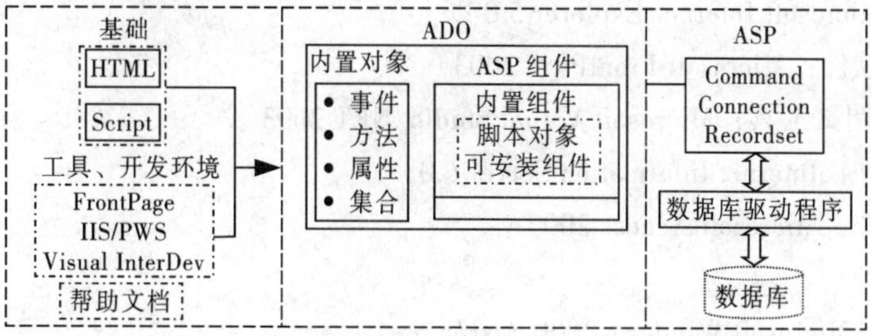

图 1-3　开发 Web 数据库需要掌握的工具和技能

1.1.4　ASP、ADO 和 Web 数据库的关系

ASP 的出现代表 Web 技术的重要进步。ASP 通过一组 ADO 对象模块访问数据库，无论采用 Access、SQL Server、Visual FoxPro、Informix、Oracle、dBase 或其他什么数据库，只要该数据库具有与之对应的 ODBC 或 OLE DB 驱动程序，ADO 对象就能对其进行访问。虽然不同的系统可能装有不同的 ODBC 或 OLE DB 驱动程序，但在 Windows 系统上至少会有 Microsoft Access Driver、SQL Server、Microsoft ODBC for Oracle 等 ODBC 驱动程序。也就是说，本系统至少可以使用 Access、SQL Server、Oracle 等 3 种数据库从事 ASP 网络数据库设计。若系统中还安装有 Microsoft Excel Driver、dBase Driver、Visual FoxPro Driver、Text Driver 等 ODBC 驱动程序，那么就可以选择连接更多的数据库，图 1-4 给出了访问多种数据库的示意图。

若用户想了解自己的系统已安装了哪些 ODBC 驱动程序，可以打开【控制面板】，进入【管理工具】，选择【数据源 ODBC】，在弹出的【ODBC 数据源管理器】对话框中单击【驱动程序】标签，窗口中将显示用户系统内已存在的驱动程序，如图 1-5 所示。

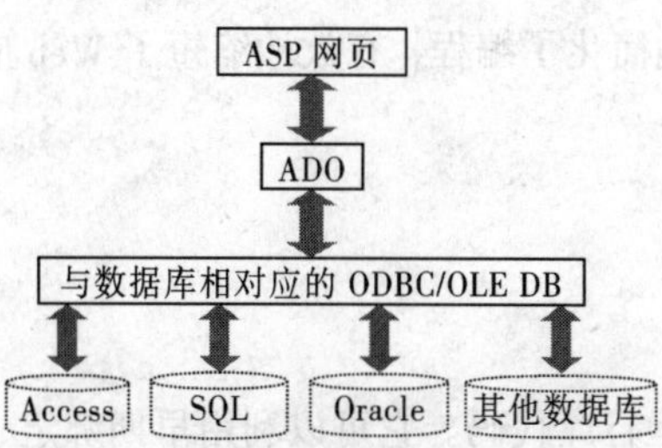

图 1-4　访问多种数据库的示意图

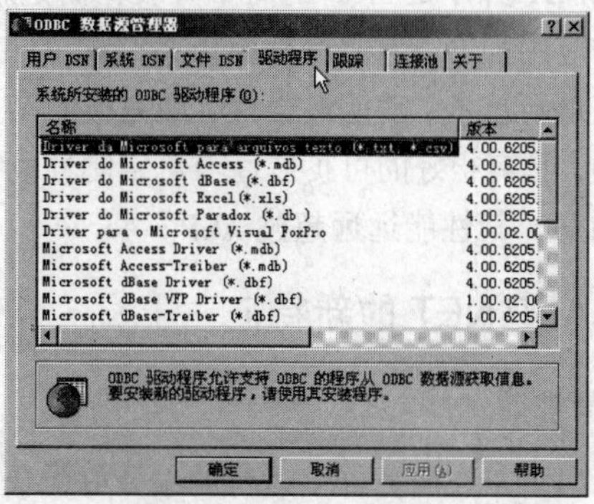

图 1-5　查看用户系统中已安装的驱动程序

1.2 Web 数据库的开发环境

设计开发 Web 数据库有多种解决方案。根据读者当前的实际情况，本书为保证软件的统一性、兼容性、可操作性和版本的连续性，并保证在最小环境下的成功开发，主要采用 Microsoft 的技术在虚拟服务器下开发 Web 数据库。推荐使用的软、硬件环境如下：

软件配置一：

- 操作系统：Microsoft Windows Server 2003
- 字处理软件：Microsoft Word 2003
- 浏览器：Microsoft Internet Explorer 5.0 以上
- 网页设计软件：Microsoft FrontPage 2003
- ASP 编辑调试工具：Microsoft Visual Studio .NET 2003
- 服务器软件：Internet Information Server 6.0
- 数据库软件：Microsoft Access 2003

软件配置二：

- 操作系统：Microsoft Windows 2000 Server
- 字处理软件：Microsoft Word 2003
- 浏览器：Microsoft Internet Explorer 5.0 以上
- 网页设计软件：Microsoft FrontPage 2003
- ASP 编辑调试工具：Microsoft Visual Studio .NET 2003
- 服务器软件：Internet Information Server 5.0
- 数据库软件：Microsoft Access 2003

软件配置：

只要读者的计算机安装和配置了上述软件，且能正常运行，并有一定的速度，就可以用来开发 Web 数据库。推荐使用双核 CPU 以上的硬件配置，当然若购置专用的服务器则更佳。本书所有例题、实例均可在“软件配置一”环境下运行。

1.3 ASP.NET 简介

ASP.NET 并不是 ASP 的简单升级，而是新一代的动态网页实现系统，可用于 Web 服务器建立强大的应用程序。它是微软新体系结构.NET 的一个组成部分，是 ASP 和.NET 技术的结合，是目前拥有最新技术、功能最强大、最完整的 Web 编辑工具之一。ASP.NET 完全基于组件、模块和事件驱动，具有很好的可扩展性与可定制性。它大大地简化了编程，有效地缩短了 Web 应用程序的开发周期，其性能远远超过 ASP。

1.3.1 ASP.NET 的新特征

1. 高性能

ASP.NET 是在服务器上运行的编译好的公共语言运行库代码。它可以利用早期绑定、实时编译、本机优化和盒外缓存服务。这相当于在编写代码之前便显著提高了性能。

2. 多功能性

ASP.NET 框架补充了 Visual Studio 集成开发环境中的大量工具箱和设计器。WYSIWYG 编辑、拖放服务器控件和自动部署都只是这个强大的工具所提供功能中的少数几种。

3. 安全性

ASP.NET借助内置的Windows身份验证基于每个应用程序的配置,可以保证应用程序是安全的。

4. 灵活性

由于 ASP.NET 基于公共语言运行库，因此 Web 应用程序开发人员可以利用整个平台，具有很大的灵活性。.NET 框架类库、消息处理和数据访问解决方案都可以 Web 无缝访问。ASP.NET 与语言无关，可以选择最合适应用程序的语言，或跨多种语言分割应用程序，ASP.NET 程序可以用 VB.NET、C# 和 JavaScript 语言来编写。另外，公共语言运行库的交互性可以保证在迁移到 ASP.NET 时保留基于 COM 的开发中的现有投资。

5. 简易性

ASP.NET 使执行常见任务变得容易，可以从简单的窗体提交客户端身份验证到部署和站点配置。另外，公共语言运行库利用托管服务（如自动引用计数和垃圾回收）简化了开发。

6. 可管理性

ASP.NET 采用基于文本的分层配置系统，简化了将设置应用于服务器环境和 Web 应用程序。由于配置信息是以纯文本形式存储的，因此可以在没有本地管理工具帮助的情况下应用新设置。用户只需将必要的文件复制到服务器，即可将 ASP.NET 框架应用程序部署到服务器，而不需要重新启动服务器，即使是在部署或替换运行的编译代码时也一样。

7. 可缩放性

ASP.NET 在设计时考虑了可缩放性，增加了专门用于在聚集环境和多处理器行为不正常（泄漏、死锁等）时可就地创建新进程，以帮助保持应用程序进行，用于处理请求。

8. 自定义性和扩展性

ASP.NET 使开发人员可以在适当的级别“插入”代码，使结构设计更为周到。也可以用自己编写的自定义组件扩展或替换 ASP.NET 运行库的任何子组件。

1.3.2　ASP 与 ASP.NET 的区别

微软初期将 ASP.NET 称为 ASP⁺，其文件扩展名为.aspx，ASP.NET 主要包括两种编程模式，WebForm 和 WebService。前者主要为用户提供建立功能强大、外观丰富，且基于表单的可编程 Web 页面；后者通过对 HTTP、XML、SOAP、WSDL 等 Internet 标准的支持，提供在异构网络环境下获取远程服务、连接远程设备、交互远程应用等的编程界面。ASP 与 ASP.NET 的区别如下：

1. 开发语言

ASP 仅局限于使用脚本语言来开发,用户为 Web 页添加 ASP 代码的方法与为客户端脚本添加代码的方法相同，导致代码杂乱。ASP.NET 允许用户选择并使用功能完善的编程语言，也允许使用潜力巨大的.NET Framework。

2. 运行机制

ASP 是解释运行的编程框架，所以执行效率较低。ASP.NET 是编译性的编程框架，运行是服务器上的编译好的公共语言运行库代码，利用早期绑定，实时编译提高效率。

3. 开发方式

ASP 将界面设计和程序设计混在一起，使维护变得困难。ASP.NET 将界面设计和程序设计以不同的文件分离开，使复用性和维护性得到了提高。

1.3.3 ASP.NET 的操作平台

ASP.NET 应用程序可以在下述服务器端平台上运行，其客户端可以是 Windows 98 以上的任一操作系统。可按下面的配置，安装 ASP.NET 程序开发平台，并选配数据库系统。

① 操作系统（以下均可，建议优先选用第 1 种）：

- Microsoft Windows Server 2003
- Microsoft Windows NT 4.0 Server 附加 Service Pack 6.0a 或更高版
- Microsoft Windows NT 4.0 Workstation 附加 Service Pack 6.0a 或更高版
- Microsoft Windows 2000 Server 附加 Service Pack 2.0
- Microsoft Windows 2000 Professional 附加 Service Pack 2.0

② Microsoft Visual.NET 2003 或 Microsoft.NET Framework SDK。

③ Microsoft SQL Server 2003 或 Microsoft Access 2003。

小　结

本章介绍了 Web 数据库的基本概念，以及 ASP、ADO、Web 数据库的相互关系和 Web 数据库的开发环境，并给出了掌握 Web 数据库的综合知识图（见图 1-3），以利读者明确学习方向。同时，也简单介绍了 ASP.NET 技术及其新特征。

本书以丰富的实例为读者创建一个学习 Web 数据库的轻松环境，引导和帮助读者学习和掌握 Web 数据库的基本技术，使读者循序渐进地掌握超文本置标语言、层叠样式表、脚本语言、ASP、ADO 和 Web 数据库（Web DB）的设计、开发，并基本掌握 FrontPage、Visual Studio .NET 等的使用。从图 1-3 中可以看出，只要打牢基础，勤于思考，努力攀登，就能取得 Web 数据库这顶“皇冠”。

习　题

简答题

1. 什么是 Web 数据库？它还有哪些名字？
2. 简述客户端与服务器端的交互过程。
3. 简述 Web 的发展经历。
4. ASP 是怎样访问数据库的？
5. 怎样才知道你的计算机中已经安装好了驱动程序？
6. ASP 可否访问不同的数据库？其基本概念是什么？
7. 建立 ASP 开发平台至少需要安装哪些软件？
8. ASP.NET 有哪些新特性？
9. 试列出建立 ASP.NET 开发平台至少需要安装的软件。

第 2 章 Web 数据库的基石

Web 数据库能得到广泛的认同和快速的发展，其根本原因之一就是架构在超文本置标语言之上。超文本置标语言是网络上用于发布信息的首选语言，最早应用于网页制作，是我们开发、研究 Web 数据库的基础。作为一般的网页爱好者，完全可以不去了解 HTML，但若要进行 Web 数据库的开发和研究，在学习 VBScript、ASP 等以前很有必要去了解和掌握它。超文本置标语言比较简单，通过本章的介绍和实际操作相信用户很快就可以掌握。例 2.1 是我们的第一个超文本置标语言程序。

【例 2.1】认识用超文本置标语言书写的程序（L2-1.htm）。

```
<HTML>
<HEAD><TITLE>超文本置标语言源程序</TITLE></HEAD>
<BODY>
  <H2>成大器者之境界</H2>
  <UL><LI>昨夜西风凋碧树，独上高楼，望尽天涯路。
    <LI>衣带渐宽终不悔，为伊消得人憔悴。
    <LI>众里寻他千百度，蓦然回首，那人却在灯火阑珊处。
  </UL>
  <MARQUEE bgcolor="#FFAAAA" width=50%>①昨夜西风凋碧树，独上高楼，望尽天涯路。
</MARQUEE>
  <MARQUEE bgcolor="#AAEEAA" behavior=alternate>②衣带渐宽终不悔，为伊消得人憔悴。
</MARQUEE>
  <MARQUEE bgcolor="#AAAAEE" scroll lamount=1>③众里寻他千百度，蓦然回首，那人却
在灯火阑珊处。
  </MARQUEE>
</BODY>
</HTML>
```

说明：只要将例 2.1 写入“记事本”，保存为超文本格式，就能用浏览器打开了。<MARQUEE>是移动文字的标识，可参阅实例 2.8，其他标识可参见后续例题和附录 A，运行结果如图 2-1 所示。

2.1 从纯文本文件到超文本文件

扩展名为.htm 或.html 的文件，称为超文本文件。而众所周知，扩展名为.txt 的文件是纯文本文件。如果将已存在的纯文本文件的扩展名改为.htm 或.html，这样纯文本文件将可以被浏览器识别和解释，并显示在屏幕上。

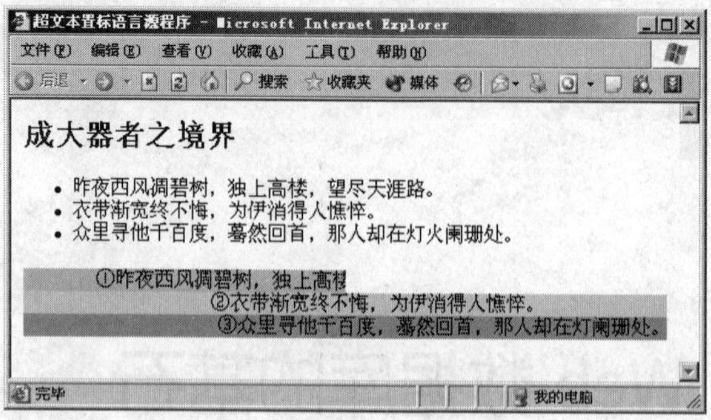

图 2-1　用浏览器打开的例 2.1

2.1.1　用记事本制作网页

选择 Windows 的【开始】→【所有程序】→【附件】→【记事本】命令，打开记事本，在上面任意输入一串字符“您好！2008”。单击菜单栏中的【文件】→【另存为】命令，设文件名为 File1.htm（注意，扩展名必须是.htm/.HTM 或.html/.HTML，大小写字母也可以混用），再用 IE 浏览器打开。IE 浏览器的主窗口中就会显示刚刚输入的字符串“您好！2008”。就这么简单，它就是你的第 1 个网页。这种用记事本编辑超文本文件的方法，往往是 Web 程序员采用的最简单、最直接的方法。

2.1.2　用 Word 2003 制作网页

在 Word 的窗口中输入字符串，如迎奥运。单击菜单栏中的【文件】→【另存为 Web 页】命令，命名（如 File2.htm）后，单击【保存】按钮。再用 IE 浏览器打开 File2.htm，在 IE 浏览器下将看到刚刚输入的字符串：迎奥运。这就是你的第 2 个网页。

注意：也可以在 Word 下编辑 HTML 文件，但存盘时应以文本文件的格式保存，如选择“纯文本”格式等。

2.1.3　用 IE 浏览器制作网页

打开浏览器，使用“空白页”（在 IE 浏览器的菜单栏中选择【工具】→【Internet 选项】命令，单击【使用空白页】按钮，单击【应用】按钮，单击【确定】按钮关闭），单击菜单栏中的【查看】→【源文件】命令，将弹出“记事本”窗口，如图 2-2 所示。任意输入一串字符，无论这串字符是在<HTML>和</HTML>之间还是在<HTML>和</HTML>之前或之后均可。将其另存为一个文件，如 File3.htm 后，再用 IE 浏览器打开 File3.htm，马上就能看到所输入的字符串。这就是你的第 3 个网页。

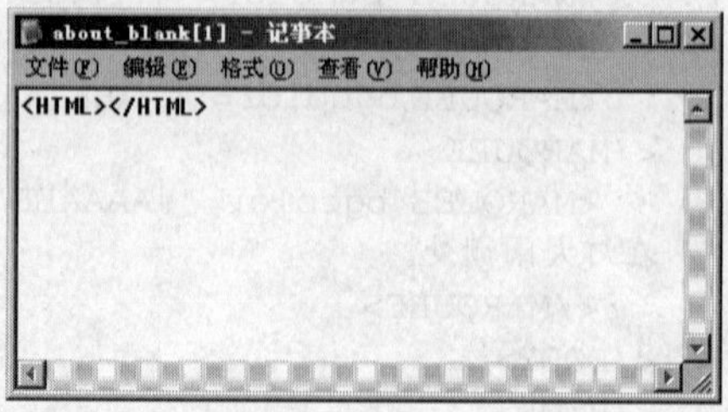

图 2-2　弹出的“记事本”窗口

2.1.4　用 FrontPage 2003 制作网页

进入 FrontPage 2003，出现“new_page_1.htm”页面，单击左下方的【代码】或【拆分】视图，在紫色字体<BODY>与</BODY>之间（当然也可以在其他位置）任意处输入一串字符（见图 2-3），保存为 File4.htm，运行 File4.htm，输入的字符串立即显示在屏幕上。这就是你的第 4 个网页。

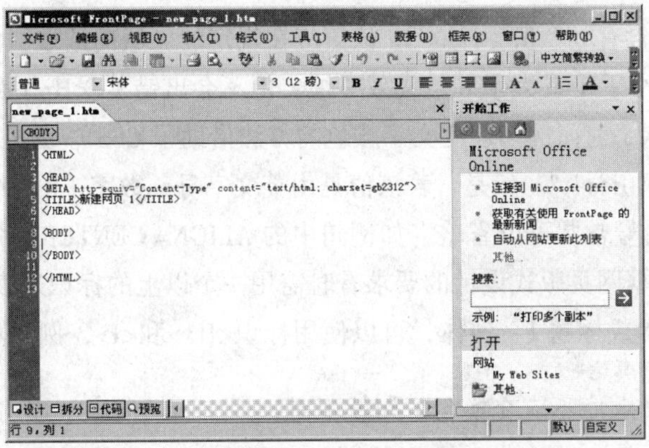

图 2-3　FrontPage 2003 的 HTML 标签页

经过以上的介绍，用户可能已经感觉到，只要是文本编辑器或自带 HTML 编辑器的软件，就可以用来编写 HTML 文件，也可以使用 HTML 专用编辑器来编辑 HTML。当然，HTML 专用编辑器肯定要比文本编辑器强。HTML 编辑器的突出优点是，可以通过它学习并掌握 HTML（如 FrontPage、Dreamwearer 等）。

HTML 不是程序语言，而是一种文字处理语言。它包含用来控制文字、图片等在浏览器中的表现，以及如何建立文件之间链接的标识，这些标识均放在文本格式的文件中。而程序与之最大的不同，就是可用来控制操作系统或应用程序运行并完成某项作业。超文本置标语言的文档应该尽量做到，从形式上看，无论用任何操作系统的任何浏览器打开都具有相同的效果。

2.2　超文本置标语言的语法

超文本置标语言 HTML 是标识的集合，是标准通用置标语言（Standard Generalized Markup Language，SGML）的一个子集。被一对尖括号“<”和“>”括起来，标识一般成对出现。如图 2-2 中的<HTML>和</HTML>，<HTML>为起始标识，加斜线的<HTML>即</HTML>，为结束标识。网页的内容和各种标识的有机结合就构成了千姿百态的网页“世界”。

标识（tags）和属性（attributes）构建了 HTML 的语法。浏览器只要读到 HTML 的标识和属性，就会将其解释成网页或网页的某个组成部分。它们的基本构成如下：

① 标识：标识就是给文档中某些具有特殊含义的部分做上标记的过程，标识的符号（如<BODY>、<P>、<TITLE>等）（常简称标识或标记），是该过程的具体实现。HTML 标识通常分为两种，一种用来识别网页上的组件或描述组件的样式，如网页的主体（<BODY>）、网页的标题（<TITLE>）、标题一（<H1>）、标题二（<H2>）、段落（<P>）、斜体（<I>）、粗体（<B>）等；另一种用来指向其他资源，如<A>用来识别网页内的位置或超链接、<EMBED>用来连接音乐文件、<IMG>用来插入图片等。

② 属性：属性是存储属性值的变量。HTML 中的许多标识都含有提供相关信息属性。例如，设置文档的第 1 级标题文字，位置居中，文字为红色。其例句如下：

```
  <H1    ALIGN=CENTER   STYLE=COLOR:"#FF0000">标题字符尺寸、位置与颜色</H1>
   |    |    |      |    |    |     |                        |                |
起始标识 空格 属性   值  空格 属性   值                       内容            结束标识
```

③ 值：属性通常含有一个值（value），该值应在规定的区域内选取。例如，<Hn>（标题）标识中 n 的值为 1～6，小于 1 或大于 6 均无效（注：但不会出错）。<Hn>标识没有 COLOR 属性，用或不用都不产生效果（前面例句改变文字颜色的方法借助了 CSS）。另外，要注意的一点是，在值的前后通常应加上双引号" "。但是，若该值是由英文字母、数字（0～9）、减号（-）或小数点（.）所组成，那么双引号常常可以省略，如例句中的 ALIGN= CENTER。强烈推荐使用双引号。

④ 嵌套标识：根据网页版式设计的要求有时需用一个以上的标识来表示页面的数据，例如：把一个文本字符串设置成标题 1、斜体，可以使用标识<H1>和<I>，例句如下：

```
<H1><I>2008北京奥运</I></H1>
```

注意标识嵌套时的顺序不应交换，下句就不对：

```
<H1><I>2008北京奥运</H1></I>
```

上面两个语句从语法上来说，后面一句是不对的，但 IE 和 Netscape 浏览器仍能正确识别和显示，即浏览器一般能最大限度地容忍错误，不提倡使用嵌套标识。

⑤ 空格符：HTML 标识间多余的空格符或回车符，浏览器是不理会的。人们通常利用该特点在 HTML 文档上加空格、空行或回车符等，将 HTML 源代码排列整齐，以便于阅读，如图 2-4 所示。要注意的是，由于浏览器会忽略 HTML 标识间多余的空格符或回车符，因此，用户不能利用空格符或回车符排列或者格式化网页的内容。强制对网页内容分段或换行可以使用<P>或
标识。<PRE>标识可以预格式化网页文本，参见实例 2.3。

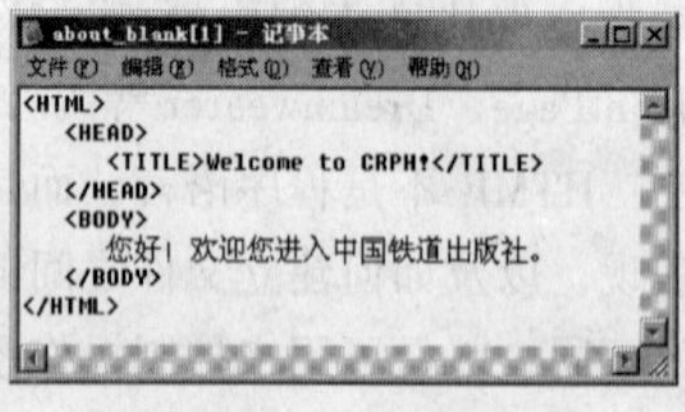

图 2-4 排列整齐的源代码

⑥ 特殊字符：在 HTML 语言中定义了一些用户不能直接从键盘输入的特殊字符，如字符（&）、双引号（"）、小于（<）、大于（>）、空格符等，它们不能直接用于 HTML 文档在浏览器中的显示。HTML 语言要求其输入的对应符号分别为：&、"、<、>和 。附录 A 中列出了许多 HTML 语言的特殊字符和各种标识。

2.3 超文本置标语言的基本结构

超文本置标语言 HTML 一般将文件分为以下 3 个部分：

- HTML 的版本声明，即序（prologue）
- 头部（head）
- 文件主体（body）

HTML 文件的主要部分是头部和文件主体。除了头标识和主体标识外，就是附加标识——序，这种标识放在 HTML 文档的第一行，而一般的文档中也许没有。序是用来说明浏览器所应遵循的 HTML 版本的。当前的浏览器一般不要求含有序，而且也不会处理序，因此该标识可以忽略。

HTML 的基本结构如下：

```
<! DOCTYPE HTML PUBLIC"-//W3C//DTD HTML 4.01//EN" >  <! 序 >
<HTML>                                  <! HTML 的源程序从这里开始 >
    <HEAD>                              <! HTML 头信息部分从这里开始 >
        <TITLE>                         <! HTML 的标题部分从这里开始 >
  基本结构样板程序
        </TITLE>                        <! HTML 的标题部分在这里终止 >
    </HEAD>                             <! HTML 头信息部分在这里终止 >
    <BODY>                              <!-- HTML 的<正文>部分从这里开始 -->
        这里是基本结构样板程序的 HTML 正文
    </BODY>                             <!-- HTML 的<正文>部分在这里终止 -->
</HTML>                                 <! HTML 的源程序在这里结束 >
```

说明：

① 放在 HEAD 标识内的信息一般不显示在浏览器的主窗口中。

② BODY 标识内通常放上需要表示或展示内容的标识格式。

③ HTML 中有两种注释方法：

• <! 注释内容 >，注释内容中不可以出现右尖括号，常用于说明标识里的内容；

• <!-- 注释内容 -->，注释内容中可包括尖括号在内的任何符号，常注释大段的内容。

④ 带有 HTML 编辑器的软件或可以用来编辑纯文本文件的软件，均可以用来编辑 HTML，只需将扩展名改成.html 或.htm 就可以了。如我们上面用到的记事本、Word、FrontPage 以及写字板、Hotdog、Dreamweaver 等。

⑤ “基本结构样板程序”在浏览器中的显示如图 2-5 所示。

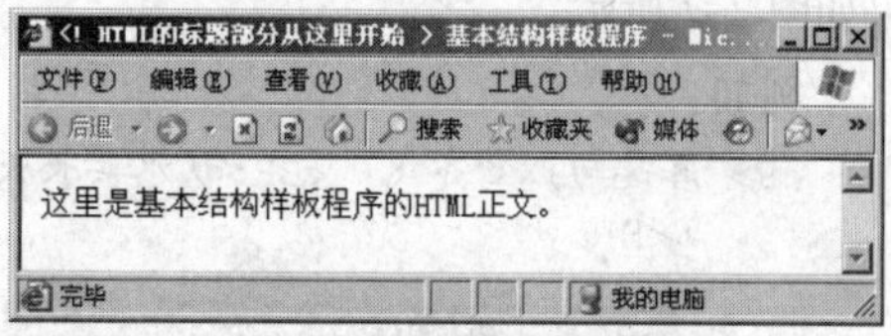

图 2-5　浏览器中显示的“基本结构样板程序”

2.4　超文本置标语言的标识简介

1．基本标识（basic tags）

① <HTML></HTML>：定义超文本文档，描述 Web 页面的起始与终止。

② <HEAD></HEAD>：设置页面的头标部分，用来包含当前文档的一些相关信息。如定义样式、网页的标题、网页中使用的脚本语言以及对搜索引擎有帮助的关键字。

③ <TITLE></TITLE>：HTML 文档均应该包含<TITLE>标识，用来指明文件的标题。其内容将显示在浏览器的标题栏内，设置它的最大好处，是为搜索引擎提供搜索关键字。

④ <BODY></BODY>：放置 Web 页面的正文内容，包含文件内的文字、超链接文字的颜色、背景色彩、图片、动画、影像、音效等几乎所有对网页的展示功能。

⑤ <META>：用来介绍与文件内容相关的信息。每一个<META>标识用于指明一个名称或数值对，常常放在头标识中。

⑥ <BASE href="URL">：设置链接的基准路径，该标识可以大大简化网页内超链接的全路径，这里只要给出相对于 BASE 原指定的基准地址的相对路径即可。<BASE>为单标识，通常放在<HEAD>区域内。

若文档中已写<BASE href="http://Lu.8u8.com">，且站内有文件 UserID.htm，在<BODY>中可简单地用<A href="UserID.htm">... </A>来链接文件“UserID.htm”。

2. 文本、字符格式（text、char format）

① <H*n*>：标题文字（*n*=1～6）。

从<H1>～<H6>共有 6 种标题标识来标识标题文字。

例如：

```
<BODY>
<H1>枵腹从公—H1 字体</H1>
<H2>枵腹从公—H2 字体</H2>
<H3>枵腹从公—H3 字体</H3>
<H4>枵腹从公—H4 字体</H4>
<H5>枵腹从公—H5 字体</H5>
<H6>枵腹从公—H6 字体</H6>
</BODY>
```

运行程序，在浏览器中的显示结果如图 2-6 所示。

②
：换行标识，单标识。

③ <P></P>：定义段落（分段），常用双标识，也可用单个标识。运行程序，在浏览器中的显示结果如图 2-7 所示。

例如：

```
<P> 落霞与孤鹜齐飞，<BR>秋水共长天一色。</P>
    <HR>
```

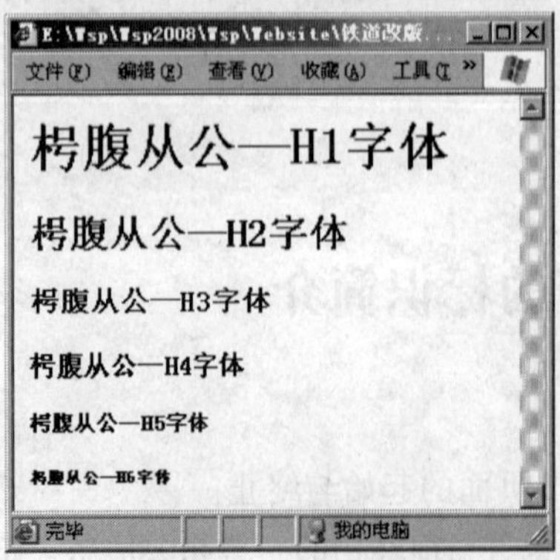

图 2-6 标题文字字体

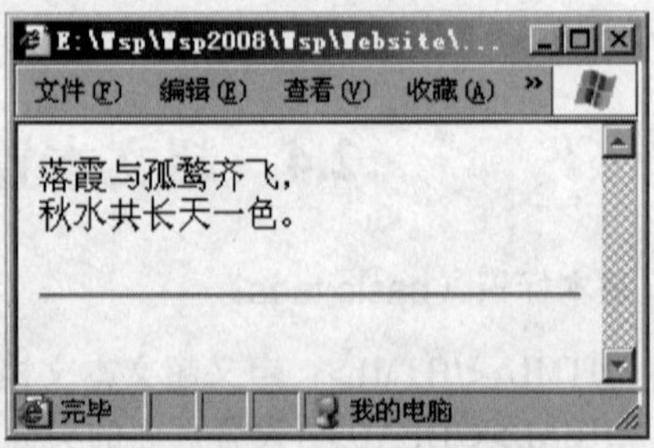

图 2-7 显示分段、换行页面

④ <PRE></PRE>：在<PRE></PRE>之间的内容将以预格式化的文本方式显示，包括回车换行以及跳格等。

⑤ <HR>：可以作为文本与文本之间的分界标识，通常是一个全宽的水平线。图 2-7 中的全宽水平线，就是<HR>的显示结果。还可以用它画竖线，如<HR size=100 width=1>，用户可自行上机操作。

⑥ 字符格式：

<B></B> 黑体

<I></I> 斜体

<U></U> 显示文字加下画线

<EM></EM> 强调（通常用斜体）

<STRONG></STRONG> 着重强调（通常用黑体）

<TT></TT> 定义等宽字体（打字机字体）

 定义上标

 定义下标

⑦ 字体：

<FONT></FONT> 改变字符串的字体、尺寸与颜色

<BASEFONT> 变更网页默认字体、尺寸与颜色

3．列表标识（lists）

① 定义列表（definition list）：

<DL></DL> 设置定义列表的标识

<DT> 设置定义列表的项目

<DD> 设置定义列表的项目说明

<DL compact> 设置紧密排列的定义列表

例如：

```
<DL>
<DT>列表项目 1<DD>                定义第 1 个“列表”
<DT>列表项目 2<DD>                定义第 2 个“列表”
</DL>
<DL compact>
    <DT>压缩列表项目 1<DD>        第 1 个“压缩列表”定义
    <DT>压缩列表项目 2<DD>        第 2 个“压缩列表”定义
</DL>
```

② 无序号列表（unordered list）（见图 2-8）：

例如：

```
<UL type="square">
  <LI>第一章
  <LI>第二章
  <P>下篇
  <LI>第一章
</UL>
```

③ 有序号列表（ordered list）（见图 2-8）：

例如：

```
<OL type="1">
  <LI>项目一
  <LI>项目二
<OL type="A">
  <LI>子项目 1
  <LI>子项目 2
</OL>
  <LI>项目三
</OL>
```

4．锚与超链接

① 锚（anchor）<A></A>是用来建立超链接标识的，这两个 anchor 分别称为超链接的头和尾。

anchor 由 anchor 地址识别，anchor 地址是一个完全的统一资源标识（Universal Resource Identifiers，URI）。通常，使用 HREF="URL"属性来指定超链接所链接文件的相对或绝对位置。

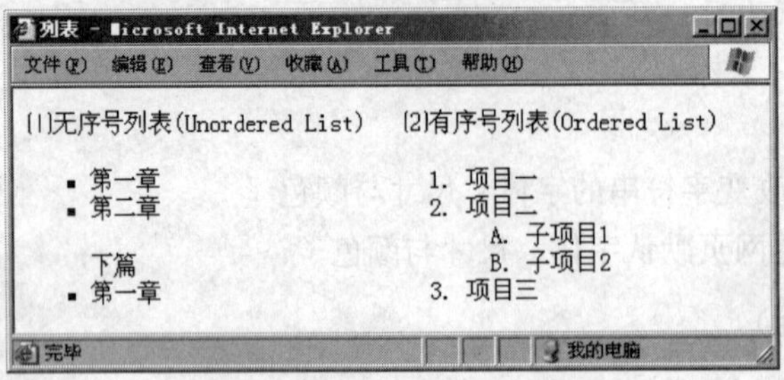

图 2-8　无序号和有序号列表

注：URL 即 Uniform Resource Locator，通常称它为统一资源定位器，它只是 URI 更一般的资源命名方案的一个子集。

② 超链接：

```
<A href=http://www.csasp.net>绿海星</A>
```

③ 图像或图片的超链接：

```
<IMG src=http://www.csasp.net/Fig5.gif>
```

5．表格（tables）

常用表格来精确定义页面文本或图片等的排版格式。

① <TABLE></TABLE> 用来定义一个表格。

② <TD></TD> 表格内数据。

③ <TR></TR> 表格行。

④ <CAPTION></CAPTION> 给出表格的标题。

6．表单（forms）

表单的作用与表格完全不同，它是程序设计者提供的一种让用户填写的 HTML 文件，用户填好表单后，按需求提交或放弃。可参见实例 2.11。

表单的一般标识如下：

① <FORM></FORM> 交互式表单。

② <INPUT> 输入表单控件。

③ <OPTION></OPTION> 菜单类控件中的可选项，在<SELECT>中使用。

④ <SELECT></SELECT> 菜单类控件。

⑤ <TEXTAREA></TEXTAREA> 多行文本域。

以上介绍了超文本置标语言的常用标识，美国麻省理工学院（Massachusetts Institute of Technology，MIT）计算机科学实验室的 WWW 标准化组织 W3C（又称万维网联盟 W3C），是 HTML 的先锋，其互联网网址为 http://www.w3.org。有关 HTML 的各种参考资料、将要发布的 HTML 新版特征、最新消息等，在该网站上均可查到。

2.5　层叠样式表

通过使用超文本置标语言，使得网页在内容布局、外观形式等方面得到了较大的改观，但需求总是没有止境的，这些远不能满足我们审美的日益递进。层叠样式表（Cascading Style Sheets，CSS）的提出，恰恰在这些方面弥补了 HTML 标识在组织页面内容上的“缺陷”，其主要用来定义网页字符数据的处理，控制网站内部页面的一致性（包括：字符的格式化、显示、编排、打印和特殊效果等），使文本具有精确的大小（如不必局限于 FONT 的 1～7 号字）；可以向单个段落添加背景图像；可以调整文本的行距，增添文本边框等。CSS 由 WWW 标准化组织制定，2001 年 5 月 17 日 W3C 发布了最新的 Cascading Style Sheets Level 3 草案。有关 CSS 的详细资料，可以通过 W3C 的网站（http://www.w3.org/）查询，也可参阅其他相关书籍。

层叠样式表是由相应格式代码的文本文件组成，比 HTML 代码复杂，可以更加精确地描述页面内容。从表面上看，CSS 的语法格式很像 C 语言中的自定义函数。例如：

```
body{
      font-family:"宋体";               /*定义字体*/
      color:"#0000FF";                  /*定义字体颜色，蓝色*/
      font-size="10pt";                 /*定义字体尺寸，10 磅*/
      letter-spacing:"10pt";            /*定义字间距，10 磅*/
}
```

样式表文件主要由两部分组成，选择器（selector）和样式规则（rule）。在上面的样式表文件中，body 是选择器，大括号中的语句是样式规则。样式规则一般用于指定样式要套用的对象，也就是 HTML 标识。样式规则用于设定样式内容，由属性（如 color）和属性值（如#0000FF）组合而成。属性指定标识所具有的特征，如字体、颜色、大小等；而属性值则指定对应属性的取值，如宋体、#0000FF、10pt 等。上例中采用分行书写，这样语句更清晰，可读性更强；也可以将以上各句写在一行，而分号是它们（多重属性）之间的间隔符。注释符与 C 语言相同，也是“/* */”。读者应当注意 IE 浏览器和 Netscape 浏览器对 CSS 的支持可能有所不同，使用时需谨慎。

2.5.1 创建 CSS 文件

一般可以使用多种方法编制样式表文件，主要有两种方式，一种是直接用文本编辑器（如记事本、Word 等）编制；另一种是使用工具软件编制（如 FrontPage、Dreamweaver 等）。当然，应用样式表文件不是使用样式表的唯一方法，很多情况下是通过直接在 HTML 中插入或嵌入样式表语句来达到预期的效果。

1. 使用“记事本”编制样式表文件

打开“记事本”，写入符合 CSS 规范的语句，保存成扩展名为.css 的样式文档。

2. 使用 FrontPage 2003 创建样式表文件

FrontPage 2003 不但提供网页、网站开发功能，用户还可以利用它创建样式文件。我们在 FrontPage 2003 下可以使用两种方法制作样式文件。

（1）在当前页面嵌入样式表文件

① 单击 FrontPage 2003 菜单栏中的【格式】→【样式】命令。

② 在弹出的“样式”对话框（见图 2-9）的“样式”列表框中选择一个名称或单击“新建”按钮。

③ 在弹出的“新样式”对话框中单击“格式”按钮，在下拉列表框中选择相应的选项。

④ 设置完成后输入“选择器”名，单击“确定”按钮完成。

（2）新建样式表文件

① 在 FrontPage 2003 的任务窗格中单击“新建”命令。

② 在“新建网页”栏目中，选择“其他网页模板”标签。

③ 在弹出的“网页模板”对话框中，选择“样式表”标签。

④ 选中一款样式，如普通样式表，单击。

⑤ 在弹出的“样式”工具栏中单击“样式”按钮。

⑥ 此时弹出“样式”对话框，接下去的操作与上面方法中的步骤②～④相同。

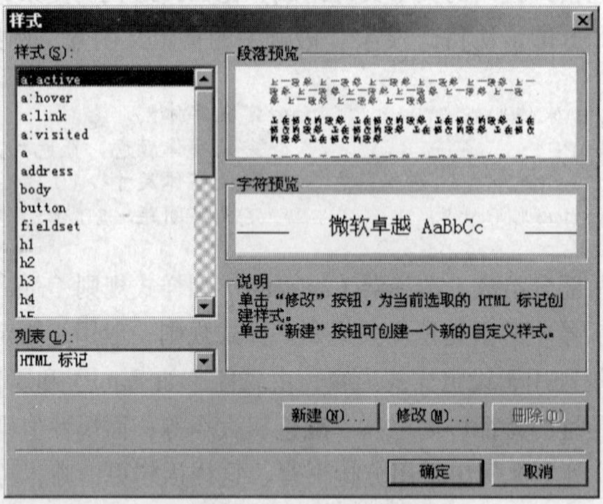

图 2-9 “样式”对话框

3. 使用其他工具创建样式表

除了使用上述两种方法创建样式表文件以外，我们还可以使用其他的工具软件，如 Dreamweaver、Visual Studio .Net 等。例如，使用 Dreamweaver 建立样式表。

① 进入 Dreamweaver MX 2004。

② 单击菜单栏中的【文件】→【新建】命令，在弹出的“新建文档”对话框中选择“常规”标签，在“基本页面”中选择“CSS”项，并单击“创建”按钮；或者在“创建新项目”中选择“CSS”项，进入代码编辑页面。

③ 在打开的主窗口中编写 CSS 代码，或编辑、改写 Dreamweaver 创建的代码。

2.5.2 应用 CSS

① 直接在 HTML 语句中插入 CSS 的定义，用户可将它们放入<BODY></BODY>中试一试：

```
<A href="http://www.csasp.net" style=text-decoration:none>取消下画线</A><P>
<A href="http://www.csasp.net" >超链接有下画线</A>
```

CSS 有许多类似 HTML 的地方，如被定义的值由英文字母、数字、减号、小数点组成，则双引号可以省略等。但 CSS 增加了许多功能，如进入或退出页面时的多种变化（见下两句，参数 Duration 为持续时间，Transition 为进入或退出页面的方式，更多详细情况可见表 2-1）等。

```
<META http-equiv="Page-Enter" content="RevealTrans (Duration=4, Transition =23)">
<META http-equiv="Page-Exit" content="RevealTrans (Duration=3, Transition= 23)">
```

表 2-1　CSS 的功能

取　值	功能（进入）	功能（退出）
0	矩形收缩	矩形收缩
1	矩形扩展	矩形扩展
2	图形收缩	图形收缩
3	图形扩展	图形扩展
4	由下向上拉开	由下向上拉开
5	由上向下拉开	由上向下拉开
6	由左拉至右	由左拉到右
7	由右拉至左	由右拉到左
8	纵向百叶窗	纵向百叶窗
9	横向百叶窗	横向百叶窗
10	横向马赛克	横向马赛克
11	纵向马赛克	纵向马赛克
12	渐显	渐隐
13	关幕	关幕
14	拉幕	拉幕
15	拉幕（上下→中心）	拉幕（上下→中心）
16	拉幕（中心→上下）	拉幕（中心→上下）
17	右上角至左下角	右上角至左下角
18	右下角至左上角	右下角至左上角
19	左上角至右下角	左上角至右下角
20	左下角至右上角	左下角至右上角
21	水纹渐显	水纹渐隐
22	纵向水纹渐显	纵向水纹渐隐
≥23	随机	随机

② 在 HTML 文档内嵌入 CSS 的定义。用<STYLE></STYLE>标识声明层叠样式表的定义，并放在 HTML 文档的<HEAD></HEAD>中。

【例 2.2】在 HTML 文档内嵌入 CSS 的定义（L2-2.htm）（该例仅给出 CSS 在 HTML 中的定义，参见实例 2.12）。

```
<HEAD>
<!设置 aa1～aa4 字体规格、行距、颜色以及取消超链接时的下画线等>
<STYLE type="text/css">
.aa1{font:24pt/27pt;color:"#00aa22";font-family:"楷体_GB2312";}
.aa2{font:11.5pt/12pt;font-family:"隶书";}
.aa3{font:20pt/20pt;font-family:"黑体";}
.aa4{font:12pt/20pt;font-family:"黑体";}                    /*字体规格、行距*/
A{text-transform:capitalize;text-decoration:none;}    /*每个单词的第一个字母大写*/
a{text-decoration:none}                                /*取消超链接时的下画线*/
a:hover{Text-decoration:underline;color:"#dd5511"} /*超链接时的颜色*/
</STYLE>
</HEAD>
```

③ 在独立的文本文件中（扩展名必须为.css）定义 CSS 格式。使用时，将其链接（或导入）到 HTML 中。

【例 2.3】多个 HTML 文档使用同一个层叠样式表。将层叠样式表定义在单独的文本文件中（见图 2-10），然后链接（或导入）到 HTML 文档中。

（a）（L2-3a.htm）

```
<HTML>
<HEAD><TITLE>在文档使用链接样式表</TITLE>
<LINK REL="StyleSheet" HREF="CssFile.css" TYPE="text/css">
</HEAD>
<BODY>
"屋矮能容月"。链接样式表就是将定义在单独文本文件中的层叠样式表链接到 HTML 文档，本例定义
字体为隶书、大小为 32 点、颜色为红色。
</BODY>
</HTML>
```

（b）（L2-3b.htm）

```
<HTML>
<HEAD><TITLE>在文档使用导入样式表
</TITLE>
<STYLE>
<!--
@import url("CssFile.css");
-->
</STYLE>
</HEAD>
<BODY>
"楼高不染尘"。导入样式表就是将定义在单独文本文件中的层叠样式导入到 HTML 文档中，本例定义
字体为隶书、大小为 32 点、颜色为红色。
</BODY>
</HTML>
```

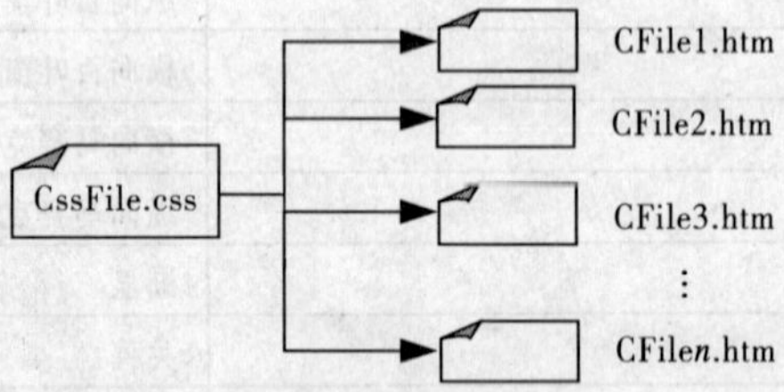

图 2-10 将 CSS 文件链接（或导入）到 HTML 中

（a）、（b）两例中使用的 CssFile.css 文档内容如下（文档的扩展名必须为.css）：

```
BODY{
    font-family:"隶书";
    font-size="32";
    color:"Red"
  }
```

【例 2.4】在 HTML 文档内嵌套使用层叠样式表（L2-4.htm）。

```
<HTML>
   <HEAD>
      <TITLE>使用不同的样式类别</TITLE>
      <STYLE>
         <!--
         P.biao1 {
                   font-family:"宋体";
                   font-size:"40";
                   color:"Maroon"
                  }
         P.biao2 {
                   font-family:"隶书";
                   font-size:30;
                   color:Black
                  }
```

```
        P.biao3 {
                font-family:"黑体";
                font-size:"40";
                color:"Olive"
                }
        .zhu1 {color:Green}
        .zhu2 {color:Blue}
        -->
      </STYLE>
    </HEAD>
    <BODY>
      <P CLASS="biao1">《浣溪沙》</P>
      <P CLASS=biao2>游蕲水清泉寺，寺临兰溪，溪水西流。</P>
      <BLOCKQUOTE>
      <P CLASS="biao3">
        山下兰芽短浸溪，松间沙路净无泥，萧萧暮雨子规啼。<BR>
        谁说人生无再少，门前流水尚能西，休将白发唱黄鸡。
      </P>
      </BLOCKQUOTE>
      <DIV CLASS="zhu1">注释：蕲水——现在湖北省浠水县。清泉寺——在蕲水城外。
<BR></DIV>
        题解：<SPAN CLASS="zhu2">苏轼这一次游清泉寺，</SPAN>
是在生了一场大病恢复健康之后，又正值景色美丽的春天，心情很舒畅。
“溪水西流”给了他启示和鼓舞，他觉得老年人也可以和年轻人一样发挥充沛的精力。
    </BODY>
</HTML>
```

说明：例 2.4 中定义了 biao1、biao2、biao3 和 zhu1、zhu2 这 5 种样式类别，并直接将该样式表的定义放在 HTML 的文档内。

<BLOCKQUOTE>文字换段并左右缩排。

<DIV>用指定的样式类别套用<DIV>与</DIV>之间的段落或区块。

<SPAN>将指定的样式类别套用到<SPAN>与</SPAN>之间的字符或字符串上。

2.6 实 训 题

【实例 2.1】文字字体（SL2-1.htm）。

程序代码：

```
<HTML>
<HEAD><TITLE>实例 2.1 文字字体</TITLE></HEAD>
<BODY>
<P>乱石穿空，惊涛裂岸。(默认字体)<BR>
<B>乱石穿空，惊涛裂岸。(Bold 粗体)</B><BR>
<I>乱石穿空，惊涛裂岸。(Italic 斜体)</I><BR>
<B><I>乱石穿空，惊涛裂岸。(Bold 粗体、Italic 斜体)</I></B><BR>
<Big>乱石穿空，惊涛裂岸。(Big 大字体)</Big><BR>
<Big><Big>乱石穿空，惊涛裂岸。(Big 加大字体)</Big></Big><BR>
<Small>乱石穿空，惊涛裂岸。(Small 小字体)</Small><BR>
<Small><Small>乱石穿空，惊涛裂岸。(Small 减小字体)</Small></Small><BR>
<Strike>乱石穿空，惊涛裂岸。(Deleted 给文本加删除线)</Strike><BR>
<U>乱石穿空，惊涛裂岸。(Underlined 给文本加下画线)</U><BR>
</BODY>
</HTML>
```

【实例 2.2】表格内文字的置位（左、中、右）(SL2-2.htm)。

程序代码：

```
<HTML>
<HEAD><TITLE>实例 2.2 表格内文字的置位</TITLE></HEAD>
<BODY bgColor="red">
<TABLE bgColor="green" ALIGN="center" WIDTH="90%" BORDER="2">
<TR><TD bgColor="gray" ALIGN="left">字符位置置左</TD></TR>
<TR><TD ALIGN="center">字符位置置中</TD></TR>
<TR><TD bgColor="yellow" ALIGN="right">字符位置置右</TD></TR>
</TABLE>
</BODY>
</HTML>
```

说明：文件中有 4 个 bgColor，前两个分别表示网页、表格的颜色属性，后两个表示单元格的颜色属性。<TABLE>中的 ALIGN="center"、WIDTH="90%"、BORDER="2"分别表示整个表格的位置居中、占全屏幕宽度的 90%、边宽为 2。若设 BORDER="0"，表格的边框线将被隐去，仅剩表格中的三部分内容。通常许多网站的网页采用这种表格定位的方法来定制页面布局。对于表格的位置除用<TABLE>中的属性 ALIGN（只有 left、center、right 3 个值）外，也可在<TABLE>前加<left>、<center>、<right>3 种标识，设置左、中、右 3 个位置。

【实例 2.3】<Pre>标识的作用，如图 2-11 所示（SL2-3.htm）。

程序代码：

```
<HTML>
<HEAD><TITLE>实例 2.3 <Pre>标识的作用</TITLE></HEAD>
<BODY>
<P>
编号    品名    数量    单价（元）    备注
0001    主板    20      800           售出
0002    硬盘    30      400           库存
0003    键盘    10      50            库存
0004    光驱    15      200           售出
</P>
<PRE>
编号    品名    数量    单价（元）    备注
0001    主板    20      800           售出
0002    硬盘    30      400           库存
0003    键盘    10      50            库存
0004    光驱    15      200           售出
</PRE>
</BODY>
</HTML>
```

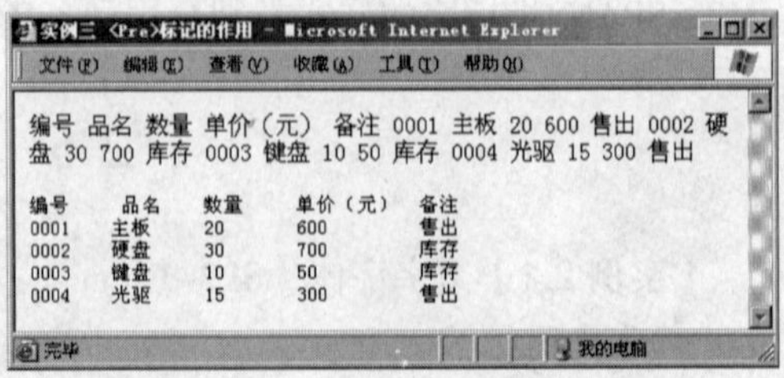

图 2-11 <PRE>标识的作用

说明：标识<PRE>告诉浏览器，处于<PRE></PRE>标识之间的文本按预先给出的格式显示，保留空格、换行等。输出为小字体（small），IE 和 Netscape 浏览器显示的字体略有不同。

【实例 2.4】增加图片的摘要信息，并去除图片的边框，效果如图 2-12 所示（SL2-4.htm）。

程序代码：

```
<HTML>
<HEAD><TITLE>实例 2.4 摘要信息、零边框等</TITLE></HEAD>
<BODY bgColor="white">
  <IMG SRC="奥运火炬.jpg" align="right" hspace="400" vspace="20" height="90"
    width="180" border="0" alt="点燃北京奥运火炬！">
</BODY>
</HTML>
```

说明：<IMG>标识的 align 属性有 top、middle、bottom、left、right 5 种，预置图片在屏幕中的位置。hspace 和 vspace 分别设置图片距屏幕左上角的水平和垂直距离（以像素为单位）。height 和 width 分别设置图片的高和宽，以满足主页对图片尺寸的要求。也可使用 LOWSRC 属性替代 SRC 属性，要求浏览器在画面载入以前先装载低分辨率的图像，以加快访问网页的速度。语句中同时存在 align、hspace 和 vspace 属性，则按 hspace、vspace 属性的值显示图片。border="0"将图片的边框去除（默认值），alt 属性的引号内的文字为图片的文本替换，即当图片正在下载或下载不成功时，将鼠标移至图片所处的位置均可以激活图片的文本替换，并显示该图片的摘要信息（见图 2-12 中的文本框）。若要在超链接的文本中附带摘要信息，可采用两种方法。

图 2-12　图片的摘要信息、零边框等

方法一：

```
<FONT title="点击进入搜狐网">
<A href="http://www.sohu.com">搜狐网站</A>
</FONT>
```

方法二：

```
<A href="http://www.sina.com.cn" title="点击进入新浪网">新浪网站</A>
```

注：Netscape 6.0 以上浏览器现在也支持以上两种方法。

【**实例 2.5**】页面的背景参数与超链接参数（SL2-5.htm）。

程序代码：

```
<HTML>
<HEAD><TITLE>实例 2.5 应用背景参数与超链接参数</TITLE></HEAD>
<BODY  BGCOLOR="#000000"  TEXT="#ffffff"  LINK="#0000ff"  VLINK="ff00ff"
ALINK="#ff0000" BACKGROUND="背景图片.jpg">
<A HREF=http://www.disney.com>迪斯尼乐园</A>
<A HREF="www.csasp.net">绿海星</A>
<A HREF="http://www.dongfang.com">东方明珠</A>
</BODY>
</HTML>
```

说明：标识<BODY>是页面内容的三大组成部分之一，对于网页的背景或背景图片的设置以及超链接时字体的变化均应放在<BODY>与</BODY>之间。属性 BGCOLOR 设置背景颜色，“#000000”表示“黑色”，是十六进制数，格式为：“#RRGGBB”——红红绿绿蓝蓝。取值范围在 0~F 之间，该值还可以用英文 red、green、blue、yellow、white 等词直接设置。请用户参阅附录 A。通常在设置背景图片时，也设置背景色。这样在图片尚未下载完毕之前能使屏幕的背景不太单调。属性 TEXT 用于设置文本文字的颜色，“#FFFFFF”表示“白色”。属性 LINK 设置超链接的颜色，ALINK 设置单击超链接时的颜色，而 VLINK 则用于设置单击超链接以后（已访问过）的颜色。BACKGROUND 用于获取背景图片，图片的格式一般为.GIF 和.JPG。

【**实例 2.6**】网页内部或外部的超链接（SL2-6.htm）。

程序代码：

```
<HTML>
<HEAD><TITLE>实例 2.6 内部、外部超链接</TITLE></HEAD>
<BODY BGCOLOR="yellow">
```

```
<A name="第 1 章">第 1 章</A><P>
     (文本内容，最好超出一个页面)<P>
<A HREF="#第 1 章">返回第 1 章</A><P>
<A HREF=http://www.csasp.net>绿海星</A><P>
<A HREF=http://202.168.0.103>红色风暴</A><P>
<A HREF=mailto:youxiang@163.com>163 邮箱</A><P>
</BODY>
</HTML>
```

说明：

① 内部链接：用<A>标识的 NAME 属性作上一个标识，就像高级语言中的标号；然后用 HREF="#"去寻找已作的标识，就像高级语言中的转移。和高级语言一样，这两句在文件中的位置与排列顺序无关。

② 外部链接：用<A>标识的 HREF 属性指定要链接的域名或 IP 地址，对于邮箱应给出相应的 E-mail 地址。<A>与</A>之间的文字将在网页上显示。

【实例 2.7】点击超链接时启动新窗口（SL2-7.htm）。

程序代码：

```
<HTML>
<HEAD><TITLE>实例 2.7 启动新窗口</TITLE></HEAD>
<BODY bgColor="yellow">
<CENTER>
<A href="http://www.csasp.net" target="resource window">绿海星</A>
</CENTER>
</BODY>
</HTML>
```

说明：将 target 属性设置成 resource window，表示在点击超链接时，浏览器将打开一个新的视窗显示网页内容。同样，将 target 属性设置成 window_name 或_blank 也可达到相同的效果。

【实例 2.8】动态文字（SL2-8.htm）。

程序代码：

```
01:<HTML>
02:<HEAD><TITLE>实例 2.8 动态文字</TITLE></HEAD>
03:<BODY bgColor="yellow">
04:<MARQUEE behavior=scroll loop=5 bgColor=aaaaff>春雨潜入夜</MARQUEE><P>
05:<MARQUEE scrollamount=40 scrolldelay=600 bgColor=aaddff>春雨潜入夜
06:</MARQUEE>
07:<MARQUEE hspace=40 vspace=140 bgColor=ffaaaa align=middle height=80
08:width=98 direction=up OnMouseOut=this.start() OnMouseOver=this.stop()>
09:春雨潜入夜，瞒人去润花。</MARQUEE>
10:</BODY>
11:</HTML>
```

说明：行号仅为说明方便而设，不是程序的组成部分。程序中最好将第 5～6 行书写在同一行，第 7～9 行同之。behavior 的属性值有：right、left、scroll、slide、alternate 等，分别表示文字向右、向左、连续滚动、移动一次和往返移动；loop 属性指定移动次数；scrollamount 和 scrolldelay 属性分别指定移动速度(像素/单位时间)和停顿时间；align 属性表示移动文字的对齐方式，其值 top、middle、bottom 分别表示移动文字对齐上沿、中间、下沿；hspace 和 vspace 属性分别指定移动文字的显示位置，单位为像素。width 属性指定移动文字显示幅面的宽度；direction 属性表示文字的移动方向，有 up、down、right、left 等值；OnMouseOut 和 OnMouseOver 是鼠标的 OnClick 事件（参见第 5 章）。

【实例 2.9】打开网页时自动链接到本站的其他页面（SL2-9.htm）。

程序代码：

```
<HTML>
<HEAD><TITLE>实例 2.9 自动链接</TITLE></HEAD>
<META http-equiv="refresh" content="15;url=所链接的文件.htm">
</HEAD>
<BODY bgColor="yellow">
演示自动链接到其他页面…
</BODY>
</HTML>
```

说明：在标识<HEAD>与</HEAD>之间加入<META>标识，属性值 refresh 表示自动刷新，content 属性表示间隔时间和链接对象，此处定为 15 s，url 的值是超文本链接对象。url 可以指明超文本，形式上也可为 http://……，此处要强调该超文本文件必须在本地网站上，即域名是不可变更的，不能用它链接其他域名地址。

【实例 2.10】网页的背景音乐（SL2-10.htm）。

程序代码：

```
<HTML>
<HEAD><TITLE>实例 2.10 背景音乐</TITLE></HEAD>
<BODY bgColor="yellow">
<H2>2008 奥运北京！</H2>
<EMBED SRC="背景音乐.wav" autostar="TRUE" hidden="TRUE" loop="TRUE">
<BGSOUND SRC="背景音乐.wav" loop="INFINITE">
</BODY>
</HTML>
```

说明：使用<BGSOUND>播放背景音乐，当该窗口最小化时，背景音乐停止；而使用<EMBED>标识则不会出现这种情况。一般主页中常放上<EMBED>和<BGSOUND>两个标识，以防止某些浏览器无法播出背景音乐，通常使用的音乐格式是.WAV 和.MID。<EMBED>中的属性 autostar、hidden、loop 分别表示启动时自动播放、隐藏播放器、循环播放，它们均有两个值 TRUE 和 FALSE，<BGSOUND>中的 loop 属性可取值 INFINITE、TRUE 和 FALSE，分别表示无限制播放、循环播放和播放一次。

【实例 2.11】表单（SL2-11.htm）。

程序代码：

```
<HTML>
  <HEAD><TITLE>实例 2.11 表单</TITLE></HEAD>
  <BODY>
    <FORM method="POST" action="MySubmit.asp">
      <P>学号: <INPUT type="text" name="T3" size="10">  班级:
      <SELECT size="1" name="D1">
         <OPTION selected>一班</OPTION>
         <OPTION>二班</OPTION>
      </SELECT>  姓名:
      <INPUT type="text" name="T2" size="11"> </P>
      <P>我的建议: </P>
      <P><TEXTAREA rows="4" cols="46" name="S1"></TEXTAREA></P>
      <P>   
      <INPUT type="submit" value="提  交" name="B1">   
```

```
        <INPUT type="reset" value="重 填" name="B2"></P>
      </FORM>
   </BODY>
</HTML>
```

说明：实例 2.11 的运行结果如图 2-13 所示。其中，MySubmit.asp 为表单处理程序。

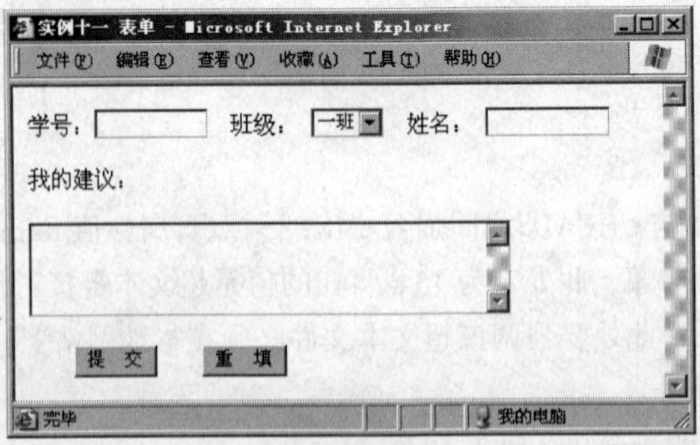

图 2-13　供客户填写数据的表单提交页

【实例 2.12】应用层叠样式表（SL2-12.htm）。

程序代码：

```
<HTML>
<HEAD>
<TITLE>实例 2.12 应用层叠样式表</TITLE>
<STYLE type="text/css">
.aa1{font:24pt/27pt "楷体_GB2312";font-style:italic;color:"#00aa22";}
.aa2{font:11.5pt/12pt "隶书"}
.aa3{font:20pt/20pt "黑体"}
.aa4{font:12pt/20pt "黑体"}
A{text-transform: capitalize; text-decoration: none;}
a:hover{Text-decoration:underline;color:"#dd5511"}
</STYLE>
</HEAD>
<BODY>
<SPAN CLASS=AA2 title="天下第一长联" STYLE=cursor:wait;color:red>--清·孙髯翁
</SPAN><BR>
<SPAN CLASS=AA1>昆明大观楼</SPAN>
<SPAN CLASS=AA2 STYLE=cursor:hand title="天下第一长联全文">(天下第一长联)</SPAN>
<P CLASS=AA2> <A HREF=SL2-1.htm>五百里滇池</A>，奔来眼底，披襟岸帻，喜茫茫空阔无边。
</P>
<SPAN CLASS=AA2>看东骧神骏，西翥灵仪，北走蜿蜒，南翔缟素，高人韵士，何妨选胜登临。
</SPAN><BR>
<SPAN CLASS=AA3>趁蟹屿螺洲，梳裹就风鬟雾鬓；<BR>更苹天苇地，点缀些翠羽丹霞。</SPAN><BR>
<SPAN CLASS=AA4>莫孤负四围香稻，万顷晴沙，九夏芙蓉，三春杨柳。</SPAN><P>
<SPAN CLASS=AA3>数千年往事</SPAN>，注到心头，把酒凌虚，叹滚滚英雄谁在。<BR>
想汉习楼船，<A HREF="SL2-2.htm">唐标铁柱</A>，宋挥玉斧，元跨革囊，伟烈丰功，费尽移山
心力。<P>
尽珠帘画栋，卷不及暮雨朝云；便断碣残碑，都付与苍烟落照。<BR>
只赢得几杵疏钟，半江渔火，两行秋雁，一枕清霜。<BR>
</BODY>
</HTML>
```

说明：该实例设置了 AA1～AA4 四种字体规格、行距、颜色以及取消超链接时的下画线和鼠标移至超链接文本时改变颜色、加下画线等样式。在字体设置 font:24pt/27pt 中，分子设置字体大小，分母设置行距。当鼠标移至“孙髯翁”和“天下第一长联”上时，鼠标指针样式将改变，其指定方法和效果图例如表 2-2 所示。实例 2.12 的运行结果如图 2-14 所示。

表 2-2　CSS 鼠标样式的指定方法及图例

指 定 方 法	演示效果图例	说　　明
cursor:auto;	（无）	这是默认的属性值，即鼠标根据页面不同的元素对象呈现不同的样式。例如，超链接为手形，文字和输入框为“I”形等
cursor:default;		鼠标在任何地方都呈现普通的箭头形状
cursor:hand;		鼠标将呈现手的形状，同超链接的鼠标形状
cursor:crosshair;		在绘图时我们遇到过的精确定位的十字形鼠标
cursor:text;		“I”字形的鼠标，平时在文本上和输入框上可以见到
cursor:move;		鼠标由水平和竖直双箭头组成，移动 Windows 窗口时常见
cursor:wait;		鼠标呈现两个倒三角沙漏的形状，平时见于 Windows 程序忙的时候
cursor:help;		鼠标样式为一个普通箭头加一个问号，如果你在 Windows 窗口右上角单击“?”按钮后，也可以看到这种鼠标样式
cursor:n-resize;		鼠标箭头朝上方
cursor:s-resize;		鼠标箭头朝下方
cursor:e-resize;		鼠标箭头朝右方
cursor:w-resize;		鼠标箭头朝左方
cursor:ne-resize;		鼠标箭头朝右上方
cursor:nw-resize;		鼠标箭头朝左上方
cursor:se-resize;		鼠标箭头朝右下方
cursor:sw-resize;		鼠标箭头朝左下方

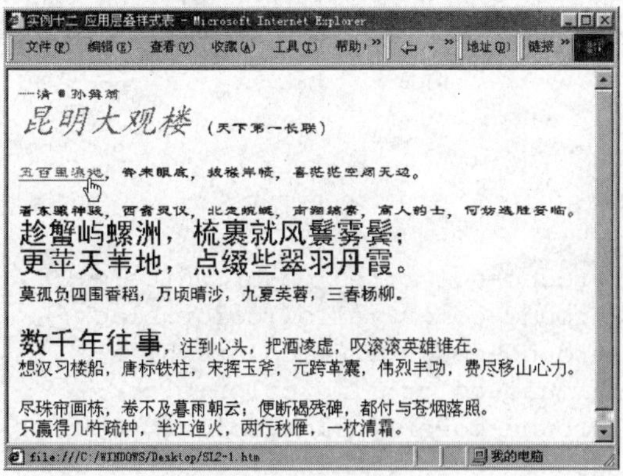

图 2-14　CSS 应用

【实例 2.13】层叠样式表与<SPAN>标识和鼠标样式（SL2-13.htm）。

程序代码：

```
<HEAD>
   <TITLE>实例 2.13 <SPAN>标识和鼠标样式</TITLE>
   <STYLE>
       .myTipA {background-color:#EE00EE;color:#FFFF00;cursor:hand}
```

```
      .myTipB {background-color:#00BB78;color:#FFFF00;cursor:hand}
   </STYLE>
</HEAD>
<BODY>
<P>  CSS 由
<SPAN class="myTipA" title="World Wide Web">WWW</SPAN>
标准化组织制定，主要用来处理网页字符的格式化、显示、编排、打印和特殊效果等。以此来弥补
<SPAN class="myTipB" title="超文本置标语言">HTML</SPAN>
在数据处理上的不足。请参阅
<SPAN title="请查阅 CSS 相关书籍" style="cursor:help;text-decoration:
underline;background-color:#00BBEE;color:#EEFF00;"OnClick="window.open('he
lp.htm')">本章第 2.5 节。
</SPAN>
</P>
</BODY>
</HTML>
```

说明：<SPAN>标识分别定义了三组词的前景色、背景色和鼠标样式。title 属性的作用是当鼠标指针移动到该字符串上时，显示该字符串的摘要信息（见图 2-15 中的文本小框）。cursor:help 属性值表示当鼠标移动到文字“本章第 2.5 节”上时，显示一个 Windows 默认帮助的样式。OnClick 为鼠标触发事件，当用户单击该处时，window.open ()方法使其弹出一个新的窗口，同时打开指定的“help.htm”文件。定义鼠标指针样式的方法和效果图例如表 2-2 所示。

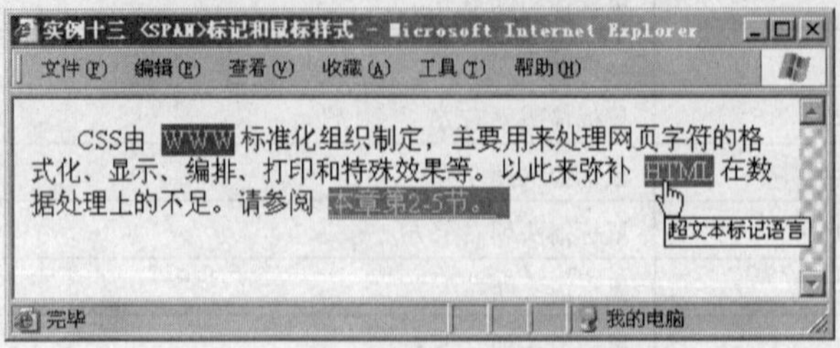

图 2-15 <SPAN>的作用与鼠标样式

【实例 2.14】层叠样式表与<SPAN>和<DIV>在同一页面中的应用，如图 2-16 所示（SL2-14.htm）。

程序代码：

```
<HTML>
<HEAD>
   <TITLE>实例 2.14 "SPAN"与"DIV" </TITLE>
   <STYLE>
      .SpanF1{background-color:red;color:white;}
      .SpanF2{background-color:yellow;color:black;}
      .SpanF3{background-color:blue;color:white;}
      .SpanF4{background-color:lime;color:black;}
      .DivF1 {background-color:yellow;color:black;}
      .DivF2 {background-color:magenta;color:white;}
      .DivF3 {background-color:cyan;color:black;}
      .DivF4 {background-color:black;color:white;}
   </STYLE>
</HEAD>

<BODY>
   <FONT size=5><B>请对下联</B></FONT><FONT size=2>(答案在本书内找):</FONT><P>
```

```
        <SPAN class="SpanF1">蒲叶</SPAN>
        <SPAN class="SpanF2">桃叶</SPAN>
        <SPAN class="SpanF3">葡萄叶</SPAN>
        <SPAN class="SpanF4">草本木本</SPAN>
  <HR><HR>
        <DIV class="DivF1">蒲叶</DIV>
        <DIV class="DivF2">桃叶</DIV>
        <DIV class="DivF3">葡萄叶</DIV>
        <DIV class="DivF4">草本木本</DIV>
  </BODY>
  </HTML>
```

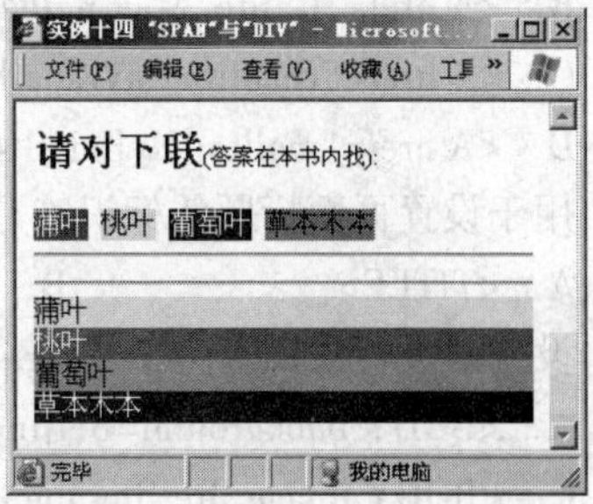

图 2-16　使用<SPAN>与<DIV>的效果

说明：实例 2.14 中使用了 4 个词，词与词之间既无空格，也无换行，而将各词分别配上标识<SPAN>…</SPAN>或<DIV>…</DIV>。从图 2-16 中可以看出，前 4 个用<SPAN>标识的词仍在一行显示，并没有因为<SPAN>的插入而破坏行显示的结构；后 4 个用<DIV>标识的词，则在<DIV>的作用下，各自被分配到一个新的独立区域，形成了各自的区域"块"，而源文件中对它们并未加任何分行标识。据此，我们可使用<SPAN>任意改变同一行范围内的显示样式，例如背景、字体、颜色等；同样，我们可以任意改变<DIV>所包含范围内数据的样式。通常称<SPAN>…</SPAN>为"行内元素（inline element）"，而把<DIV>…</DIV>称做"块级元素（block level element）"。对于我们学过的 HTML 标识基本上都可以分成这两类，如<IMG>、<SUP>、<EM>和<INPUT>等是典型的"行内元素"，而
、<P>、<H1>、<HR>和<FORM>等就属于"块级元素"了。<SPAN>和<DIV>又被称做"空元素"，因为在源文件中仅插入一对<SPAN>或<DIV>标识是不会产生什么变化的，只有用户为其定义样式后，这两个标识才能真正起到作用。

小　结

本章介绍了超文本置标语言 HTML 的主要标识和其他相关知识，其中的实例具有较强的代表性，用户可一一上机练习。通过后续章节，特别是第 4 章和附录 A 的学习，用户对 HTML 的认识将进一步得到强化。需要注意的还有：

① HTML 标识一般成对出现。

② 标识一般不嵌套使用。

③ 大、小写字母在标识中可以通用，但建议统一使用。

④ 最好不交叉使用标识（但交叉使用一般也不会引起浏览器出错）。

⑤ 超文本置标语言的扩展名可以是.htm/.html 或.HTM/.HTML，最好统一使用。

⑥ 在 FrontPage 2003 下，可以通过打开"拆分"或"代码"视图，学习 HTML 源文件的编制。

⑦ 层叠样式表的简单使用是在 HTML 语句中插入 style 属性。

⑧ 制作主页时，应考虑下载速度，一般保持在页面的内容小于 60KB，下载时间小于 30 s 的范围内。

习　题

一、选择题

1. 创建 E-mail 超链接的正确语句是（　　）

　A. <A href="MyEmail@163.com">我的 Email</A>

B．<A href="Callto: MyEmail@163.com">我的 Email</A>

C．<A href="Emailto: MyEmail@163.com">我的 Email</A>

D．<A href="mailto: MyEmail@163.com">我的 Email</A>

2．用于设置页面标题的标识符是（　　）

A．<TITLE>　　B．<TABLE>　　C．<THEAD>　　D．<TD>

3．设置网页背景图形为 Beijing.jpg 的正确语句是（　　）

A．<BODY background=Beijing.jpg>　　B．<BODY bground=Beijing.jpg>

C．<BODY image=Beijing.jpg>　　D．<BODY bgcolor=Beijing.jpg>

4．可用来产生滚动文字或图形的标识是（　　）

A．<IFRAME>　　B．<SCROLL>　　C．<FONT>　　D．<MARQUEE>

5．没有对应结束标识符的标识是（　　）

A．<TABLE>　　B．
　　C．<HEAD>　　D．<TITLE>

二、填空题

1．HTML 文件的扩展名是________。

2．HTML 不是程序语言，而是一种________语言。

3．HTML 文件的起始和结束标识是________。

4．HTML 一般将文件分为 3 个部分：________、________、________。

5．HTML 中的两种注释符是：________和________。

6．表格、表单、超链接的标识分别是：________、________、________。

7．样式表文件主要由________和________两部分组成。

三、简答题

1．HTML 的含义是什么？它属于什么类型的文件？

2．编辑 HTML 可以用哪些工具？

3．什么是图片的文本替换？请写出一条可运行的语句。

4．简述属性和标识的含义。

5．写出在超链接的文本中附带摘要信息的语句。

6．简述 HTML 文档的结构。

7．简述层叠样式表 CSS 的使用方法，并参照图 2-17 建立一个含有 CSS 功能的网页。

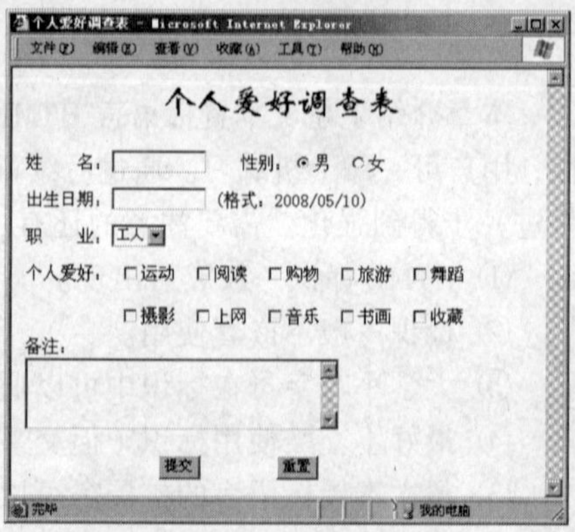

图 2-17　习题 7 的参考图

四、编程及其他

1．在记事本、Word 2003、IE 和 FrontPage 2003 下分别制作一个网页，比较一下源程序。

2．连接互联网，浏览风格各异的网站，如：

http://www.baidu.com　　http://www.china-mor.gov.cn

http://www.sohu.com　　http://www.dell.com

http://www.disney.com　　http://www.csasp.net

http://www.taobao.com　　http://www.6to23.com

3．试编制如图 2-17 所示的 HTML 网页。

4．结合本章给出的实例进行上机操作。

第 3 章 XML 应用

3.1 概　述

1998 年 2 月 10 日万维网联盟 W3C 正式推出 XML（Extensible Markup Language，可扩展置标语言）。和 HTML 不同，HTML 是一种显示输出置标语言，只显示信息，不描述信息；XML 是一种描述信息的置标语言，它不涉及任何显示信息的处理，而是使用其他语言来完成这一任务。由于 XML 结构清晰、开放性强，使得它荣获了新一代“世界语”的美称，其文件的扩展名为.xml。

XML 的“描述”任务，即显示输出任务，是由执行者之一的 XSLT（Extensible StyleSheet Language Transformations，可扩展样式表语言转换）来完成。它可以将 XML 转化成 HTML，可以过滤、选择和格式化 XML 的数据，其扩展名为.xsl。

初学 XML 可能会产生一些困惑，例如 XML 是否为比 HTML 更高一级的语言？能否取代 HTML？XML 能干些什么？实际上，XML 就是 XML，它不能取代其他语言。在实际应用中，XML 随应用项目的增大，其优越性更为显著；在一些较小的简单应用中反而会觉得麻烦，甚至效果可能会更差一些。

3.2 XML 的特征

XML 也是一种置标语言。一个 XML 元素是由起始标识和结束标识，以及标识之间的数据构成的。起始和结束标识用来描述标识之间的数据。标识之间的数据被认为是元素的值。例如：

```
<路段>莘庄</路段>
```

XML 元素“<路段>”的值是“莘庄”。元素名（“路段”）允许把“莘庄”这个值标出来，这样可以把类似的数据区分开。例如，可能有另一个元素的值也叫“莘庄”。

```
<区域>莘庄</区域>
```

由于每个元素都有不同的标识名，所以可以很容易地区分上面两个元素的值。一个基本的 XML 文档就是一个 XML 元素，它可以嵌套 XML 元素。例如：

```
<图书类>
  <图书>
      <书名>Web 数据库基础教程</书名>
      <作者>绿海星</作者>
      <出版地>北京</出版地>
      <出版社>中国铁道出版社</出版社>
```

```
        <页数>320</页数>
        <价格>30</价格>
        <出版日期>2009.6</出版日期>
    </图书>
</图书类>
```

上面语句中 XML 元素“图书类”就是一个有效的 XML 文档。

XML 是用来传递数据的，这些数据是规范的树形结构，XML 提供了对这种结构的操作方法。构建一个基本的 XML 文档有三点必须要注意：① 所有元素必须匹配有结束标识；② 所有元素嵌套必须正确；③ 所有属性值必须加引号。

还应当注意，XML 对大、小写字母敏感，一些在 HTML 中可以“混”过去的语句，在 XML 中将受到严格地限制。XML 需要 IE 5.0 以上的环境下运行。

在使用 XML 之前，我们还要了解一下该技术的具体实现。就目前的实现方式来看，要使得用户最后能够在客户端看到应用 XML 技术后所产生的效果，主要有三种实现手段：

① 让 XML 文档和与其关联的 XSL（Extensible StyleSheet Language，可扩展样式语言）同时被传送到客户端（通常使用浏览器），然后在客户端让 XML 文档根据 XSL 定义的显示格式显示其内容。

② 在服务器端使用 XSL，先将 XML 文档转换为其他格式（通常为 HTML 格式），然后再把该文档传送至客户端（通常是浏览器）。

③ 使用第三方的产品，在将 XML 文档放到服务器端之前就将该文档转换成其他的格式（通常为 HTML 格式），这样服务器端和客户端就和往常处理 HTML 一样处理被转换过的 XML 文档。

由于对 XML 文档有这样三种不同的处理方法，对于 Web 开发者来说，应该针对不同的问题采取相应的解决方法。虽说每种技术方法都可以产生不同的软件，但从原理上看，它们都是运用了同样的 XML 和 XSL 文件。例如，若 Web 服务器直接把 XML 文档传递给浏览器，如 IE 5.0，这种技术使用的是第一种手段；如果在服务器端安装 XML 智能软件（如 IBM alphaWorks 的 XML Enable），则这种技术使用的是第二种手段；而如果使用命令行的 XT（XT 即 XSL Transformations）程序直接将 XML 转换成 HTML 文档，然后把 HTML 文档放到服务器上，这种技术使用的就是第三种手段。这三种手段有一个共同的特点，就是三者使用了同样的 XML 和 XSL 文件。这里使用第一种手段。

【例 3.1】使用 XML 文档（L3-1.xml）。

```
<?xml version="1.0" encoding="GB2312" ?>                    <!-- 声明语句 -->
<?xml-stylesheet type="text/xsl" href="L3-2.xsl"?> <!--声明并指定用样式表转换 XML 文档-->
<二手房>
   <楼盘>
        <楼盘名>香榭里拉</楼盘名>
        <区域>天马</区域>
        <路段>南京南路</路段>
        <交通>地铁四号</交通>
        <单价-元>4500</单价-元>
        <总价-万元>45.8</总价-万元>
        <装修>简装</装修>
        <面积>101.8</面积>
        <户型>3/2/2</户型>
        <楼层>3/7</楼层>
   </楼盘>
```

```
16:   <楼盘>
17:       <楼盘名>海景世纪</楼盘名>
18:       <区域>麓山</区域>
19:       <路段>岳麓北路</路段>
20:       <交通>6 条公交线</交通>
21:       <单价-元>4160</单价-元>
22:       <总价-万元>25</总价-万元>
23:       <装修>简装</装修>
24:       <面积>60.09</面积>
25:       <户型>3/1/1</户型>
26:       <楼层>4/6</楼层>
27:   </楼盘>
28:</二手房>
```

说明:第 1 行告诉处理程序这里是 XML 文档,其中 version 表示遵守的 XML 规范版本,encoding 表示文档所用的语言编码，本例使用的是简体中文 GB 2312。第 2 行告诉浏览器按 L3-2.xsl 指定的样式表将 XML 文档转换为 HTML 文档。

【例 3.2】定义并显示 XML 文档的 XSLT 文档（L3-2.xsl）。

```
<?xml version="1.0" encoding="GB 2312" ?>                <!-- 声明语句 -->
<xsl:stylesheet xmlns:xsl="http://www.w3.org/TR/WD-xsl"> <!--声明按 XSLT 规范转换文档-->
<xsl:template match="/">
<HTML><TITLE>XML 数据输出</TITLE>
  <BODY>
    <TABLE border="2" bgcolor="#66AA44">
      <TR>
        <TH>楼盘名</TH>
        <TH>区域</TH>
        <TH>路段</TH>
        <TH>交通</TH>
        <TH>单价-元</TH>
        <TH>总价-万元</TH>
        <TH>装修</TH>
        <TH>面积</TH>
        <TH>户型</TH>
        <TH>楼层</TH>
      </TR>
      <xsl:for-each select="二手房/楼盘">              <!-- 循环输出 -->
      <TR>
        <TD><xsl:value-of select="楼盘名"/></TD>        <!-- 输出指定的值 -->
        <TD><xsl:value-of select="区域"/></TD>
        <TD><xsl:value-of select="路段"/></TD>
        <TD><xsl:value-of select="交通"/></TD>
        <TD><xsl:value-of select="单价-元"/></TD>
        <TD><xsl:value-of select="总价-万元"/></TD>
        <TD><xsl:value-of select="装修"/></TD>
        <TD><xsl:value-of select="面积"/></TD>
        <TD><xsl:value-of select="户型"/></TD>
        <TD><xsl:value-of select="楼层"/></TD>
      </TR>
      </xsl:for-each>
    </TABLE>
```

```
34:  </BODY>
35:</HTML>
36:</xsl:template>
37:</xsl:stylesheet>
```

说明：XSLT 本身也是 XML 文档，所以第 1 行自然也就是标准的声明语句。第 2 行是标准的 XSLT 文档的首行代码，xsl:stylesheet 表示将文档作为样式表来处理；xmlns:xsl 属性用来防止元素名称重复和混乱，并遵守 W3C 的 XSLT 规范。第 3 行表示源文件在当前目录下。第 19、21 行等语句是遵守 XSLT 语法的语句，可参阅其他书籍。第 36、37 行是结束标识。运行 L3-2.xml 后的结果如图 3-1 所示。

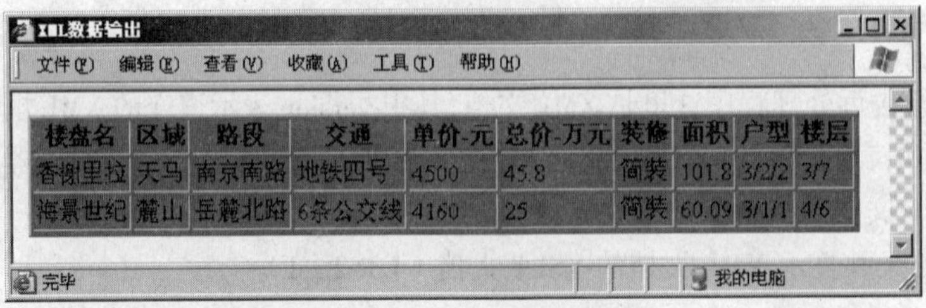

图 3-1 XML 文档的运行结果

3.3 认识 XSLT

XSLT 语言由 W3C 定义，该语言的 1.0 版本在 1999 年 11 月 16 日作为“推荐书”发布。XSLT 的最初目的是将信息内容与 Web 显示分离。如其最初定义的那样，HTML 通过按抽象概念（如段落、重点和编号列表）定义显示来实现设备独立性。

W3C 定义了两个系列的样式表标准，其一是在 HTML 中广泛使用的 CSS 语言，它也可以在 XML 中使用；其二就是功能强大的样式表语言 XSL。CSS 虽然应用广泛，但是它不能执行计算、重新整理或排序数据、组合多个源码中的数据或者根据用户或会话的特征个性化显示内容。针对 CSS 语言的不足，XSL 采纳了 SGML（Standard Generalized Markup Language）社区中开发的 DSSSL（Document Style Semantics and Specification Language，文档样式、语义和规范语言）中一些好的构思。XSL 在转换为 XML 文档时分为明显的两个过程，一是转换文档结构；二是将文档格式化输出。这两个过程可以分开以单独进行处理，XSL 在发展过程中逐渐分裂为 XSLT（结构转换）和 XSL-FO（formatting objects，格式化输出）两种分支语言，其中 XSL-FO 的作用就类似 CSS 在 HTML 中的作用。实际上，现在人们常常使用 XSL 将 XML 文档转换成 HTML，并使用 HTML 浏览器作为格式化引擎。因为 HTML 实际上只是 XML 词汇表的一个示例，而 XSLT 可以使用任何 XML 词汇表作为其目标。

经证实，将两种操作（转换成一种语言和格式化成另一种语言）分离的确是一种好的决策，因为转换语言的许多应用程序经证明无法向用户显示文档。随着 XML 日益广泛地用做电子商务中的数据互换语法，对于应用程序将数据从一个 XML 词汇表转换成另一个 XML 词汇表的需求也在不断增加。同样，还有许多实用的数据转换，在这些转换中源词汇表和目标词汇表是相同的，它们包括数据过滤以及商务操作。

XSLT 实际上也是一个 XML 文档。通过使用 XML 的尖括号标识语法来表示文档的结构。XSLT 处理器使用树状结构作为其输入，并形成另一个树状结构作为输出。通过对 XML 文档进行语法分析来生成输入树状结构，而输出树状结构通常被串行化到另一个 XML 文档中。但 XSLT 处理器本身操作的是树状结构，而不是 XML 字符流。这个概念最初给许多用户的感觉是不切实际的，结果却对理解如何执行更复杂的转换起了关键作用。

XSLT 使用 XPath 子语言来引用输入树中的结点。XPath 本质上是与具有层次结构的 XML 数据模型相匹配的查询语言。它可以通过按任何方向浏览树来选择结点，并根据结点的值和位置应用谓词。它还包括用于基本字符串处理、数字计算和布尔代数的工具。XPath 在单独的 W3C 推荐书中定义，它允许使用在其他上下文中再使用的查询语言，特别是用于定义扩展超链接的 XPointer。

XSLT 是一种用于操作 XML 文档的完整高级语言，就如同 SQL 是操作关系表的高级语言一样。它以传统语言（如 Lisp、Haskell 和 Scheme）的功能性编程的概念为基础，样式表由模板组成。XSLT 允许定义变量，但不允许现有变量更改它的值——即无赋值语句。

3.4 使用 XML

【例 3.3】从数据岛（data islands）读取数据（数据岛是被 HTML 页面引用或包含的 XML 数据）。XML 数据既可以包含在 HTML 文件内，也可以存在于某外部文件内（L3-3.htm）。

```
<HTML>
<HEAD>
  <TITLE>XML 数据在文件内</TITLE>
</HEAD>
<BODY>
  <XML ID="xmlSecondhand">
  <?xml version="1.0" ?>
  <Secondhand>
    <楼盘>
       <楼盘名>香榭里拉</楼盘名>
       <区域>天马</区域>
       <总价>45.8 万元</总价>
       <面积>101.8</面积>
       <户型>3/2/2</户型>
    </楼盘>
    <楼盘>
       <楼盘名>海景世纪</楼盘名>
       <区域>麓山</区域>
       <总价>25 万元</总价>
       <面积>60.09</面积>
       <户型>3/1/1</户型>
    </楼盘>
  </Secondhand>
  </XML>
  <TABLE datasrc="#xmlSecondhand" border="1">
    <THEAD>
      <TH>楼盘名</TH>
      <TH>区域</TH>
      <TH>户型</TH>
      <TH>面积</TH>
      <TH>总价</TH>
    </THEAD>
```

```
33:   <TR>
34:      <TD><DIV datafld="楼盘名"></DIV></TD>
35:      <TD><DIV datafld="区域"></DIV></TD>
36:      <TD><DIV datafld="户型"></DIV></TD>
37:      <TD><DIV datafld="面积"></DIV></TD>
38:      <TD><DIV datafld="总价"></DIV></TD>
39:   </TR>
40: </TABLE>
41:</BODY>
42:</HTML>
```

说明：第 8～23 行是数据岛（XML 数据）。本例利用<XML>元素的 ID 属性来完成数据的读入（注意 xmlSecondhand 的后面 Secondhand 是 XML 数据的根元素，可以将其换成汉字“二手房”），通过能接收数据的 HTML 标识（如<TABLE>标识），把数据绑定到该 HTML，并格式化显示数据岛内的数据（显示输出的数据顺序不一定与数据岛内的数据顺序一致，见本例）。本例显示的是<楼盘>元素内各 XML 子元素的内容。第 25 行<TABLE>标识利用 datasrc 属性引用行内 XML，datasrc 属性实际上是通过在要处理的 XML 元素的 ID 属性的前面加上#来实现的。TD 元素不能绑定数据，这里使用 DIV 元素的 datafld 属性绑定要显示的 XML 元素，也可以使用 SPAN 元素。运行结果如图 3-2 所示。

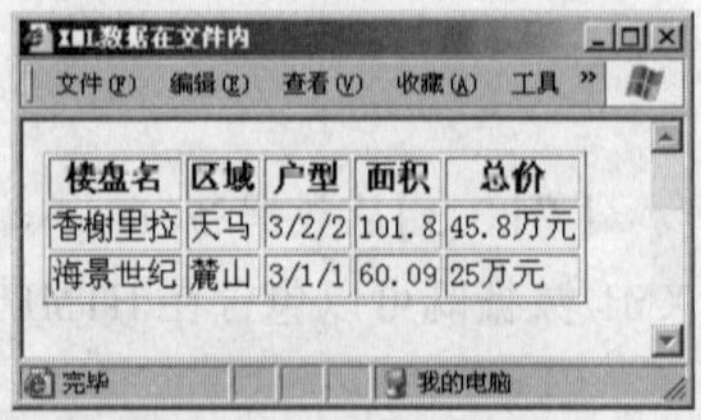

图 3-2 显示包含在 HTML 文件内的 XML 数据

【例 3.4】从文件的外部读取数据岛数据（L3-4.htm）。

```
01:<HTML>
02:<HEAD>
03:  <TITLE>XML 数据在文件外部</TITLE>
04:</HEAD>
05:<BODY>
06:<xml src="L3-5.xml" id="xmlhouse" async="false"></xml>
07:<TABLE datasrc="#xmlhouse" width="100%" border="1">
08:  <THEAD>
09:    <TH>楼盘名</TH>
10:    <TH>区域</TH>
11:    <TH>户型</TH>
12:    <TH>面积</TH>
13:    <TH>总价</TH>
14:  </THEAD>
15:  <TR>
16:    <TD><SPAN datafld="楼盘名"></SPAN></TD>
17:    <TD><SPAN datafld="区域"></SPAN></TD>
18:    <TD><SPAN datafld="户型"></SPAN></TD>
19:    <TD><SPAN datafld="面积"></SPAN></TD>
20:    <TD><SPAN datafld="总价"></SPAN></TD>
21:  </TR>
22:</TABLE>
23:</BODY>
24:</HTML>
```

说明：第 6 行是将 XML 文件 L3-5.xml 调至 xmlhouse 数据岛内，async=“false”属性的作用是确保任何超文本置标语言在解析之前调入 XML 数据。运行结果如图 3-3 所示。

【例 3.5】供例 3.4 读取的 XML 数据（L3-5.xml）。

```
<?xml version="1.0" encoding="gb2312" ?>
<二手房>
  <楼盘>
    <楼盘名>香榭里拉</楼盘名>
    <区域>天马</区域>
    <总价>45.8 万元</总价>
    <面积>101.8</面积>
    <户型>3/2/2</户型>
  </楼盘>
  <楼盘>
    <楼盘名>海景世纪</楼盘名>
    <区域>麓山</区域>
    <总价>25 万元</总价>
    <面积>60.09</面积>
    <户型>3/1/1</户型>
  </楼盘>
</二手房>
```

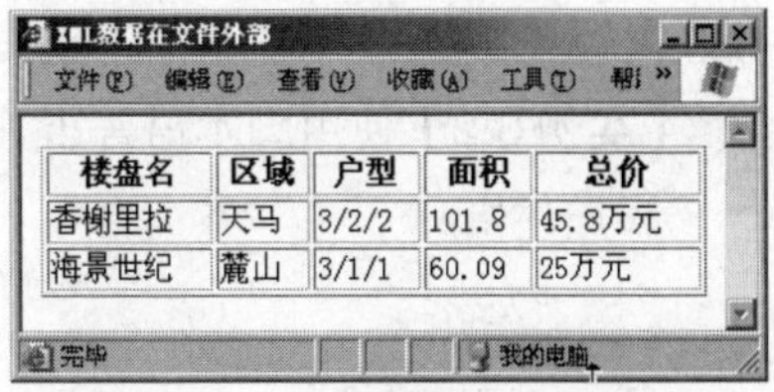

图 3-3 显示未包含在 HTML 文件内的 XML 数据

3.5 实 训 题

【实例 3.1】应用 CSS 显示 XML 文档。XML 文档中含有需显示的数据，CSS 文件是显示格式的设置文件。运行结果如图 3-4 所示。

程序代码：

XML 文件(SL3-1.xml)：

```
<?xml version="1.0" encoding="GB2312" ?>
<?xml:stylesheet type="text/css" href="SL3-1.css" ?>
<secondhand>
  <loupan>
     <lname>香榭里拉</lname>
     <area>天马</area>
     <price>45.8 万元</price>
     <square>101.8</square>
     <house>3/2/2</house>
  </loupan>
  <loupan>
     <lname>海景世纪</lname>
     <area>麓山</area>
     <price>25 万元</price>
     <square>60.09</square>
     <house>3/1/1</house>
  </loupan>
</secondhand>
```

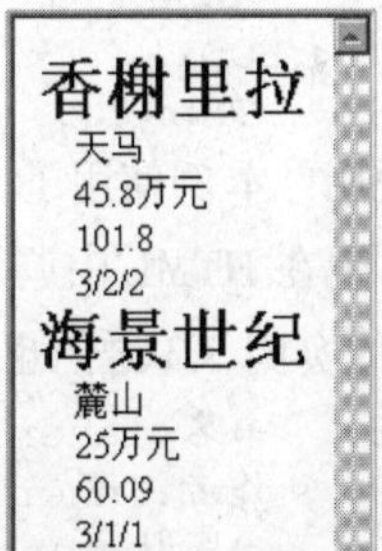

图 3-4 使用 CSS 显示 XML 文档

CSS 文件(SL3-1.css)：

```
loupan{display:block;}
lname{display:block;font-size:22pt;font-weight:bold}
area{display:block;text-indent:1em}
price{display:block;text-indent:1em}
square{display:block;text-indent:1em}
house{display:block;text-indent:1em}
```

说明：XML 文件的第 2 行指定使用 CSS 样式文件显示 XML 数据。与 XSL 相比，CSS 略显不足，CSS 比较“笨拙”，不适合用于元素顺序、位置经常要变动的文件等情况，而 XSL 则会比较灵活。

【实例 3.2】使用脚本语言 JavaScript，从 HTML 文档调用 XML 数据（SL3-2.htm）。

程序代码：

```
01:<HTML>
02:<HEAD>
03:<SCRIPT language="JavaScript" for="window" event="onload">
04:   var xmlBook=new ActiveXObject("Microsoft.XMLDOM");     /* 使用.NET 的
XMLDOM 对象 */
05:   xmlBook.async="false";                           /* 不允许异步下载 */
06:   xmlBook.load("SL3-3.xml");
07:   nodes=xmlBook.documentElement.childNodes; /* 确认根结点，传回结点清单 */
08:   title.innerText=nodes.item(0).text;
09:   author.innerText=nodes.item(1).text;
10:   publisher.innerText=nodes.item(2).text;
11:   date.innerText=nodes.item(3).text;
12:   email.innerText=nodes.item(4).text;
13:</SCRIPT>
14:<TITLE>调 XML 数据</TITLE>
15:</HEAD>
16:<BODY bgcolor="#FFFFFF">
17:   <B>书名：</B>
18:   <SPAN id="title"></SPAN><BR>
19:   <B>作者：</B>
20:   <SPAN id="author"></SPAN><BR>
21:   <B>出版：</B>
22:   <SPAN id="publisher"></SPAN><BR>
23:   <B>日期：</B>
24:   <SPAN id="date"></SPAN><BR>
25:   <B>邮箱：</B>
26:   <SPAN id="email"></SPAN><BR>
27:</BODY>
28:</HTML>
```

说明：本例使用了.NET 的 XMLDOM 对象（其他细节可参阅相关书籍），并用 JavaScript 脚本语言实现在 HTML 中调用 XML 数据。此处也可以使用汉字作为对象名，对应实例 3.2 的语句如下（相应的实例 3.3 语句也要改变，请见实例 3.3 的说明部分）：

```
08:   书名.innerText=nodes.item(0).text;
09:   作者.innerText=nodes.item(1).text;
10:   出版社.innerText=nodes.item(2).text;
11:   出版日期.innerText=nodes.item(3).text;
12:   邮箱.innerText=nodes.item(4).text;
```

【实例 3.3】对应实例 3.2 的 XML 数据（SL3-3.xml）。

程序代码：

```
<?xml version="1.0" encoding="GB2312"?>
<book>
  <TITLE>Web 数据库基础教程(第 2 版)</TITLE>
  <author>绿海星</author>
  <publisher>中国铁道出版社</publisher>
  <date>2009 年 6 月</date>
  <email>lvhaixing@163.com</email>
</book>
```

说明：若对应实例 3.2 的语句第 8～12 行换成汉字描述，其对应的实例 3.3 中的标识也要进行相应的变换。程序如下（实例 3.2 的语句第 18～26 行中的 id 属性值也要进行相应改变）：

```
<?xml version="1.0" encoding="GB2312"?>
   <图书>
   <书名>Web 数据库基础教程(第 2 版)</书名>
   <作者>绿海星</作者>
   <出版社>中国铁道出版社</出版社>
   <出版日期>2009 年 6 月</出版日期>
<邮箱>lvhaixing@163.com</邮箱>
</图书>
```

小 结

XML 有相当严格的语法结构，这一点与 HTML 截然不同。其应用前景十分广泛，特别是在电子商务的应用中尤为突出。同时，XML 还广泛地应用于手机、PDA、打印机甚至家用电器，使我们的生活变得更加丰富多彩。

XML 将结构、内容和表现分离，所以同一个 XML 源文档只写一次，便可以用不同的方法表现在计算机屏幕上或手机显示屏上，甚至可以在为盲人服务的设备上翻译成语音，等等。因此，一个 XML 文档可以有更长的生存周期。

习 题

一、填空题

1. HTML 是一种________的置标语言；XML 是一种________的置标语言。
2. XSL 在转换 XML 文档时分为两个过程，一是________结构；二是________输出。

二、简答题

1. 简述 XML 与 HTML 的异同点。
2. 可以用哪几种方式显示 XML 数据?

三、编程及其他

1. 试用 XML/XSL 语言编制程序，显示输出下述数据：

```
<图书类>
   <图书>
       <书名>电子商务网站开发基础</书名>
       <作者>春风</作者>
       <出版社>中国铁道出版社</出版社>
       <价格>23</价格>
   </图书>
   <图书>
       <书名>Web 数据库技术实用教程</书名>
       <作者>杨柳</作者>
       <出版社>中国铁道出版社</出版社>
       <价格>23</价格>
   </图书>
</图书类>
```

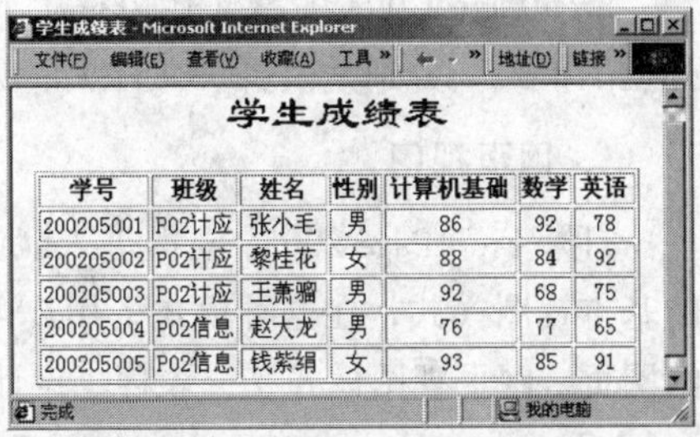

图 3-5 习题 2 的参考图

2. 利用数据岛捆绑数据，显示输出如图 3-5 所示的页面。

第4章 编辑和创建网页

4.1 使用 FrontPage 2003

用文本编辑器编辑 HTML 文档，其功能有限，一行一行地编写 HTML 文档也不太现实。简单易学、功能强大的 FrontPage 2003 正好给我们弥补了这一缺陷。FrontPage 2003 的整个窗口界面、菜单类型均与 Word、Excel 等类似，它是一个集网站的建立、制作与管理等多项综合功能的网站开发环境。其简单的操作，即使不懂 HTML、VBScript、JavaScript 等网页编程语言，也能制作出比较出色的页面。使用 FrontPage 2003 提供的功能（如文字设置、表格、表单、添加图像、声音和其他元素等），用户能很容易地掌握网页的制作方法。

4.1.1 FrontPage 2003 的主界面

启动 FrontPage 2003（单击【开始】→【所有程序】→【Microsoft Office】→【Microsoft FrontPage 2003】命令），直接进入 FrontPage 2003 的网页视图模式，如图 4-1 所示。它就是一张为用户准备好的空网页，类似于 Word、Excel 的初始界面。在它的左下边有 4 个视图栏：设计、拆分、代码和预览（若选择了制作框架网页，还会出现一个标签：无框架）。在拆分或代码视图下可直接编辑和查看 HTML 源文件，这对初学者来说极为有利。通过它们与设计视图之间的切换，初学者可以较快地熟悉和掌握 HTML 的标记等。

4.1.2 FrontPage 2003 的视图

FrontPage 2003 提供了比以往版本更丰富的视图模式，以适应用户的各种需要。这里共有 7 种视图模式，分别是网页、文件夹、远程网站、报表、导航、超链接和任务视图。

1. 网页视图

打开 FrontPage 2003，立即进入默认的显示界面——网页视图模式。网页视图模式是设计网页的基本视图模式，在这种模式下用户可以所见即所得（WYSIWYG）的非常容易地制作自己心仪的网页。网页视图模式又分 4 种，设计视图、拆分视图、代码视图和预览视图（其界面分别见图 4-2、图 4-3、图 4-4 和图 4-5）。如果打开或者新建一个框架网页（单击【开始】→【所有程序】→【FrontPage 2003】→【文件】→【新建】→【新建网页】→【其他网页模板】→【框架网页】

命令），FrontPage 2003 主界面的视图栏中会增加一个无框架视图。

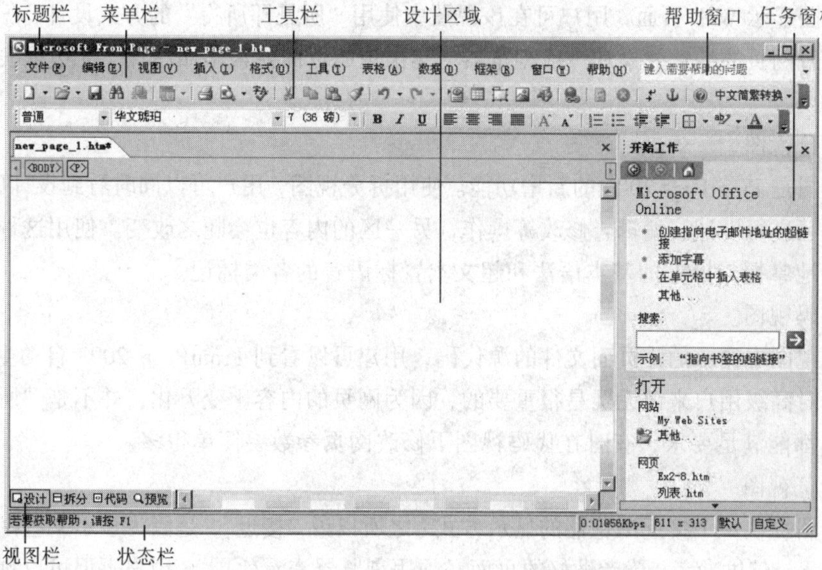

图 4-1　FrontPage 2003 的初始主画面

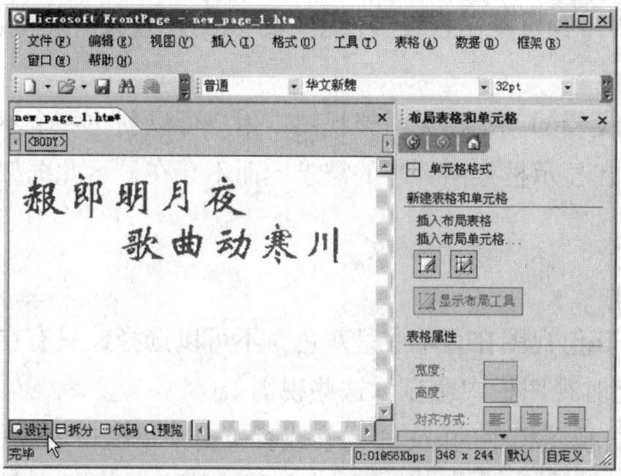

图 4-2　设计视图

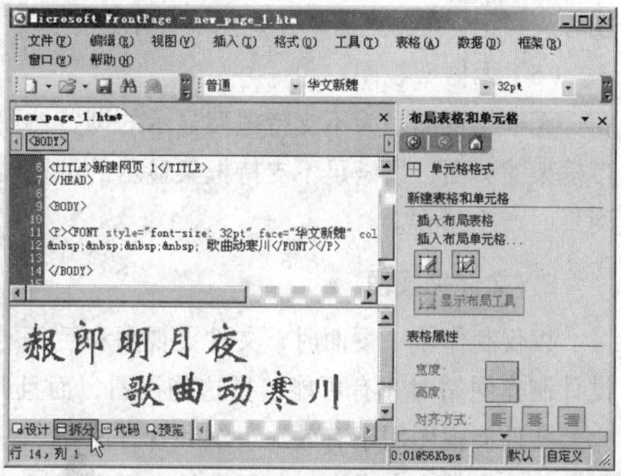

图 4-3　拆分视图

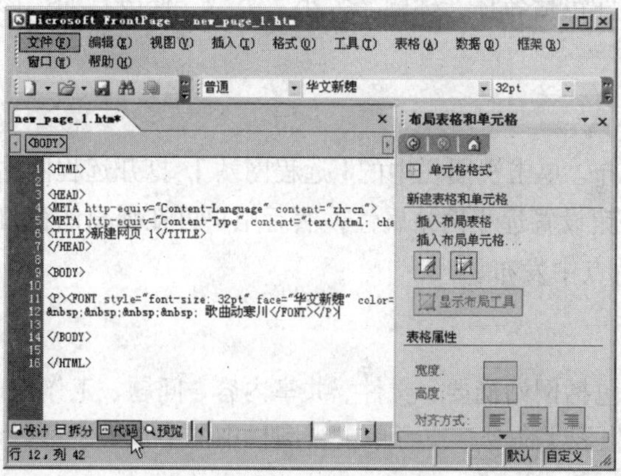

图 4-4　代码视图

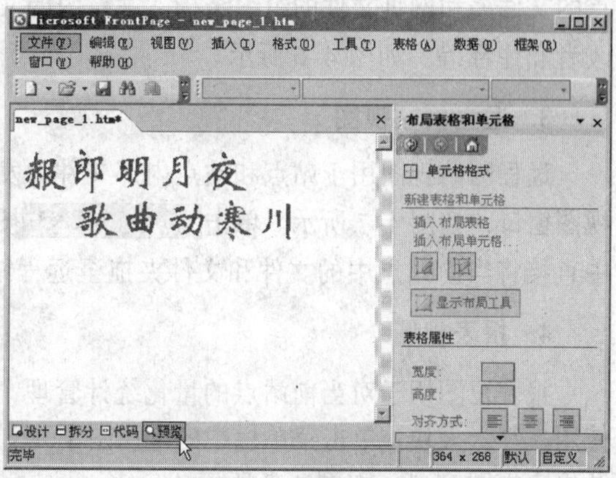

图 4-5　预览视图

（1）设计视图

设计视图显示 Web 页面，用户可在该视图中使用“所见即所得”的方式设计、编辑、修改网页，查看一般网页的编辑效果和一般浏览器上不出现的页面要素（如注释、无边框表格线、共享边框线等）。

（2）拆分视图

拆分视图是 FrontPage 2003 的新增功能。使用拆分视图，用户可以同时看到设计区和代码区。无论在哪个区进行设计、编辑、修改等操作，另一区的内容也会随之改变。使用这种视图，初学者可以很快地掌握 HTML 的基本语法和超文本置标语言的各类标记。

（3）代码视图

在代码视图中显示的是页面文件的源代码，用户可以看到 FrontPage 2003 自动生成的 HTML 源代码。这对高级用户来说无疑是很重要的，因为网页的内容千变万化，并不是“所见即所得”的编辑方式都能满足要求，有时在代码视图下修改网页参数要简单得多。

（4）预览视图

预览视图提供一个接近浏览器的显示方式（之所以说“接近”，是因为显示某些网页对象时与浏览器有出入，仅供参考；读者做好的页面必须用浏览器查看效果）。用户不但可以预览编辑好的页面，还可以预览页面中的动态图案和 ActiveX 控件。虽说预览视图提供了方便的预览环境，但读者应切记，在浏览器中才是网页显示的最终效果，预览视图仅仅提供粗略显示网页效果的环境。

（5）无框架视图

无框架视图是为不支持框架显示的浏览器而设置的。选择无框架视图，用户可以创建一个不带框架的页面，以满足不支持框架显示的浏览器在显示框架网页时的需求，而不会在显示此框架网页时产生错误。

2. 文件夹视图

仅仅制作单一页面时，文件夹视图和后面的其他视图在菜单中呈灰色，不可以选择，只有在设计制作网站时才有可能选择这些视图，而且此时视图栏中会显示这些视图。

文件夹视图用于有效地组织和管理网站。单击视图栏中的【文件夹】，或者单击菜单栏中的【视图】→【文件夹】命令，打开文件夹视图窗口。FrontPage 2003 将以列表的形式给出当前 Web 站点的文件夹和网页文件的组织结构，站点内的文件包括名称、标题、大小、类型、修改日期、修改者和注释等，如图 4-6 所示。

3. 远程网站视图

远程网站视图用于站点和站点内部文件的发布。单击视图栏中的【远程网站】，打开远程网站视图窗口，如图 4-7 所示。单击 远程网站属性... 按钮设置远程网站属性，然后用户可在弹出的窗口中直接将当前站点中的文件和文件夹拖至远程站点中发布。

4. 报表视图

报表视图用于对当前站点的量化统计管理，包括网站摘要、文件、共享内容、问题、工作流、使用率等六大块。单击菜单栏中的【视图】→【报表】命令，或者单击视图栏中的【报表】，以打开报表视图窗口，如图 4-8 所示。

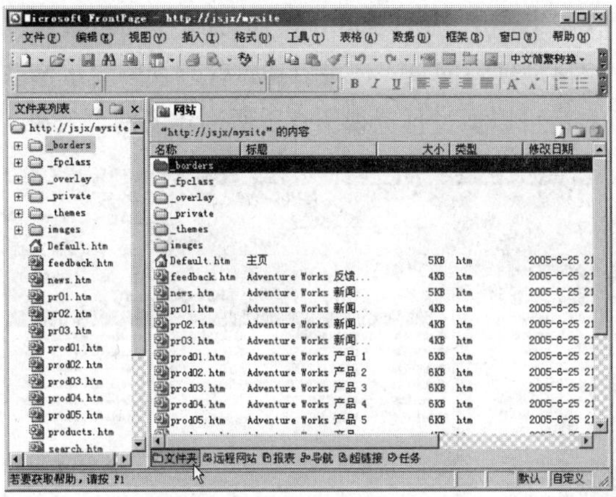

图 4-6　文件夹视图窗口

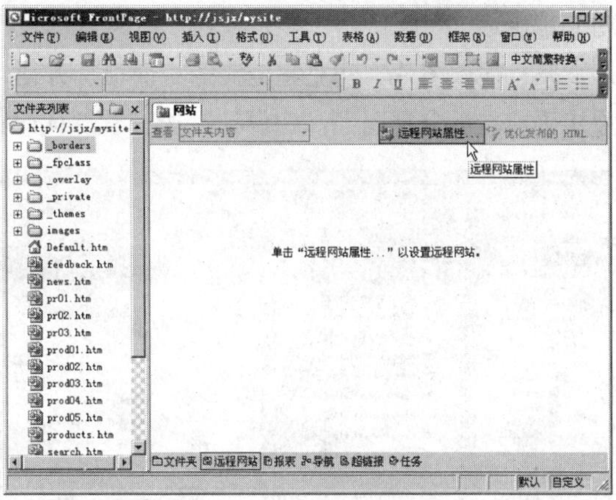

图 4-7　远程网站视图窗口

5. 导航视图

导航视图用于查看站点中所有的网页以及这些页面之间的组织逻辑关系，如图 4-9 所示。单击视图栏中的“导航”，打开导航视图窗口。导航图框中的“+”号表示图框处于折叠状态；“-”号表示图框处于展开状态，可以单击这两种符号切换折叠与展开状态。

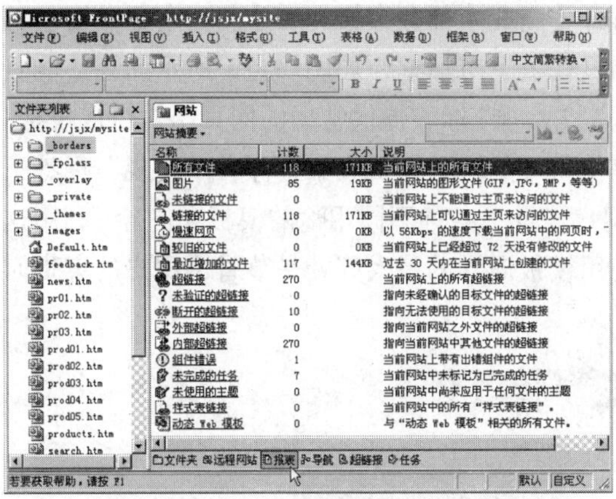

图 4-8　报表视图窗口

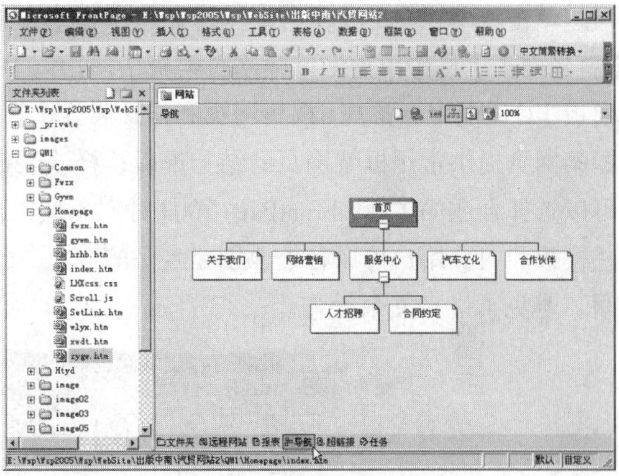

图 4-9　导航视图窗口

6. 超链接视图

超链接视图用于显示网页和页面文件间的所有超链接关系，如图 4-10 所示。单击其中的超链接，将自动打开预制对应的网页。

7. 任务视图

任务视图用于组织或管理各用户小组的工作进度，跟踪正在完成以及尚未完成的工作，如图 4-11 所示。所有的工作都将出现在任务列表中，任务视图将以常规的方法显示它们。

4.1.3　建立新页面

1. 直接创建新网页

选择【开始】→【所有程序】→【Microsoft Office】→【Microsoft Office FrontPage 2003】命令启

动 FrontPage 2003（见图 4-1），在系统默认的设计视图下使用“所见即所得”的方式，可以直接输入文字、插入图片、建立超链接等，简洁、方便、快速地创建网页；还可以通过代码视图直接修改源代码或在拆分视图下一边设计一边查看源代码；最后可以通过预览视图查看所创建的网页效果。

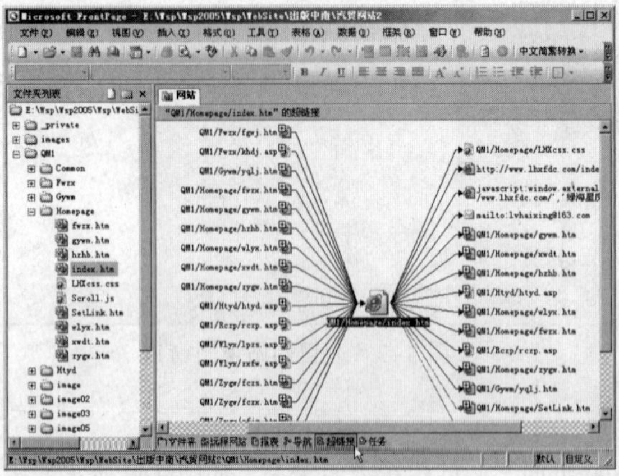

图 4-10 超链接视图窗口

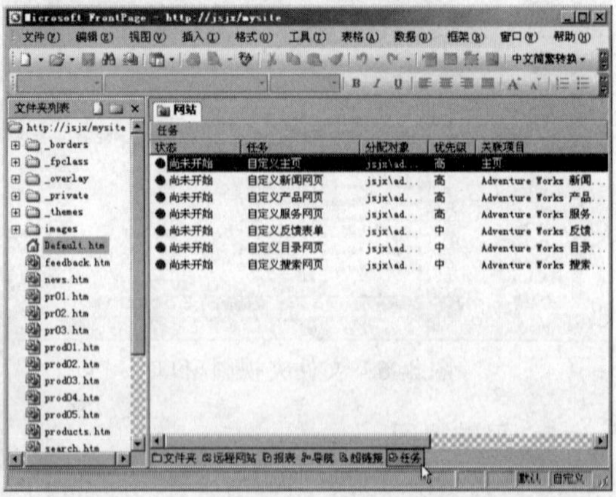

图 4-11 任务视图窗口

2. 使用模板向导创建新网页

单击菜单栏中的【文件】→【新建】命令，打开【新建】任务窗格，在【新建】任务窗格的【新建网页】栏中单击“其他网页模板”，打开“网页模板”对话框，如图 4-12 所示。在【网页模板】对话框中有常规、框架网页和样式表 3 个标签。“常规”标签提供常用的网页结构组成模板；框架网页提供常用框架网页的结构模板；样式表提供常用的层叠样式表架构。在“常规”标签下可以选择合适的模板，FrontPage 2003 针对不同的用户设计了各种不同用途的模板和向导，利用这些模板和向导用户可以轻松地创建自己的网页。使用模板向导的最大好处是节省了用户的宝贵时间，避免了许多冗余操作。

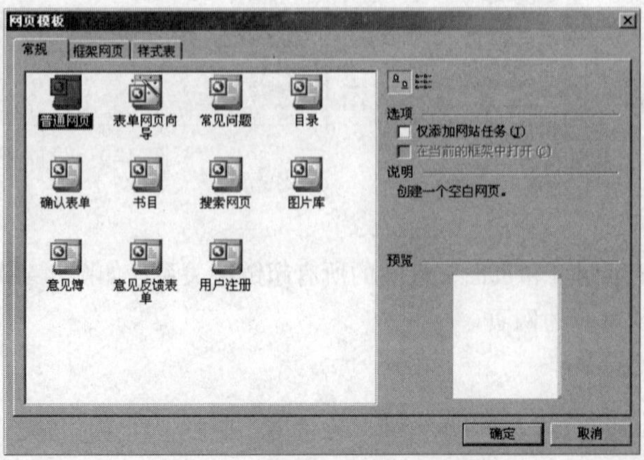

图 4-12 【网页模板】对话框

3. 设置网页的内容

在定制的网页内容中，有几项较常用的设置：网页的标题、背景音乐、背景颜色或图片、网页的版式。

在 FrontPage 2003 的菜单栏中，单击【文件】→【属性】命令，或右击网页设计区，在弹出的菜单中选择“网页属性”命令，均会弹出“网页属性”对话框，它含有 5 个标签：常规、格式、高级、自定义、语言和工作组，如图 4-13 所示。

（1）常规

在图 4-13 的【常规】标签中，可以设置：

① 网页的基本位置、标题、网页说明、关键字和默认的目标框架等。

② 背景音乐的位置、循环次数等。

（2）格式

在图 4-14 的【格式】标签中，可以选择：

① 背景图片及其来源或添加水印。

② 背景和前景（文本）的颜色。

③ 超链接（未链接、链接时和链接后）的颜色。

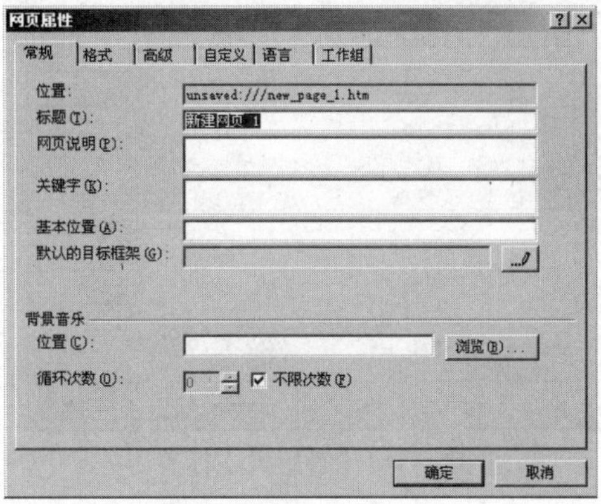

图 4-13 【常规】标签

（3）高级

在图 4-15 的【高级】标签中，可以选择：

① 以像素为单位的上、下、左、右边距和边距的宽度及高度。

② 正文样式、翻转样式等。

③ 设计阶段控件脚本（客户端或服务器端平台、服务器端或客户端脚本）。

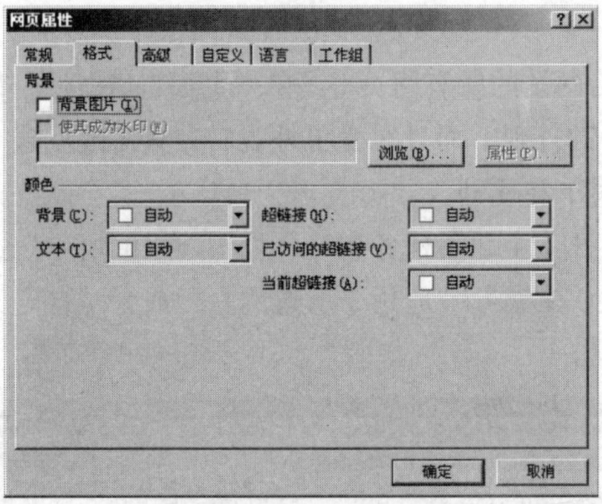

图 4-14 【格式】标签

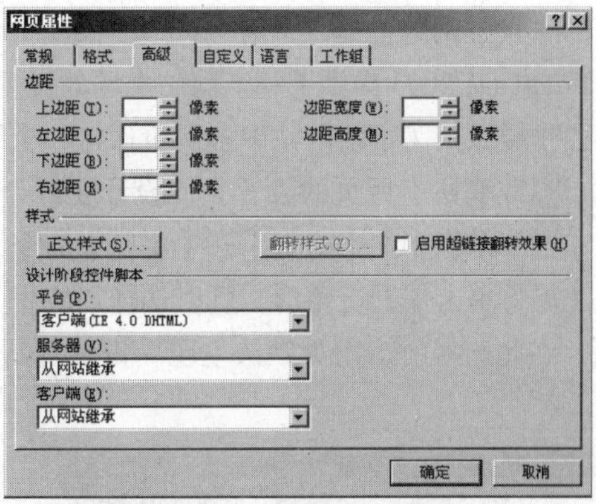

图 4-15 【高级】标签

（4）自定义

【自定义】标签一般较少使用，是为满足用户添加一些系统变量和用户变量而设。在图 4-16 的【自定义】标签中，可以选择：

① 系统变量（HTTP-EQUIV）。

② 用户变量。

（5）语言

在【语言】标签中用户可以为不同的语言平台编写各自的网页。在图 4-17 的【语言】标签中，可以选择：

① 网页语言。

② HTML 编码。

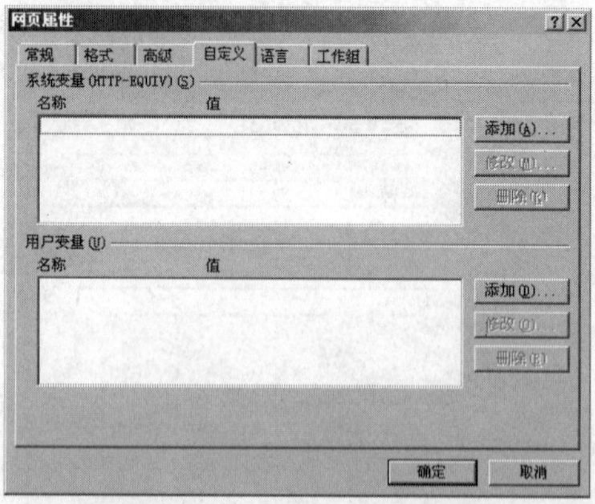

图 4-16 【自定义】标签

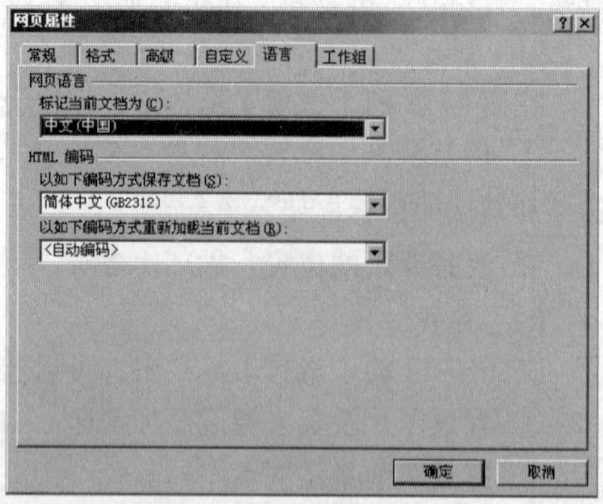

图 4-17 【语言】标签

（6）工作组

在图 4-18 的【工作组】标签中，可以选择：

① 可用类别。

② 分配对象的名称、审阅状态等。

③ 发布网站时是否包含此文件。

4．FrontPage 2003 中网站的主题

（1）设置网站主题

FrontPage 2003 提供了一个网站主题的设置，给网站的所有网页（或单一页面）建立一个使用标准。这样做是为了使网站中各网页保持一个统一的外观，而且在变更外观时，只需改变这个设置就可以改变所有网页的设置，使设计变得十分简单和便利。

单击菜单栏中的【格式】→【主题】命令，打开【主题】任务窗格，如图 4-19 所示。选中任一主题，单击展开三角形，可以选择“应用为默认主题”、“应用于所选网页”或者“自定义”选项，在此选择“应用为默认主题”设置网站主题。

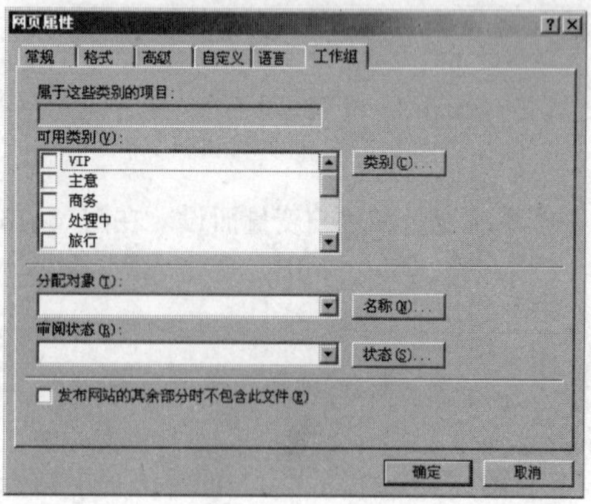

图 4-18 【工作组】标签

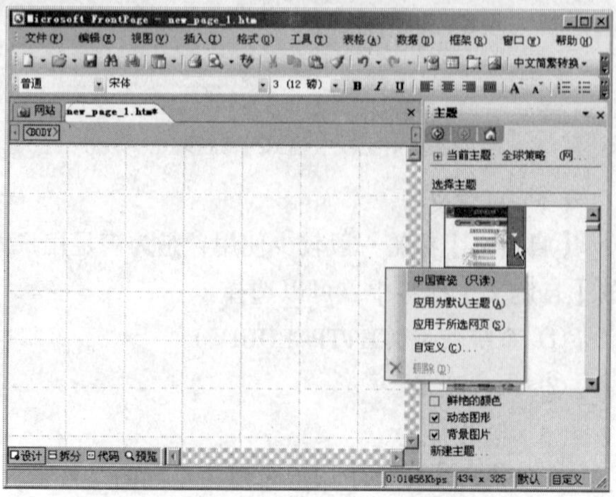

图 4-19 【主题】任务窗格

（2）设置特定网页的主题

在网站的设计中或个人用户很可能用到一些较特殊的页面。要建立有别于网站主题的次主题或者设置个别网页的主题，可以先选中要更改的网页，单击【格式】→【主题】命令，在如图 4-19 所示的【主题】任务窗格中，选择“应用于所选网页”选项即可。

（3）自定义

选择【主题】任务窗格中的【自定义】选项，可以对同一主题进行颜色、图形、文本以及背景图片等调整，以此获得不同的风格。

4.1.4　在页面中插入文字

网页中通常不能缺少的内容就是文本，它是网页最基本的组成部分。

1. 文本的输入

进入 FrontPage 2003（见图 4-1），打开设计视图，可以直接在设计区输入用户需要在网页中显示的文本素材。FrontPage 将自动为用户生成相应的 HTML 源代码。

用户还可以在拆分或代码视图下，查阅或修改对应页面的 HTML 源代码。使用这两种视图对于初学 HTML 的用户无疑是一个良好的环境，同时对 HTML 编程老手来说，也是一个修改源代码的良好界面。

2. 文本的基本操作

（1）改变文字的大小、字体及颜色

同 Office 2003 的其他组件一样，在 FrontPage 2003 的编辑器中编辑、修改或改变文字的大小、字体、颜色等，只需在工具栏中选取相应工具，操作非常相似。

（2）分段

在设计视图下编辑文本，FrontPage 2003 将输入的回车，认为既是换行，又是分段。它会把下一行文字作为新的段落起点，并与上一行文字隔有一定的距离。若用户不需要分段，只需换行，则可以使用组合键【Shift+Enter】。

4.1.5　在页面中插入图像

1. Internet 上的图像

网页上的图像主要用于装饰页面和烘托主题，常用的两种格式是 GIF 和 JPEG。虽说文本是网页结构的基础，但网站并不会因文字的数量和华丽的词藻而誉满全球，只有文字与图像恰到好处地结合，才能展示丰富多彩的内容，体现网站的灵魂。精美的图像、和谐的背景，能对页面起极大的烘托效果，将为网站营造一种特殊的气氛。但是太大和太多的图像会降低网页的下载速度，导致网站的其他信息遭到削弱；同时，也会给访问者留下不好的印象，影响网站的形象。所以，一般情况下应当尽量缩减图像的尺寸，限制颜色数量的使用，以低分辨率保存图像，在网站中尽可能地使用相同的图像。GIF 和 JPEG 的共同特点是：压缩比高、失真小，GIF 图像格式可以存储动画，也可以制作透明图像嵌在网页中。

2. 添加图像

FrontPage 2003 中，将一幅图像添加到网页中常用的方法有两种：

① 在网页中插入一个现有的图形文件：单击菜单栏中的【插入】→【图片】命令（类似 Word 中对图形图像的操作）。

② 将一幅图形从另一个应用程序中复制到本网页中。

如果要编辑图像，可以选中图像，点击鼠标右键，其编辑方法与 Word 相同。

3. 在图片上书写文字

① 打开【图片】工具栏（单击【视图】→【工具栏】→【图片】命令），如图 4–20 所示。另一种方法是选中图片，右击鼠标，选择“显示图片工具栏”选项，打开“图片”工具栏。

② 在【图片】工具栏上选中文本按钮“A”，如图 4–20 所示。单击后，图片中间会出现一个文本框（在此之前，有时可能会弹出一个【确定】和【取消】对话框，用户可根据需要进行选取），用户可在其中输入文字，或点上文本框四周的小黑点，缩放文本框，或用鼠标拖动该文本框，置于所需之处。

③ 在【图片】工具栏中，除“A”按钮外，还提供 20 多种具有其他功能的按钮，例如：插入文件中的图片、自动缩略图、绝对定位、上（下）移一层、向左（右）旋转、水平（垂直）翻转、增加（减低）对比度、增加（减低）亮度、剪裁、线型、设置图片格式、设置透明色、颜色、凹凸效果、重新取样、选择、图像热点（可以设置长方形、圆形、多边形以及突出显示热点）、还原等，根据需要，用户可自由选取。

4. 创建自动缩略图

FrontPage 2003 提供自动缩略图，可以帮助用户将图片以最佳比例缩小显示在屏幕上，它可以降低图片的分辨率和文件的大小，以加快下载速率。FrontPage 2003 自动对自动缩略图创建指向实际图片的超链接。

选中图片，单击【图片】工具栏中的第 3 个按钮“”，产生选定图片的自动缩略图。初学者最好将自动缩略图和所生成的超文本文件放在同一个文件夹内。

5. 图像的替代文本和替代图

当鼠标移动到图片上时，图片上出现的黄色文本标签称为图像的替代文本。替代文本主要是对所替代的图像进行文字说明或当某些原因致使图像不能正确显示时的文字描述。

替代图类似于替代文本，其作用是在正式的图形图像尚未完全送达用户的浏览器之前，预先显示一幅分辨率较低的图片。

选中图片，右击，在【图片属性】对话框中选择【常规】标签，设置图形图像的替代文本和替代图。在【低分辨率】文本框中（见图 4–21）输入替代图片的路径、名称等，或单击【浏览】按钮选择低分辨率替代图片所处的位置；在【文本】文本框中输入替代文本，并选中复选框。

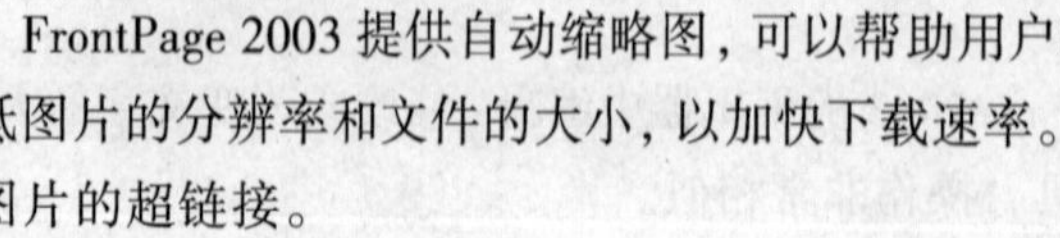

图 4–20 【图片】工具栏

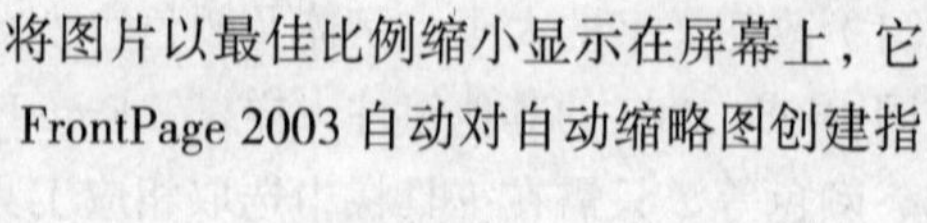

图 4–21 设置替代文本和替代图

6. 透明图像的建立

我们通常将图像的背景设为透明，其最大的优点是可以使图像与网页背景或其他图像很好地融合为一体。单击【图片】工具栏（见图 4-22）中的【设置透明色】按钮，可以根据要求将图像的某种色彩设置为透明色。

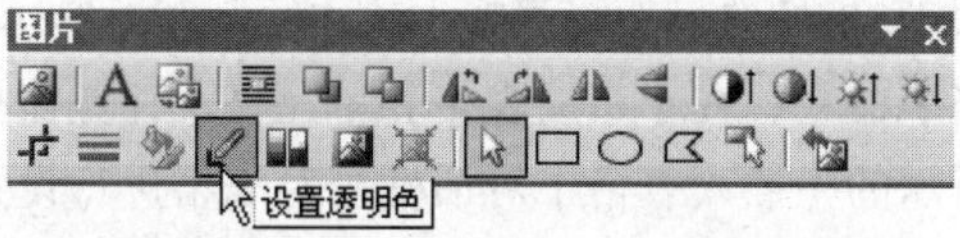

图 4-22　单击【图片】工具栏中的【设置透明的颜色】按钮

透明色的设置过程如下：

① 单击待处理的图片，在弹出的【图片】工具栏中单击【设置透明色】按钮。

② 此时光标变为笔状，将光标移到待处理的图片上。

③ 在图片中点击任何一种颜色，这种颜色（只要图片上有）都将从图片中消失。

注意：

① 仅有 GIF 图像可以生成透明图像。

② 用同样的方法可以将其他任何一种色彩设置为透明色。

③ 在一幅 GIF 图像中，只能针对一种色彩做透明色处理。

7. 图像地图

图像地图（image map）又称热点（hot spot），是图形图像上已设置的具有超链接属性的区域。创建图像地图的一般步骤如下：

① 选中待处理图像，右击并在快捷菜单中选择“显示图片工具栏”命令。

② 【图片】工具栏中提供矩形、圆形和多边形热点按钮，用户根据需求选取。

③ 再次将鼠标移到图像上，光标会变成铅笔状。

④ 在图像上按下鼠标左键并拖动鼠标，使之形成热点框；松开鼠标的同时 FrontPage 2003 会自动弹出【插入超链接】对话框，依据对话框的提示输入所需超链接。

⑤ 重复以上的操作，可以在图像的其他位置继续创建热点。

⑥ 可以用鼠标将热点移至图像内的任一位置，也可点上热点周围的小黑点缩放热点。

⑦ 双击热点会弹出【插入超链接】对话框，用户可以修改图像上的热点超链接。

⑧ 若要删除图像热点，可以在选中该热点后，按【Delete】键。

注意：

① 若选取的是多边形热点，需要在该多边形热点绘制完以后，才会弹出【插入超链接】对话框。

② 单击【文本】按钮，可以为图像生成含有文本注释的热点。

③ 要想查看图像地图上的所有热点，可单击【突出显示热点】按钮。

4.1.6　在页面中绘制表格

表格是信息的组织形式，无论有形表格或无形表格（隐去表格线的表格）均成网格状。在网页设计中利用它可以生成层次分明、内容复杂的页面。我们通常所见的网站，大多数是采用无形表格来分割、排列、布局页面内容的。

单击【表格】→【插入】→【表格】命令，弹出【插入表格】对话框（见图 4-23），用户可根据需求建立表格。用户也可以单击【表格】→【绘制表格】命令，手工绘制表格，或在弹出的工具栏内选择 FrontPage 2003 新增功能【绘制布局表格】或【绘制布局单元格】制表。还可以单击【表格】→【布局表格和单元格】命令，在【布局表格和单元格】任务窗格中选择所需操作。

除了可以在图 4-23 所示的【插入表格】对话框中对表格进行设置以外，还可以在已绘制的表格单元内右击鼠标，在弹出的快捷菜单（见图 4-24）中选择【表格属性】或【单元格属性】命令，按提示和要求操作。FrontPage 2003 中调整表格的方法也很简单，只需在表格边框上移动鼠标，当鼠标的箭头变为双箭头时，就可以对当前表格进行扩展或收缩。利用 FrontPage 2003 的新增功能【绘制布局表格】、【绘制布局单元格】可以非常简单地在已有表格中添加表格或表格单元。

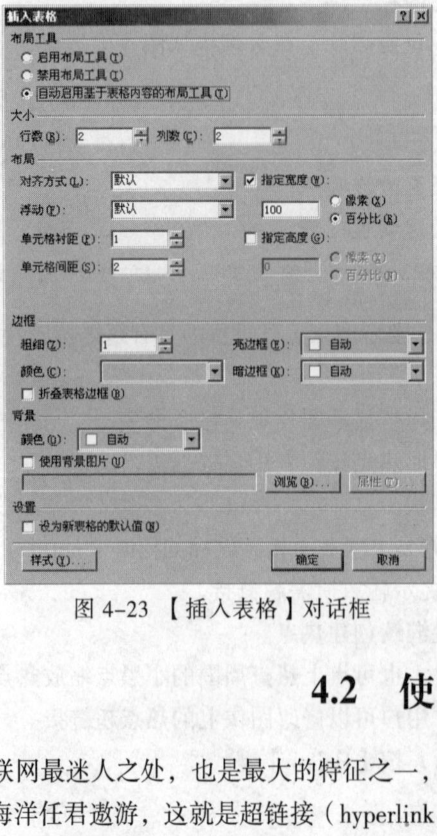

图 4-23 【插入表格】对话框

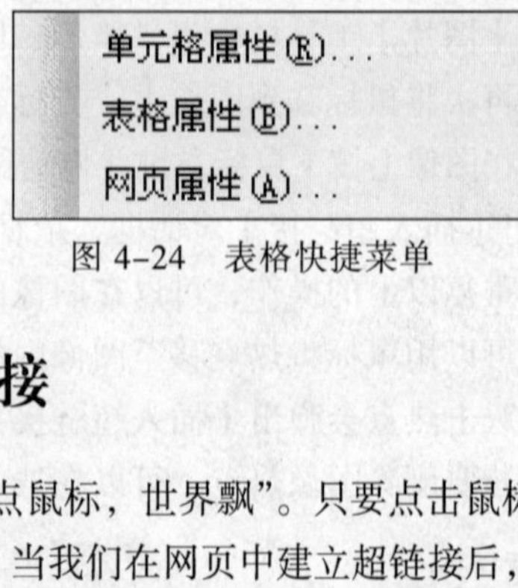

图 4-24 表格快捷菜单

4.2 使用超链接

互联网最迷人之处，也是最大的特征之一，莫过于“点鼠标，世界飘”。只要点击鼠标，全球的信息海洋任君遨游，这就是超链接（hyperlink）的功能。当我们在网页中建立超链接后，只要简单地在所设置的超链接（文字或图片）上单击鼠标，就能完成超链接的任务，到达被链接的“彼岸”。

超链接按源端点的链接对象划分，可以分为超文本链接和非超文本链接。超文本链接的源锚文本下方一般都有下画线；而非超文本链接是用除文本以外的其他对象所构成的链接，这里的源锚既可以是图片、表格、表单，也可以是多媒体对象等。超链接按目标端点的链接对象划分，可以分为外部链接、内部链接和电子邮件链接等。

4.2.1 建立超链接

在 FrontPage 2003 下建立文本或图片超链接的步骤如下：

① 选中要建立超链接的文本或图片。

② 在菜单栏中单击【插入】→【超链接】命令，弹出如图 4-25 所示的【创建超链接】对话框，或在按钮栏单击按钮，或右击并选择快捷菜单中的【超链接】命令。

③ 在弹出的【插入超链接】对话框中，可以选择链接到：

- 原有文件或网页
- 本文档中的位置
- 新建文档
- 电子邮件地址

④ 选择链接到【原有文件或网页】，在“地址”下拉列表框中直接输入被链接的地址（如 http://www.csasp.net），若不知道要建立的“地址”所在，可以依据【插入超链接】对话框中的一些按钮来获得帮助。

4.2.2　网站内部的超链接

网站内部的超链接有两种情况：网站内部文件之间的关联和网站内部文件与外部的超链接。在【插入超链接】对话框中，选择链接到【原有文件或网页】，FrontPage 2003 给出【当前文件夹】、【浏览过的页】和【近期文件】3 个按钮，帮助用户较快地确定链接对象。若链接对象不在以上的选择之列，可以通过“查找范围”和“地址”分别确定链接网站内部文件或网站外部的超链接。

4.2.3　网页内部的超链接

在实例 2.6 中，我们曾用到<A>标记的 name 属性，建立文档内部的超链接，FrontPage 2003 称其为“网页书签”，它适用于文本较长的网页。利用这种功能，在网页的前部建立一个带有超链接的目录，使浏览者一进入网页就可以对网页的内容有一个大致的了解，并可以快速地选定要阅读的内容。

1. 设置书签

① 选取要设置书签的文字。

② 在菜单栏中单击【插入】→【书签】命令，弹出【书签】对话框，如图 4-26 所示。

③ 在【书签名称】文本框内选择要设置为书签的文字，单击【确定】按钮即可，被设置为书签的文字下方会出现虚线，以示区别。若要删除“书签”，只要在图 4-26 中选中要删除的“书签”，单击【清除】按钮即可。

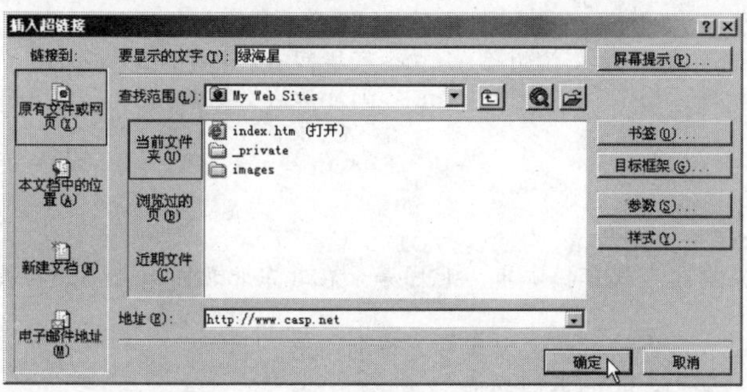

图 4-25 【插入超链接】对话框

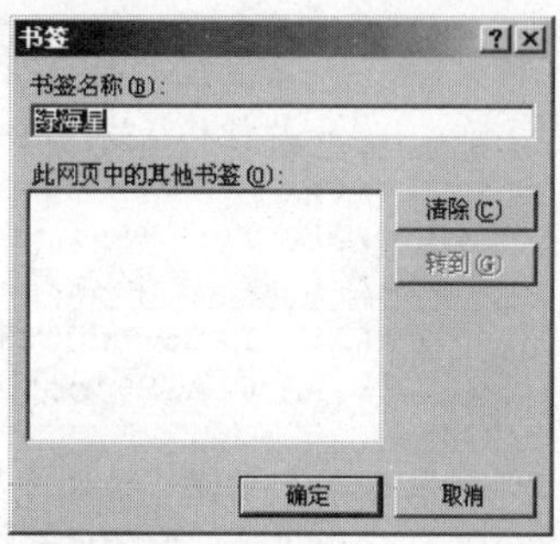

图 4-26 【书签】对话框

2．建立内部超链接

① 在所编辑的文本中，选定想要设置内部超链接的文字。

② 在菜单栏中单击【插入】→【超链接】命令，或右击并在弹出的快捷菜单中选择【超链接】命令。

③ 在【插入超链接】对话框中单击【书签】按钮，在【书签】列表框中选取需链接的书签名称。

【例 4.1】建立网页内部的超链接（L4-1.htm）。

```
<HTML>
    <HEAD>
        <TITLE>网页内部的超链接</TITLE>
        <STYLE>
            <!--
                P.title1 {
                            font-family:"黑体";
                            font-size:"30" ;
                            color:"Maroon"
                          }
                P.title2 {
                            font-family:"隶书";
                            font-size:20;
                            color:black
                          }
                P.title3 {
                            font-family:"宋体";
                            font-size:"20";
                            color:"Olive"
                          }
                .note1 {color:Green}
                .note2 {color:Blue}
            -->
        </STYLE>
    </HEAD>
    <BODY>
        <P CLASS="title1">《<A name=永遇乐>永遇乐</A>·辛弃疾》
        <FONT SIZE=2><A href="#注释">至注释</A></FONT></P>
        <P CLASS=title2>京口北固亭怀古</P>
        <BLOCKQUOTE>
        <P CLASS="title3">
            千古江山，<BR>英雄无觅孙仲谋处。<BR>舞榭歌台，<BR>风流总被雨打风吹去。<BR>
            斜阳草树，<BR>寻常巷陌，<BR>人道寄奴曾住。<BR>想当年，<BR>金戈铁马，<BR>
            气吞万里如虎。<BR><BR>元嘉草草，<BR>封狼居胥，<BR>赢得仓皇北顾。<BR>
            四十三年，<BR>望中犹记，<BR>烽火扬州路。<BR>可堪回首，<BR>佛狸祠下，<BR>
            一片神鸦社鼓。<BR>凭谁问：<BR>廉颇老矣，<BR>尚能饭否？<BR>
        </P>
        </BLOCKQUOTE>
        <A name=注释>注释</A>：<BR>
        <DIV CLASS="note1">永遇乐：词牌名。<BR></DIV>
        <SPAN CLASS="note2">京口：今江苏镇江市。北固亭：在其东北北固山上，西临长江。
</SPAN>
        <BR>孙仲谋：孙权的表字。<BR>寄奴：南宋宋武帝刘裕的小名。<P>
        <FONT SIZE=2><A href="#永遇乐">返回题头</A></FONT>
    </BODY>
</HTML>
```

说明：本例已设置好了内部链接，如带有下画线的部分。练习此题时，读者可以先输入诗句，再做书签。即暂不输入带下画线的部分，可按下列步骤进行操作：

① 打开 FrontPage 2003，在代码视图中输入例 4.1，在词的开始和结尾分别加上“至注释”和“返回题头”。

② 单击【插入】→【书签】→【确定】，将词牌名“永遇乐”和“注释”设为书签。

③ 分别选中【至注释】和【返回题头】，右击并在弹出的快捷菜单中选择【超链接】命令。

④ 在弹出的【插入超链接】对话框中，单击【书签】按钮，分别选择【注释】书签和【永遇乐】书签，单击【确定】按钮。

⑤ 在预览视图中，单击【至注释】，光标将移动到词尾；单击【返回题头】，光标将移动到诗词的起始处。

4.2.4　利用浏览器来建立外部的超链接

若用户暂时不能确定外部链接的确切地址，可按下列步骤操作：

① 打开【插入超链接】对话框，单击【查找范围】右边的按钮。

② 在新开启的预设浏览器中，输入（或找到）要链接的 URL 地址或文件，例如，欲链接中央电视 1 台的东方时空栏目。

③ 在新打开的浏览器中输入 www.csasp.net，找到“绿海星”（见图 4-27），按【Alt+Tab】键返回 FrontPage 2003，此时“地址”栏内已加上了要链接的 URL 地址或文件。

图 4-27　为创建超链接新开启的浏览器

4.2.5　建立电子邮件超链接

可以用两种方法建立电子邮件的超链接：

① 在【插入超链接】对话框的“地址”栏内输入邮件地址，如 abc@163.com。

② 单击【插入超链接】中的【电子邮件地址】按钮，按提示在文本栏内输入邮件地址。

4.2.6 取消超链接

用 FrontPage 2003 编辑文本时，只要输入含有 http://或@（读做：at）等的字符串时，FrontPage 2003 都会自动地为其建立地址或邮件的超链接。FrontPage 2003 的这种“高智商”有时并不被用户接受。此时要取消地址或邮件等的超链接，可以直接单击 按钮。对已有的超链接地址或邮件等，只需选中后单击鼠标右键，选择【超链接属性】，在弹出的【插入超链接】对话框（见图 4-25）中，将“地址”栏中的内容清除，或单击【删除链接】按钮即可。

4.3 使 用 表 单

表单与表格只有一字之差，但功能完全不同。表单是输入栏的集合，是客户端与服务器端之间常用来进行网页交互的工具。图 4-28 是一个非常简单的客户端提交表单。

4.3.1 表单的组成

我们创建的任何一个 HTML 表单一般都含有 3 个基本组成部分：

① 一个或多个输入域。

② 一种提交结果的方式。

③ 一个用于收集、处理并记录提交数据的程序。

当用户在客户端填写完表单上的所有数据，单击【提交】按钮，表单中的数据将通过提交程序送至服务器端，并由服务器端返回必要的应答数据，完成客户端与服务器端之间的交互操作。

4.3.2 表单的创建

用户可以使用多种创建表单的方法，轻松、快捷地制作表单。

（1）使用模板

① 选择菜单栏中的【文件】→【新建】命令，打开【新建】任务窗格。

② 单击【其他网页模板】，打开【网页模板】对话框（见图 4-29）。在该对话框中，供选取的模板有：普通网页、表单网页向导、确认表单、搜索网页、意见反馈表单等。

③ 选定模板后，根据表单页内的提示，填写适当的内容。

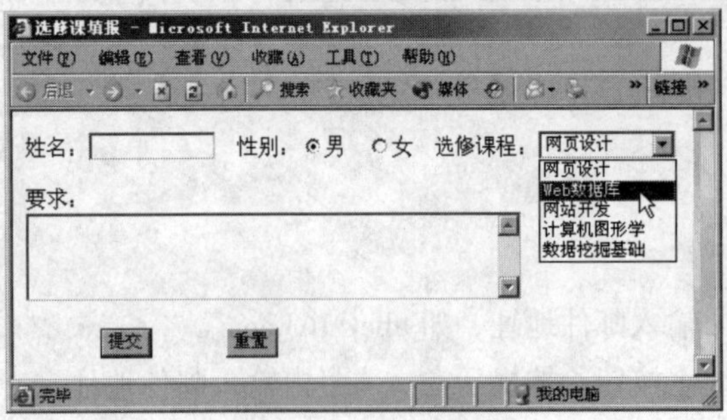

图 4-28 提交表单

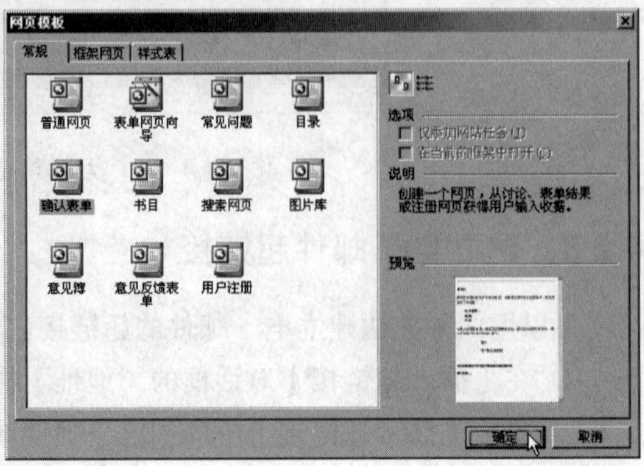

图 4-29 【网页模板】对话框

（2）用户自己挑选表单元件（如文本框、文本区、文件上载、复选框、选项按钮、分组框、下拉框、按钮、高级按钮等）

① 在设计视图下，选择菜单栏中的【插入】→【表单】命令。

② 在下拉菜单中用户可自由选取需插入的表单元件（如文本框、文本区、文件上载、复选框、选项按钮、分组框、下拉框、按钮、高级按钮等）。

③ 在第一次插入一个表单元件后，屏幕上将出现一个包含此表单元件的虚线框，以后的表单元件应该放在此虚线框内，因为它们同属于一个提交内容。如果在一个网页页面中需同时存在两个或两个以上的不同提交表单，屏幕上将出现两个或两个以上的虚线框，读者在使用时应分别对待。

4.3.3 处理表单数据

表单的数据最终是要提交给服务器端存储或处理的，FrontPage 2003 为此提供了十分方便的表单处理功能，用户可免去编写程序的辛苦。只要将鼠标移动到表单上（即表单控件的虚线框内）并右击，在快捷菜单中选取【表单属性】命令，将弹出【表单属性】对话框，如图 4-30 所示（在图 4-30 中，【发送到数据库】为不可选的主要原因有三点：① 本网页不在站点下；② 本站点下无可用的数据库；③ 尚未建立数据库）。用户根据不同的需求可以选用的处理方式有：

① 将结果发送到某文件。

② 将结果以电子邮件的形式发送。

③ 发送至某数据库保存。

④ 发送至其他对象（用户定制脚本来处理数据）。

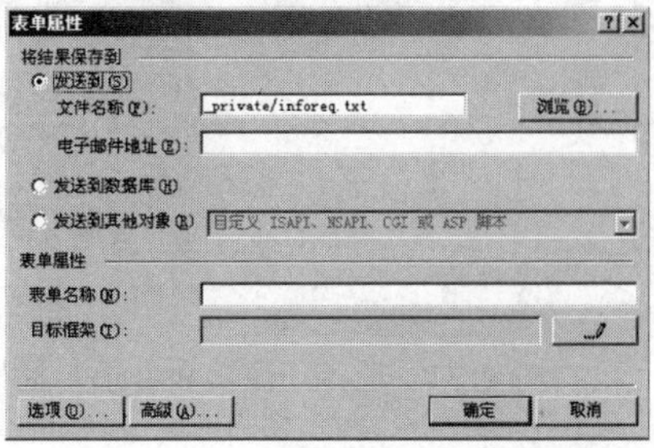

图 4-30 【表单属性】对话框

将表单收集的数据传送到数据库是本书后续章节要阐述的一个重要问题（参阅第 9 章）。也可以通过 FrontPage 2003 的【任务窗格】、【新建网站】、【表单属性】等操作，非常简单地将输入表单与数据库连接起来，用以传送数据。

4.4 设计框架网页

用户可以通过使用框架来更好地控制浏览器窗口中的网页组合。采用框架设计的网页称为框架集，它们实际上是 HTML 页面的集合。每个框架页（即框架集）由控制框架结构的文件和至少两个同时显示但内容不同的 HTML 文件组成。框架网页的好处之一是各显示页面可分别浏览，它是网页设计中较难、较复杂的内容，可以不夸张地说，掌握了框架网页的设计就完全掌握了网页制作的过程。

1. 创建框架

创建框架的操作步骤如下：

① 选择菜单栏中的【文件】→【新建】命令，打开【新建】任务窗格。

② 单击【其他网页模板】，打开【网页模板】对话框，并选择【框架网页】标签，如图 4-31 所示。

③ 选中所需框架（图 4–31 右下角有框架网页样式预览，【预览】上方是说明），单击【确定】按钮。图 4–32 所选择的是网站最常用的“横幅和目录”框架页面。

④ 设置各框架页的内容，可以使用已有的网页页面，也可以新建一个页面。

选择框架网页时，FrontPage 2003 的编辑窗口下部会多出一个无框架视图。无框架用来创建不带框架的网页，为不支持框架页的浏览器专设；若想编辑、修改各框架页的源程序，用户可以单击代码视图或拆分视图（在图 4–32 中，选择的是横幅部分，即被深蓝色线包围的区域，这表示它为 FrontPage 2003 当前的操作对象）。

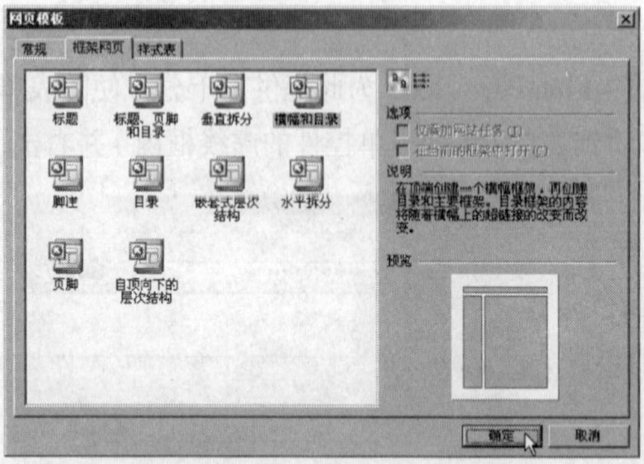

图 4–31 选择“横幅和目录”框架

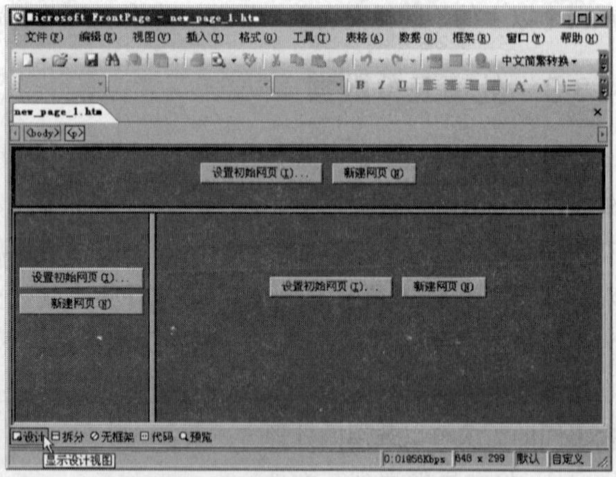

图 4–32 编辑窗口的“框架网页”

2．分割和删除框架

用户可以非常轻松地分割和删除框架，按下述步骤操作即可完成：

① 选定需要分割或删除的框架。

② 在菜单栏中选择【框架】→【拆分框架】或【删除框架】命令。

3．保存框架

由于框架网页由控制框架结构文件和至少两个其他 HTML 文件组成。因此，保存框架网页就有保存整个框架结构的框架文档和保存框架内各部分框架文档两种形式。

（1）保存整个框架结构文档

① 在菜单栏中选择【文件】→【保存文件】或【另存为】命令。

② 输入文件名，单击【保存】按钮。

（2）保存部分框架结构文档

① 在菜单栏中选择【框架】→【另存为新网页】命令。

② 在弹出的【另存为】对话框（见图 4–33）中，输入文件名，单击【保存】按钮。

③ 用户还可以从图 4–33 左边的悬浮按钮或选择其他方式保存当前文档的位置。

4．建立框架链接

在框架网页的任意一个框架内建立超链接，其建立步骤如下：

① 在按钮栏单击按钮；或右击并在快捷菜单中选择【超链接属性】命令，创建超链接。

② 在【插入超链接】对话框中（见图 4-25），单击【目标框架】按钮，在弹出的【目标框架】对话框（见图 4-34）中，按需要设置不同框架页的超链接，单击【确定】按钮。

③ 在弹出的【插入超链接】对话框中，建立本站的文件超链接；或直接在“地址”栏中输入超链接地址，单击【确定】按钮完成。

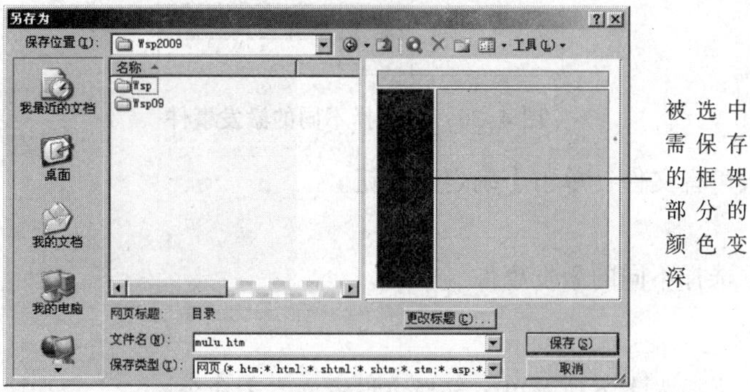

图 4-33 【另存为】对话框

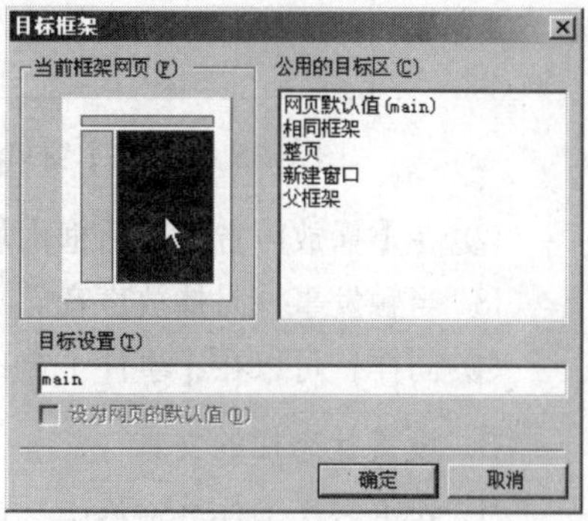

图 4-34 【目标框架】对话框

5. 对框架属性的修改

单击菜单栏中的【框架】→【框架属性】命令，或在任意框架内右击鼠标，弹出【框架属性】对话框。该对话框内有：名称、初始网页、框架大小、边距等，用户可根据需要选择修改。

6. 为不支持框架的浏览器创建网页

目前的浏览器功能齐全，但为了“顾全大局”，FrontPage 2003 给不支持框架的浏览器定制了一种功能，单击无框架视图，FrontPage 2003 将显示“此网页使用了框架，但您的浏览器不支持框架。”的空白网页。此功能提供给用户为不支持框架的浏览器设置网页，以保证网页平台与浏览器的无关性。

4.5 行为事件

FrontPage 2003 的新增功能“行为”，它重新组织、增强了原有的插入 JavaScript 脚本、文本对象模型（DOM）与层叠样式表（CSS）等功能，增加、增强了系统、浏览器、鼠标事件，设置文本等功能。读者不一定详细了解其技术环节，只需通过选择菜单完成就可以了。

1. 插入“弹出消息”

① 单击菜单栏中的【格式】→【行为】命令，打开【行为】任务窗格；或直接在任务窗格中单击▼按钮，选择【行为】命令。

② 单击【插入】下拉菜单，选择【弹出消息】命令。

③ 在【弹出消息】对话框中，输入需要在网页打开时弹出的消息框的文本内容。

④ 可以单击【事件】窗口内，事件右端的▼按钮选择不同的激发事件，以改变激发【弹出消息】的诱因（见图 4-35 和图 4-36）。

2. 播放声音

① 在【行为】任务窗格中，单击【插入】下拉菜单，选择【播放声音】命令。

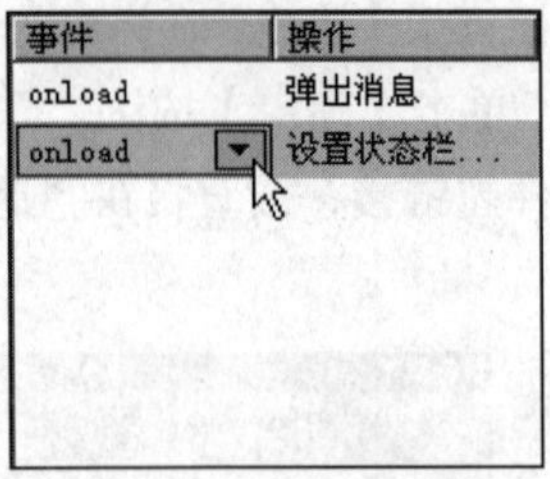

图 4-35 【事件】窗口

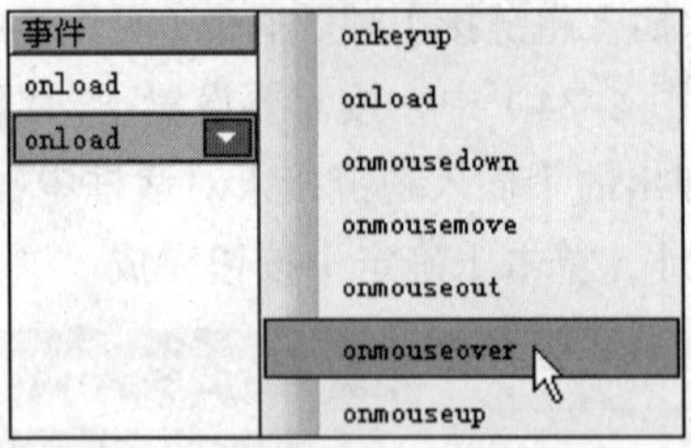

图 4-36 可选择不同的激发事件

② 在【播放声音】对话框内填入声音文件，单击【确定】按钮。

③ 当触发事件时播放声音。

④ 同样，可以在【事件】窗口中选择不同的激发事件。

3. 设置状态栏的文本

① 在【行为】任务窗格中，单击【插入】下拉菜单，选择【设置文本】命令。

② 单击【设置状态栏的文本】。

③ 在弹出对话框的消息框中输入需在状态栏显示的文本内容。

④ 同样，可以在【事件】窗口选择不同的激发事件。

4. 交换图像

① 在【行为】任务窗格中，单击【插入】下拉菜单，选择【交换图像】命令。

② 在【交换图像】对话框内填入欲交换的图像文件，单击【确定】按钮。

③ 还可以选择【交换图像恢复】，交替显示图像，见实例 4.2。

4.6 多媒体效果

可以直接在 FrontPage 2003 的页面中插入 DHTML（Dynamic HTML）动态效果、音乐、Flash 动画等，FrontPage 2003 的“Web 组件”内容丰富，此处仅介绍常用的几点。

1. 动态文字

① 单击菜单栏中的【插入】→【Web 组件】命令，打开【插入 Web 组件】对话框（见图 4-37）。

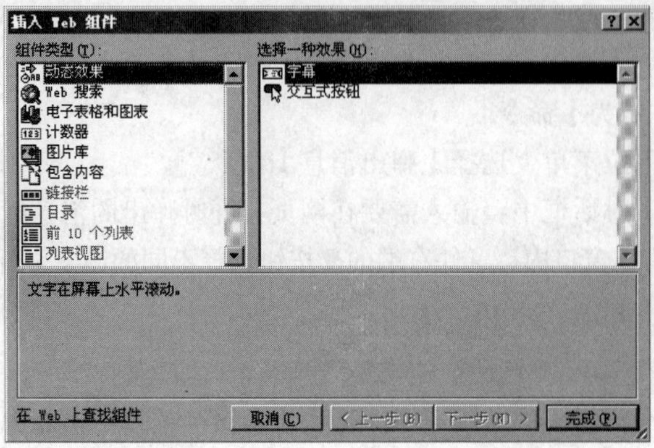

图 4-37 【插入 Web 组件】对话框

② 在【插入 Web 组件】对话框的【组件类型】列表框中选择【动态效果】选项。

③ 在【选择一种效果】列表框内选择【字幕】选项，单击【完成】按钮。

④ 在弹出的【字幕属性】对话框（见图 4-38）中，输入滚动字符，如丹霞地貌，其他参数可采用默认值。

⑤ 设置动态文字也可以直接选中网页上的文字后，再按以上步骤完成。

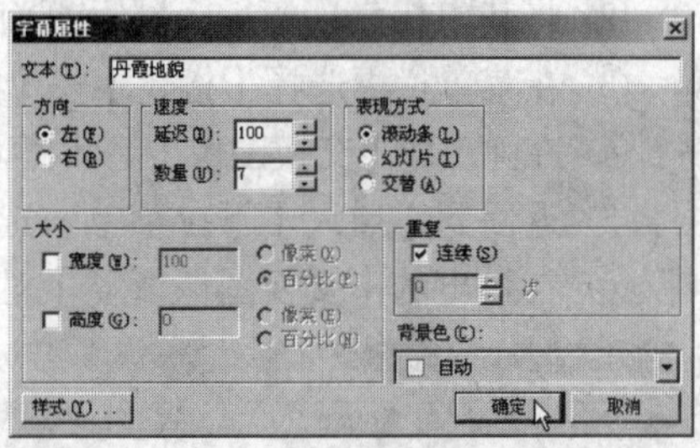

图 4-38 【字幕属性】对话框

2．嵌入音乐

① 打开【插入 Web 组件】对话框（见图 4-37）。

② 在【插入 Web 组件】对话框的【组件类型】列表框中选择【高级控件】选项。

③ 双击【插入】，在弹出的【控件属性】对话框的“数据源”列表框内输入音乐文件，其他参数适当选取。

3．插入背景音乐

① 在菜单栏中选择【文件】→【属性】命令（或右击页面，选择【网页属性】命令）。

② 在弹出的【网页属性】对话框（见图 4-13）中，选择【常规】标签。

③ 在【背景音乐】栏下单击【浏览】按钮，选择所需的音乐文件。

④ 单击【确定】按钮完成。

⑤【嵌入音乐】和【背景音乐】可以使用多种音乐文件类型，如 wav、midi、ra/ram、aiff、au 以及 mp3 等，由于网络带宽的原因，推荐在网页中尽量使用较小的音乐文件；以上两种方法使用的标识不一样，前者使用<EMBED>，后者使用<BGSOUND>，读者可以通过【代码】视图了解相关内容。

4．嵌入 Flash 影片

① 打开【插入 Web 组件】对话框（见图 4-37）。

② 在【插入 Web 组件】对话框的【组件类型】列表框中选择【高级控件】选项。

③ 双击【Flash 影片】，在弹出的【选择文件】对话框中给出 Flash 文件，单击【插入】按钮完成。

4.7　实　训　题

【**实例 4.1**】用 FrontPage 2003 创建网页（SL4-1.htm）。

① 单击桌面左下角的【开始】→【所有程序】命令。

② 单击【Microsoft Office FrontPage 2003】，进入 FrontPage 2003 主窗口。

③ 选择主窗口左下角的【设计】视图。

④ 在窗口中输入：校园生活。以此为主题，插入图片、文字，搭配色彩、背景。

⑤ 选择【预览】视图观看设计效果，最后在浏览器中检验。

【实例 4.2】在网页中创建交替显示的动态图像。要求当鼠标移动到该图像上时，图像会转变为另外一幅图像，移开鼠标，图像复原（SL4-2.htm）。

① 准备两幅大小相同的图像（也可以不一样），并放置于同一文件夹下。

② 将其中任意一幅插入网页页面，并选中该图像。

③ 在菜单栏中选择【格式】→【行为】命令，单击【插入】下拉菜单，选择【交换图像】。

④ 在弹出的【交换图像】对话框（见图 4-39）中，输入交换图像的地址，单击【确定】按钮。

⑤ 返回到【插入】下拉菜单，选择【交换图像恢复】。

⑥ 在弹出的【交换图像恢复】对话框（见图 4-40）中，单击【确定】按钮，完成。

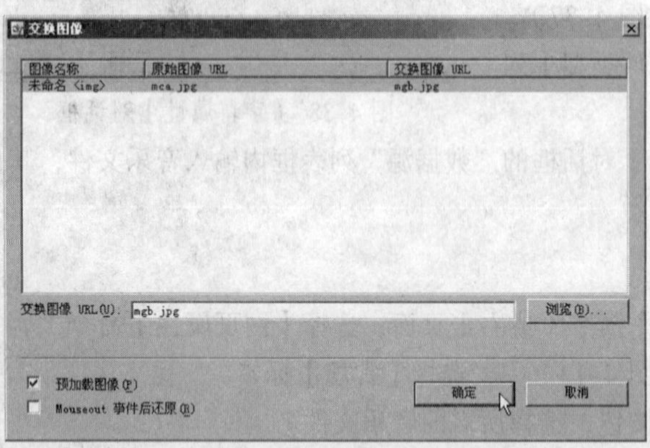

图 4-39 【交换图像】对话框

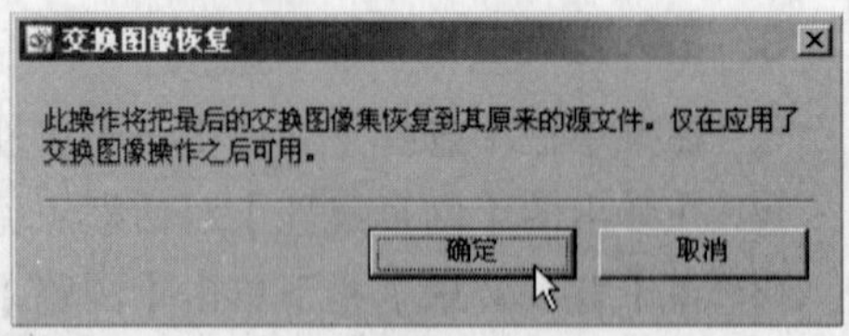

图 4-40 【交换图像恢复】对话框

⑦ 保存文件，并用浏览器打开（或【预览】），当鼠标移至所设定的图像上时，图像立即改变；如果撤离鼠标，图像又会恢复原样。

⑧ 还可以改变行为事件，移动鼠标至【行为】任务窗格中【事件】栏内的任一【事件】上，单击▼下拉箭头，可以选择不同的行为事件（见图 4-41）。

⑨ 若要删除【交换图像】动态效果，可以在【行为】任务窗格的【事件】栏中，选中动态【事件】效果，单击【删除】按钮。

⑩ 注意，在【行为】任务窗格的【事件】栏中，选中任一【事件】，按【Delete】键即可删除所有事件。

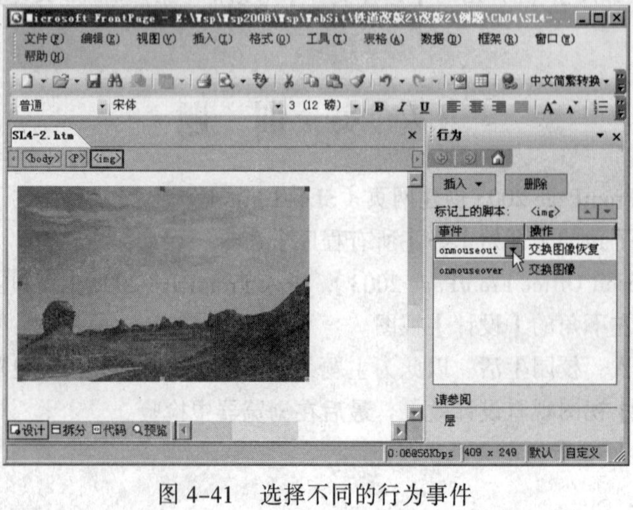

图 4-41 选择不同的行为事件

小　结

FrontPage 2003 上手快、简单易学，非常适合初学网页的用户。而它的强大功能又使它可以作为一般网站的设计工具。

FrontPage 2003 的智能功能可以为用户自动或默认地添加一些有用信息，或引导用户生成较合适的网页。这一点常常令初学者赞叹，但也有它的弊端。如用户在代码视图下修改过源代码，再返回设计视图，FrontPage 2003 可能会擅自"篡改"某些已修改过的内容（当然这些内容仅仅是不被 FrontPage 2003 认可）。所以，当用户发现类似错误时，应直接存盘，不要再返回设计视图编辑网页。

有时选用 FrontPage 2003 的【预览】功能，并不能真实地反映网页制作的最终效果，此时应使用浏览器查看，只有浏览器才是实际效果的裁决者。

实际操作中用户应注意分清当前具体的操作对象，这里有网页属性、表格属性、单元属性等。网页属性是针对整个页面；表格属性是针对整个表格；单元属性是针对一个单元。

用数据库处理 FrontPage 2003 表单数据时，要特别注意数据库的数据类型应与表单域的数据类型匹配。

若制作的是 n 个框架页，那么保存该框架网页应该包含的文件数有 $n+1$ 个。

习　题

一、填空题

1．进入 FrontPage 2003 的网页视图模式可以看到________、________、________和________ 4 个视图，如果制作框架网页还可以看到________视图。
2．网页中通常使用的图片格式是________和________。
3．如果要制作 n 个框架的框架网页，那么这个框架网页共包含________个文件。
4．只有________图像可以设为透明图像，图像上只有________种颜色可以设为透明图像。
5．表单由________、________和________组成。
6．表单数据的处理方式有：________、________、________和________。

二、简答题

1．FrontPage 2003 有哪些主要功能？有哪些优点和缺点？
2．打开 FrontPage 2003 的主窗口，它提供的主要标签是哪几个？
3．图像替代文本和替代图的作用分别是什么？
4．什么是表格？什么是表单？各自有何差异？各自的主要功能是什么？
5．简述表单的功能。
6．网站内部的超链接与网页内部的超链接有何不同？
7．框架结构适用于什么样的网站？
8．写出在网页中添加文本的过程。
9．写出用 FrontPage 2003 设置图片的替代文字或替代图的全过程。

10．通常在网页中使用的图片格式是哪几种？

11．写出制作透明图像的过程。

12．创建如图 4-42 所示的网页，并添加背景图片和背景音乐。

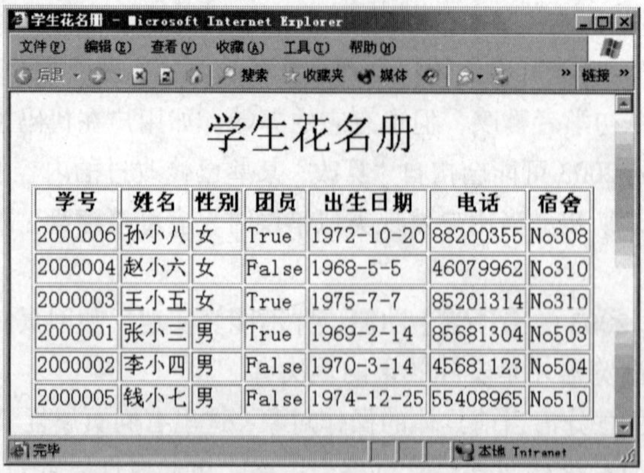

学号	姓名	性别	团员	出生日期	电话	宿舍
2000006	孙小八	女	True	1972-10-20	88200355	No308
2000004	赵小六	女	False	1968-5-5	46079962	No310
2000003	王小五	女	True	1975-7-7	85201314	No310
2000001	张小三	男	True	1969-2-14	85681304	No503
2000002	李小四	男	False	1970-3-14	45681123	No504
2000005	钱小七	男	False	1974-12-25	55408965	No510

图 4-42　习题 12 的参考图

13．制作含有动态效果文字和图片的页面，可以合成到图 4-42 中。

14．创建如图 4-43 所示的框架网页（其中：Main.htm、Top.htm、Left.htm 为框架内的文件）。

15．创建一幅（自选）具有两个图片热点的网页，并将其中一个的超链接地址设置为：http://www.w3.org，可以合成到图 4-43 中。

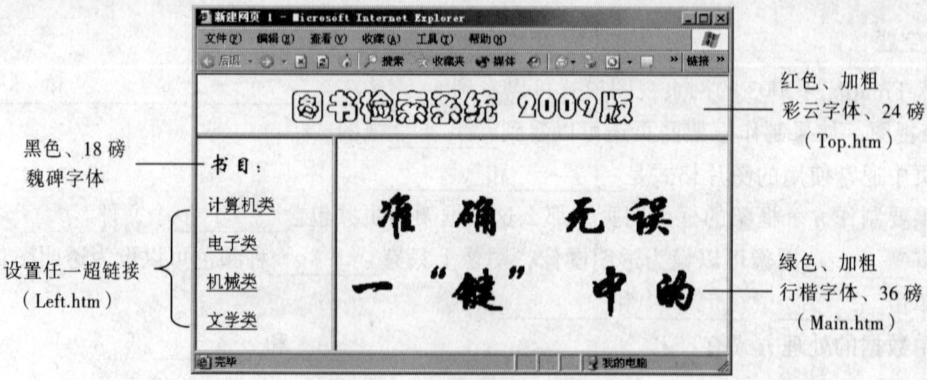

图 4-43　习题 14 的参考图

第 5 章 脚本语言 VBScript 和 JavaScript

5.1 VBScript 脚本语言

由于 HTML 没有变量使用、流程控制、事件驱动等功能，其生成的文档是一种静态文档，几乎没有交互功能，很难组成动态页面。而增加脚本语言，可使数据发送到服务器之前先进行处理和校验，动态地创建新的 Web 内容，更重要的是引入脚本语言使我们有了事件驱动的软件开发环境以及基于对象（指 JavaScript）的处理能力。

VBScript 是 Visual Basic 语言的一个子集，它不是一个完整、成熟的语言开发系统。VBScript 仅包含 Visual Basic 语言中的一些基本功能。脚本语言 VBScript 的最大优点是易于使用，直接包含在 HTML 文档中，用纯 ASCII 文本建立，编写和修改十分便利。对于有 Visual Basic 语言使用经验的人来说，可以毫不费力地掌握 VBScript 脚本语言。

【例 5.1】使用 VBScript 脚本语言，运行结果如图 5-1 所示（L5-1.htm）。

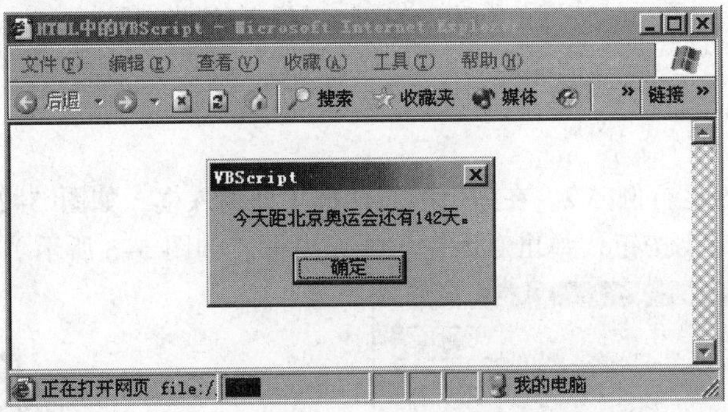

图 5-1　使用 VBScript 脚本语言

```
<HTML>
<HEAD><TITLE>HTML 中的 VBScript</TITLE>
</HEAD>
<BODY>
  <SCRIPT Language="VBScript">
     MsgBox "今天距北京奥运会还有"&#2008-08-08#-Date&"天。"
  </SCRIPT>
</BODY>
</HTML>
```

说明：

① 作为 VBScript 脚本语言的源程序，存盘时的扩展名仍然是.htm。

② 可以用任何一种具有文本编辑功能的编辑器编写 VBScript 源程序。

③ 无论在 HTML 文档的头部或正文部分，还是在 HTML 文档的外面均可插入 VBScript，但通常放在<HEAD></HEAD>或<BODY></BODY>中，用<SCRIPT>和</SCRIPT>做标识，浏览器能根据脚本语言的要求进行解释。

④ <SCRIPT>标识的含义是在 HTML 文档中插入浏览器端脚本 Script。其中的 Language 是<SCRIPT>的属性，用来指定使用哪一种脚本语言。

⑤ 脚本语言 Script 必须依附 HTML，它不是一种独立的语言。

⑥ 如果作为过程或函数定义，VBScript 一般都放在<HEAD></HEAD>中。

⑦ 所有的脚本语言最好能集中放置，这样可以确保在 BODY 部分调用代码之前，脚本语言 Script 的代码全部被读取和解释。Date 是 VBScript 的函数。

⑧ MsgBox()是输出函数，此处作语句用，在 5.2 节将进行详细介绍。

⑨ VBScript 中日期的表现形式为：#YY-MM-DD#（年-月-日）。

5.2 VBScript 的输入/输出

语言的语法、规则、关键字颇多，其目的是为了更方便地进行输入/输出。所以说，对于任何一种语言，掌握了输入/输出，就基本上掌握了该语言的使用。

【例 5.2】VBScript 脚本语言的输入/输出（L5-2.htm）。

```
<HTML>
<HEAD><TITLE>输入/输出例</TITLE></HEAD>
<BODY>
<SCRIPT Language="VBScript">
    StringA=InputBox("请输入您的姓名: " ,"输入/输出例")
    OutA=MsgBox("您的名字是: " & StringA)
</SCRIPT>
</BODY>
</HTML>
```

说明： 打开浏览器运行例 5.2，在弹出的对话框（即输入框，如图 5-2 所示）中，依据提示输入数据并单击【确定】按钮，弹出对话框（即输出框，如图 5-3 所示）。

图 5-2 输入对话框

图 5-3 输出对话框

5.2.1 输出函数 MsgBox()

我们在例 5.2 中已经认识 MsgBox()，它作为 VBScript 的函数向用户输出信息。除了向用户传送信息外，MsgBox()函数还可以通过对话框中用户的选择，接收用户给出的返回值，以此作为程序判断、转移的条件。

MsgBox()函数的格式如下：

```
d=MsgBox(prompt[,buttons][,title][,helpfile,context])
```

MsgBox()函数有 5 个参数，第 1 个参数为必选项，其他参数为可选项。其含义如下：

① prompt（提示）：必选项。给出对话框中的显示信息，字符串表达式。prompt 允许的长度约为 1 024 个字符。prompt 的字符内容如果超出一行，用户可以使用回车符 Chr(13)、换行符 Chr(10)或回车换行符的组合 Chr(13)& Chr(10)来分隔，还可以用 VbCrLf。

② buttons（按钮）：可选项。数值表达式，也可以是数值表达式值的总和。给出显示按钮的个数及样式。buttons 的默认值为 0。其参数取值如表 5-1 所示。

表 5-1　buttons 参数的取值

符号常量	值	作　用
VbOkOnly	0	仅显示【确定】按钮
VbOkCancel	1	显示【确定】和【取消】按钮
VbAbortRetryIgnore	2	显示【终止】、【重试】和【忽略】按钮
VbYesNoCancel	3	显示【是】、【否】和【取消】按钮
VbYesNo	4	显示【是】和【否】按钮
VbRetryCancel	5	显示【重试】和【取消】按钮
VbCritical	16	显示关键信息图标，红色[Stop]
VbQuestion	32	显示询问信息图标，白色[?]
VbExclamation	48	显示警告信息图标，黄色[!]
VbInformation	64	显示信息图标，白色[i]
VbDefaultButton1	0	默认第 1 个按钮为活动按钮
VbDefaultButton2	256	默认第 2 个按钮为活动按钮
VbDefaultButton3	512	默认第 3 个按钮为活动按钮

表 5-1 中的数值可以分为三类，其作用如下：

- 数值 0～5：所弹出的对话框内，按钮的类型和数量。按钮共分为：确定、取消、终止、重试、忽略、是和否 7 种样式。表中各种不同的数值表示不同的组合方式。
- 数值 16、32、48、64 分别给出在对话框中显示的 4 种不同图标，如图 5-4 所示。
- 数值 0、256、512 分别指定第 1 个、第 2 个或第 3 个按钮为默认活动按钮。

图 5-4　4 种图标

buttons 参数由上面三类数值组成，原则是：从每类数据中选一个值，以表达式的形式或以和的形式构成 buttons 的参数。不同的组合产生不同的按钮、图标等。例如：

33＝1+32+0　显示单个【确定】按钮、询问信息图标，默认活动按钮为【确定】。

309＝5+48+256　显示【重试】、【取消】两个按钮，警告查询图标，活动按钮为【取消】。

只能从每组数中取用一个数值，以上每种数值都有相应的符号常量，其作用与数值相同。一般来说使用符号常量可以提高程序的可读性。

③ title（标题）：可选项。显示在所弹出对话框的标题栏中的标题，字符串表达式。缺省时，程序将脚本名放在标题栏中。

④ helpfile（帮助文件）：可选项。用来识别向对话框提供上下文相关帮助的帮助文件，字符串表达式。若提供了helpfile，必须提供context文件。

⑤ context（帮助文件的上下文编号）：可选项。由帮助文件的作者指定给适当的帮助主题的帮助上下文编号，数值表达式。若提供了context，也必须提供helpfile文件。

说明：

① 若程序中提供了helpfile和context文件，用户可以按【F1】键来查看。

② 若对话框显示【取消】按钮，则按【Esc】键与单击【取消】按钮的效果相同。

③ 如果对话框中有Help按钮，则程序中会提供上下文相关的帮助文件。

④ 逗号为MsgBox()函数的分隔符。

MsgBox()函数提供了 7 种命令按钮，当用户单击按钮时，各按钮返回与单击按钮相对应的整数值，这个整数值就是MsgBox()函数的返回值，如表5-2所示。

表5-2 MsgBox()函数的返回值

操作按钮	符号常量	返回值	操作按钮	符号常量	返回值
【确定】	VbOk	1	【忽略】	VbIgnore	5
【取消】	VbCancel	2	【是】	VbYes	6
【终止】	VbAbort	3	【否】	VbNo	7
【重试】	VbRetry	4			

【例5.3】使用MsgBox()函数（L5-3.htm）。

```
<HTML>
<HEAD><TITLE>MsgBox函数</TITLE>
<SCRIPT Language="VBScript">
<!--
d=MsgBox("★MsgBox信息框★"+VbLf+"—请与例5.1比较")    'MsgBox作为函数使用
-->
</SCRIPT>
</HEAD>
<BODY>
</BODY>
</HTML>
```

【例5.4】MsgBox()函数中的按钮（L5-4.htm）。

```
<HTML>
<HEAD><TITLE>MsgBox函数按钮</TITLE>
<SCRIPT Language=VBScript>
  Dim Msg
  Msg=MsgBox("此处危险！继续吗？",5+48+256,"MsgBox函数按钮")
</SCRIPT>
</HEAD>
<BODY>
</BODY>
</HTML>
```

说明：

① 从例 5.3 和例 5.4 中看出 MsgBox()函数可以输出多种图标、按钮或提示信息，例 5.4 中“5+48+256”的键值组合显示如图 5-5 所示。当某按钮设为活动按钮时，其周围会产生一个虚线框。用【Tab】键可以改变窗口中的活动按钮，也可以用鼠标（单击）直接选中按钮。

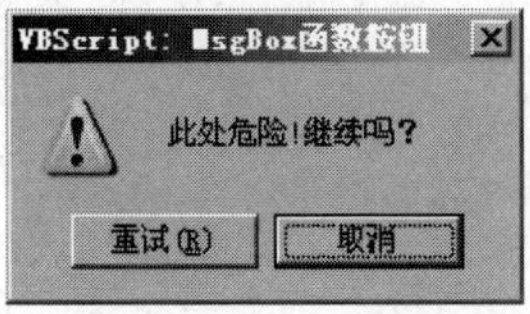

图 5-5　提示框

② MsgBox()函数显示的提示信息最多不超过 1 024 个字符，所显示的信息自动换行，并能自动调整信息窗口的大小。若用户需要换行，应在该行末增加回车换行代码，如 VbLf(换行)。

③ 例 5.4 中 MsgBox()函数的返回值赋给了变量 Msg（各按钮的返回值见表 5-2）。通常用返回值作为继续执行程序或转移的依据，据此决定其后的操作，可参见例 5.5。

【例 5.5】根据 MsgBox()函数的返回值控制程序（L5-5.htm）。

```
<HTML>
<HEAD><TITLE>MsgBox()函数的返回值</TITLE>
<SCRIPT Language="VBScript">
<!--
  Option Explicit
  Sub MyValue_OnClick()                     '定义一个 Sub 子过程，参见 5.4 节
     Dim v1,info1,info2,info,infoname,d
     v1=VbCrLf
     info1="请输入您要订的航班号: "
     info2="(输入后请按【确定】按钮)"
     info=info1+v1+v1+info2
     infoname=InputBox(info, "MsgBox 函数返回值","B5603")
     d=MsgBox("您订的航班号是: " & infoname,3+32+0," MsgBox 函数返回值")
     If d=VbYes Then
       MsgBox"已接纳您的请求，请确定"       '语句 MsgBox
     ElseIf d=VbNo Then
      MsgBox"不正确，重新输入"              '语句 MsgBox
      MyValue_OnClick()                     '过程调用
     End If
  End Sub
-->
</SCRIPT>
</HEAD>
<BODY>
<CENTER>
<FORM>
<INPUT type="button" name="MyValue" value="例 5.5 MsgBox 函数的返回值" >
</FORM>
</CENTER>
</BODY>
</HTML>
```

说明：行号仅为说明而用，不是程序的组成部分，下同。程序运行后，由<INPUT>生成“例 5.5 MsgBox 函数的返回值”按钮，单击按钮后弹出输入数据对话框，如图 5-6 所示。输入数据后单击【确定】按钮，将弹出如图 5-7 所示的对话框。用户若单击【是】按钮，则返回值为 VbYes(6),

弹出的对话框如图 5-8（a）所示；若单击【否】按钮，则返回值为 VbNo(7)，弹出的对话框如图 5-8（b）所示；两者分别转移至对应程序。MyValue_OnClick 是 VBScript 的事件处理过程名，可参见 5.6 节。If 条件语句可参见 5.3.4 节。InputBox()是输入函数可参见 5.2.3 节。

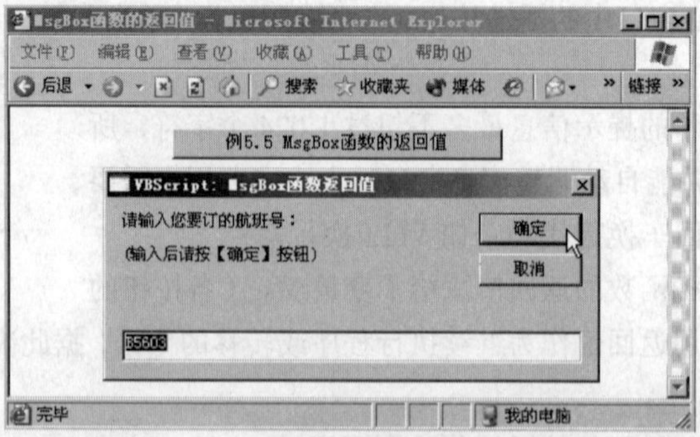

图 5-6 MsgBox()函数返回值示例

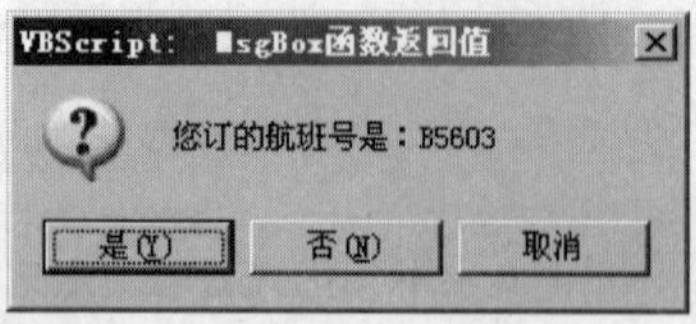

（a）单击【是】按钮后　（b）单击【否】按钮后

图 5-7 内含 3 个按钮的对话框　　图 5-8 依返回值弹出的对话框

5.2.2 输出语句 MsgBox()

MsgBox()除了作为函数供程序调用以外，还可以作为语句使用，其形式为：

```
MsgBox Prompt[,buttons][,title][,helpfile,context]
```

各个参数的含义及其作用与 MsgBox()函数相同，主要的区别有两点：

① MsgBox 语句没有返回值，常用于信息显示。如例 5.5 中的第 15 行和第 17 行，以及例 5.1 中的 MsgBox，也是作为语句使用。

② VBScript 将 MsgBox()语句作为子程序调用，其参数项不能使用括号（但在只有 prompt 参数时可以使用括号），而 MsgBox()函数的参数项必须使用括号（参见例 5.5）。

MsgBox()函数和 MsgBox 语句的共同特点是在弹出信息框后，用户必须做出一种选择，单击框中的某个按钮或按回车键、Esc 键等，否则系统处于等待状态，不执行其他任何操作。

5.2.3 输入函数 InputBox()

输入函数 InputBox()的作用是产生一个等待用户输入数据的对话框，用户输入数据并确认后，InputBox()将返回用户输入的内容。其格式为：

```
d=InputBox(prompt[,title][,default][,xpos,ypos][,helpfile,context])
```

InputBox()函数共有 7 个参数，其含义如下：

① prompt（提示）：必选项。给出对话框内显示的提示信息，字符串表达式。prompt 允许的长度约为 1 024 个字符。prompt 的字符内容如果超出一行，用户可以使用回车符 Chr(13)、换行符 Chr(10)或回车换行符的组合 Chr(13)& Chr(10)来分隔，还可以用 VbCrLf。参见例 5.5 中的 InputBox()函数。

② title（标题）：可选项。需在对话框标题栏显示的标题及字符串表达式。若缺省，该函数则将应用程序名放入标题栏中。

③ default（默认值）：可选项。作为输入文本框的默认值，替代用户输入，字符串表达式。若默认，文本框为空，光标闪烁，等待用户键入数据。

④ xpos、ypos（x、y 坐标位置）：可选项。用来确定对话框离屏幕左边界的距离（xpos）和离上边界的距离（ypos），其单位为像素，数值表达式。使用时必须都给出或都省略。若默认，则对话框被置于屏幕水平方向居中，垂直方向距上边界约 1/3 的位置。

⑤ helpfile（帮助文件）：可选项。字符串表达式。参见 MsgBox()函数。

⑥ context（帮助文件的上下文编号）：可选项。数值表达式。参见 MsgBox()函数。

例 5.5 中利用 InputBox()函数创建一个输入对话框，并把 InputBox()函数返回的字符串赋给变量 infoname。函数根据用户的设置在信息框中显示相应的信息。参见图 5-6。

在例 5.5 的程序中，InputBox()函数使用了 3 个参数。第 1 个参数 info 用来显示 3 行信息，通过 v1 变量换行。第 2 个参数“MsgBox 函数返回值”作为对话框的标题。第 3 个参数“B5603”作为默认输入值，显示在输入文本框中。其他参数被省略。

若用户认为“B5603”不是自己所需的数据，可在输入文本框中另输其他数据，单击【确定】按钮，InputBox()函数会将它作为新的返回值赋给变量 infoname。

使用 InputBox()函数应注意以下几点：

① 程序执行 InputBox()函数后，弹出对话框，光标在输入文本框中闪烁，提示用户输入数据。若函数中有第 3 个参数（default），则文本框内将显示该参数的值，按【Enter】键或单击对话框中的【确定】按钮确认该值，并将其赋给变量，如 infoname；若默认值不是用户所需的数据，可直接在文本框中输入所需数据，按回车键或单击【确定】按钮确认。

② 在 VBScript 中，InputBox()函数的输入值常常是字符串，所以返回值也是字符串。若输入数值，返回值就是数值，并可以直接参加运算。

③ 在输入文本框中输入数据后，单击【确定】按钮（或按【Enter】键）确认后，InputBox()函数俘获输入文本框的数据；若单击【取消】按钮（或按【Esc】键），则取消当前的输入，此时，InputBox()函数将返回一个空字符串或数值零。用户可在例 5.5 中练习。若对“取消”后的流程不满意，可以在程序的适当位置加入语句：If infoname < > "" Then…End If。

④ InputBox()函数每次只能获取一个值。需多次调用 InputBox()函数输入用户的多个数据，每次获取的数据都必须赋给一个变量，否则前一数据将被覆盖。在实际应用中，InputBox()函数通常与循环语句或数组结合使用，这样用户连续输入的多个数据将赋给各个不同的变量或数组中的不同元素，参见例 5.6。

【例 5.6】使用一组 InputBox()函数输入数据（L5-6.htm）。

```
<HTML>
<HEAD><TITLE>InputBox 函数</TITLE>
<SCRIPT Language="VBScript">
<!--
Private Sub MyValue_OnClick()
  infotitle="教材管理系统"
  info1="请输入作者："
  info2="请输入书名："
```

```
  info3="请输入出版社:"
  info4="请输入出版日期:"
  bxauth=InputBox(info1,infotitle)
  bxname=InputBox(info2,infotitle)
  bxhome=InputBox(info3,infotitle)
  bxdate=InputBox(info4,infotitle)
  IF bxauth<>"" then
     MsgBox bxauth & ":《"&bxname&"》"&",出版社:"&bxhome&","&bxdate,,infotitle
  Else
     MsgBox"输入数据有误! 请校对! ",,infotitle
  End if
End Sub
-->
</SCRIPT>
</HEAD>
<BODY>
<CENTER><INPUT Type="BUTTON" Value="InputBox 函数" Name="MyValue"></CENTER>
</BODY>
</HTML>
```

说明：运行程序，单击【InputBox 函数】按钮，将弹出如图 5-9 所示的对话框，在文本框中输入“王小二”，单击【确定】按钮，弹出输入书名的对话框，输入“Web 数据库”；同样在另两个对话框中分别输入出版社和出版日期，若输入“中国铁道”和“2009.6”，输出结果如图 5-10 所示。

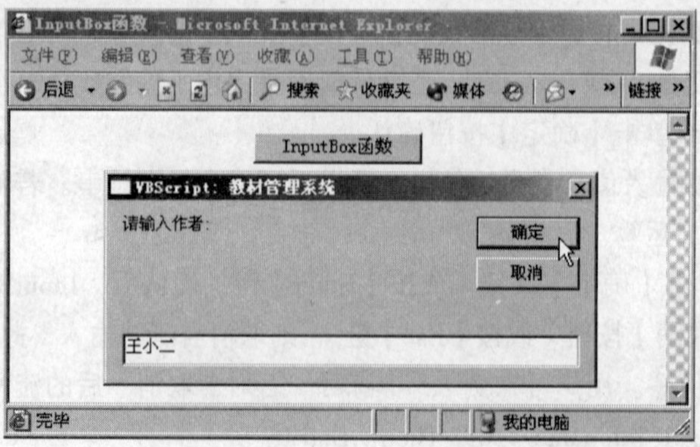

图 5-9 InputBox()函数的输入框

图 5-10 获取数据后的输出结果

5.3 VBScript 的语句

语句是程序执行具体操作的指令（除开非执行语句，如注释语句），VBScript 脚本语言也不例外。VBScript 有赋值、控制、Set、Call 语句等，每条语句均以回车结束。编写程序时，一般要求每行源代码一条语句。可以用冒号“:”将几条语句分隔后放入同一行源代码中。也可以使用下画线“_”作为续行符，在语句换行时使用。使用续行符时应注意其在断行语句中的插入位置，如果不恰当的话，将产生错误（如将续行符插在变量名之间或将其插在参数字符之间等）。一条语句行的长度不能超过 1 023 个字符。

5.3.1　VBScript 的运算符及数据类型

1. VBScript 的运算符

VBScript 的运算符包括算术运算符、比较运算符、连接运算符和逻辑运算符。当表达式中包含多个运算符时，系统将按预定的顺序（优先级）计算每一部分。用户可以使用括号绕过优先级，强制计算某部分内容。但括号内的运算符，仍然遵循系统运算符的优先级顺序，运算的优先级如表 5-3 所示。

各类运算符排列的优先级为：算术运算→比较运算→逻辑运算。

注：

① 比较运算符的优先级均相同，执行时自左至右按顺序计算，算术运算符和逻辑运算符的优先级分别是由上（高）至下（低），如表 5-3 所示。

② 同一表达式中的乘、除运算符，按自左至右的顺序计算。同样当加与减同时出现在一个表达式中时，也是按自左至右的顺序计算。

③ 字符串连接符 &，虽不是运算符，但按优先级的位置把它排在算术运算符的后面。

④ Is 运算符是对象引用比较运算符，它并不比较对象的值，而是只进行检查，判断两个对象引用是否引用同一个对象。Is 是最低一级的运算符。

表 5-3　算术运算符、比较运算符和逻辑运算符的优先级

高 ——→ 低

算术运算符		比较运算符		逻辑运算符	
符号	描述	符号	描述	符号	描述
^	求幂	=	等于	Not	逻辑非
–	负号	<>	不等于	And	逻辑与
*	乘	<	小于	Or	逻辑或
/	除	>	大于	Xor	逻辑异或
\	整除	<=	小于等于	Eqv	逻辑等价
Mod	求余	>=	大于等于	Imp	逻辑隐含
+	加	Is	对象引用比较		
–	减				
&	字符串连接				

低

2. VBScript 的数据类型

VBScript 只有一种被称为变体类型（Variant）的数据类型。数据类型体现了数据结构的特点，在各种语言中我们常使用这个概念。

数据是程序的必要组成部分，也是它处理的对象。Variant 是一种特殊的数据类型，它可以依据用户的不同使用方式包含不同类别的信息。最简单的 Variant 可以包含数值或字符信息，若把 Variant 类型指定用于整数类型数据，它将被作为整数类型处理；用于字符串类型数据，就会作为字符串类型处理。换句话说，如果处理的数据看上去像数值数据，VBScript 会以适用于数值的方式处理。同理，使用的数据若可能是字符串，VBScript 会按字符串类型处理。VBScript 中所有函数返回值的数据类型也是 Variant。

除简单数字或字符串以外，Variant 可以进一步区分数值信息的特定含义。例如使用数值表示日期或时间。此类数据与其他日期或时间数据一起使用时，结果也总是表示为日期或时间。当然，从布尔（Boolean）值到浮点数，数值信息是多种多样的。Variant 包含的数值信息类型称为子类型。通常可以将使用的数据放进 Variant 中，Variant 会按照最适用于其包含的数据方式进行操作。表 5-4 是 VBScript 脚本中 Variant 所包含的数据子类型。

表 5-4 Variant 的数据子类型

子类型	名称	存储空间（Byte）	说明
Empty	空类型		声明一个变量后，未初始化时 Variant 的值。对于数值变量，值为 0；对于字符串变量，值为 0 长度字符串（""）
Null	空值	不包含任何有效数据的 Variant	
Boolean	布尔型	2	是一个逻辑值，包含 True（1）或 False（0）
Byte	字节型	1	包含 0～255 之间的整数
Integer	整型	2	包含-32 768～32 767 之间的整数
Currency	货币型	8	-922 337 203 685 477.580 8～922 337 203 685 477.580 7
Long	长整型	4	包含-2 147 483 648～2 147 483 647 之间的整数
Single	单精度型	4	包含单精度浮点数，负数范围为-3.402 823E38～-1.401 298E-45，正数范围为 1.401 298E-45～3.402 823E38
Double	双精度型	8	包含双精度浮点数，负数范围从-1.797 693 134 862 32E308～-4.940 656 458 412 47E-324，正数范围从 4.940 656 458 412 47E-324～1.797 693 134 862 32E308
Date/Time	日期/时间型	8	包含表示日期的数字，日期范围从公元 100 年 1 月 1 日～公元 9999 年 12 月 31 日。时间范围：00:00:00～23:59:59
String	字符串	10	包含变长字符串，最大长度可为 20 亿个字符
Object	对象	4	包含对象
Error	错误		包含错误号

VBScript 的返回函数是 VarType(varname)。可用转换函数来转换数据的子类型。也可使用 VarType()函数返回数据的 Variant 子类型（表 5-5 是 VarType()函数的返回值）。

其中 VarType 的语法格式为：

```
VarType(varname)
```

表 5-5 VarType()函数返回值

常量	值	描述	常量	值	描述
VbEmpty	0	Empty（未初始化）	VbString	8	字符串
VbNull	1	Null（无有效数据）	VbObject	9	Automation 对象
VbInteger	2	整型	VbError	10	错误
VbLong	3	长整型	VbBoolean	11	布尔量

续表

常　量	值	描　　述	常　量	值	描　　述
VbSingle	4	单精度浮点数	VbVariant	12	Variant（只和变量数组一起使用）
VbDouble	5	双精度浮点数	VbDataObject	13	数据访问对象
VbCurrency	6	货币	VbByte	17	字节
VbDate	7	日期	VbArray	8192	数组

注：表 5-5 中的常量名由 VBScript 指定。可以在源代码的任意处使用这些常量名，用来取代实际的值（见例 5.7）。VarType()函数不通过自己返回数组（Array）的值。它总是要添加一些其他值来指示一个具体类型的数组。当 Variant 的值被添加到 Array 数组的值中，以表明 VarType()函数有参数是一个数组时才被返回。如对于字符串数组，其返回值是 8+8 192 的计算结果或 8 200。如果一个对象具有默认属性，那么 VarType(Object)返回的是该对象默认属性的类型。

例如：ReVarType 利用 VarType()函数决定变量的子类型。

```
Dim ReVarType
ReVarType=VarType("VBScript")          '返回 8
ReVarType=VarType(#07/22/84#)          '返回 7
ReVarType=VarType(50)                  '返回 2
```

【例 5.7】利用 VarType()函数获取返回值（L5–7.htm）。

```
<HTML>
<HEAD><TITLE>使用 VarType 函数</TITLE></HEAD>
<BODY>
<SCRIPT Language= "VBScript">
   Data=InputBox("请输入数值或字符等数据: ","利用 VarType 函数获取返回值")
   d=MsgBox("VarType 获取的返回值是: " & VarType(Data))
</SCRIPT>
</BODY>
</HTML>
```

说明：运行例 5.7，无论在文本框中输入数值或字符，VarType()函数获得的返回值都是 8，这进一步证明 InputBox()函数将输入数据作为字符数据处理。若直接单击对话框的【取消】按钮，VarType()函数获得的返回值是 0。执行结果如图 5–11 所示。可依据 VarType()函数的返回值控制程序转移（见例 5.5）。

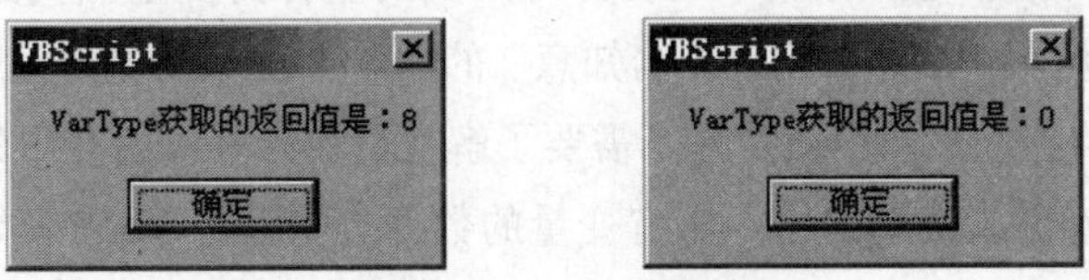

图 5–11　VarType()函数返回值

5.3.2　常量、变量及注释

1. 常量

常量包括文字常量和符号常量，其构成如图 5–12 所示。常量是具有一定含义的数值或字符串的名称，可以用来代替数值或字符串，其值一旦设定，在程序的运行中是不可以改变的。

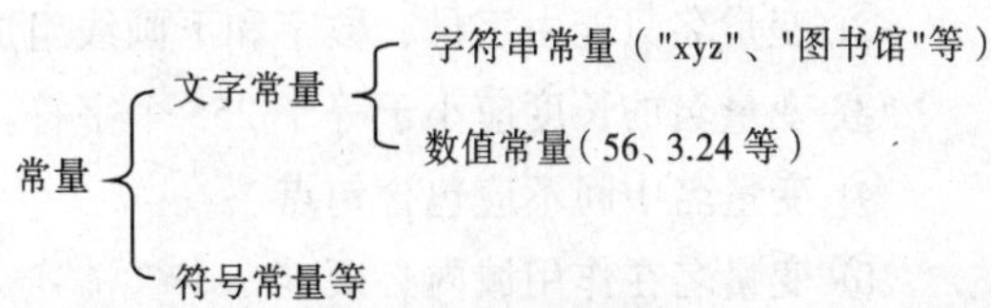

图 5–12　常量的构成

包含在双引号内的字符组成字符串常量，数值常量则由整型、长整型和浮点数组成。被指定含有一特定数据的常量称为符号常量。VBScript 中定义了许多符号常量（见表 5-1～表 5-5），VBScript 还提供了一些预定义的常量，如表 5-6 所示。

表 5-6 VBScript 的预定义常量

常 量	说 明	常 量	说 明
Empty	变量尚未初始化	VbCrLf	回车/换行
False	表示一个布尔假值	VbLf	换行
Nothing	对象没有引用任何变量	VbNullChar	具体平台中的一个新字符
Null	不含有效数据的变量	VbNullStr	空字符串
True	表示一个布尔真值	VbTab	制表符
VbCr	回车		

使用 Const 关键字，用户可以创建自定义的符号常量。使用 Const 可以创建具有一定含义名称的字符串型或数值型常量，使该符号代表具有某种意义的值。定义的常量名一般由大写字母组成或者大写常量名的第一个字母等。例如：

```
Const DATA_INFO=500
```

或

```
Const BookName="Web数据库基础教程"
Const BookCount=6000
Const BookHome="中国铁道出版社"
```

注意：

① 字符串文字要包含在两个引号（""）之间。

② 日期文字和时间文字则应包含在两个井号（#）之间。例如：

```
Const MyBirthday=#2008-08-08#
```

2. 变量

在计算机内存中占据一定的存储单元，并可改变的量称为变量。例如，可以创建一个名为 UserName 的变量来存储用户名，采用“见名知意”的命名方法可以提高程序的可读性。变量名代表着该变量在内存中的地址，使用变量并不需要了解变量在计算机内存中的地址，只需通过变量名引用变量，或访问或更改变量的值。所有变量的数据类型都是 Variant 类型。

（1）变量的命名规则

变量的命名必须遵循 VBScript 对命名的规则：

① 变量名的第一个字符必须是英文字母。

② 变量名只能由字母、数字和下画线组成。

③ 变量名的长度应小于等于 255 个字符。

④ 变量名中间不应包含句点。

⑤ 变量名在作用域内必须唯一。

⑥ 变量名不能是 VBScript 的保留字（关键字）。

(2) 变量的声明

在变量定义时有两种声明变量的方法：

① 显式声明：使用 Dim、Public 和 Private 语句在 Script 中声明变量。例如：

```
Dim UserName
```

逗号作为声明多个变量时的分隔符。例如：

```
Dim UserName,UserIp,UserPass,UserNumb
```

由于所有变量的数据类型都是 Variant 变体类型，所以声明变量时无需指明变量的类型。

② 隐式声明：直接在脚本语言中引用变量名的方法称隐式声明。虽说变量不必先定义后使用，但要尽可能地避免使用隐式声明。有时会由于变量名被错拼而导致运行脚本时出现意外的结果。例如：

```
UserName="王小二"
UserNumb="12345678"
```

若输入时将 UserName 拼写成 UserNumb，将导致程序的输出结果不正确。

③ Option Explicit 语句：将 Option Explicit 语句作为脚本语言的第一条语句，可以强制所有变量为显式声明。使用该语句后，Script 就和强类型语言（如 C 语言）一样，变量必须先定义后使用。

④ 变量的赋值：普通变量的赋值方法和其他高级语言类似：变量在表达式左边，所赋给的值在右边。

例如：

```
UserName="张大毛"
UserNumb=87654321
```

要特别强调的是，对象变量不能采用这种赋值方法，创建对象应使用 Set 命令：

```
Set 对象变量名=对象名
```

例如：

```
Set UserColor=Document.LinkColor
Set ObjConn=Server.CreateObject("ADODB.Connection")
```

⑤ 数组：将多个相关值赋给一个变量，这个变量称为数组变量。而仅包含一个值的变量被称为标量变量。声明数组变量和标量变量的方式相同，其唯一区别是声明数组变量时，数组变量名后应带有一圆括号()，括号内常常含有一个数值型常量。

例如：

```
Dim FileArray(10)
```

在 VBScript 中所有数组都是基于零（0）。所以，上式括号中虽然设置的数值是 10，但实际上声明了一个包含从 FileArray(0)到 FileArray(10)一共 11 个元素的一维数组 FileArray。这种在基于零的数组中，数组元素的数目总是设置值加 1 的数组称为静态数组。

对数组中的每个元素进行赋值是以下标为依据，将数据赋给数组的各个元素，例如：

```
FileArray(0)=168
FileArray(1)=258
FileArray(2)=109
…
FileArray(10)=84
```

除一维数组以外，可以声明多维数组，数组的最大维数是 60。多维数组中表示数组大小的数值用逗号分隔。如二维数组：

```
Dim OtherArray(2,5)
```

是 3 行和 6 列的数组。括号内数值的第 1 个数表示行数，第 2 个数表示列数。

VBScript 中的另一种数组称为动态数组。声明动态数组时，数组名后是一对空圆括号。例如：

```
Dim FileArray()
ReDim BookArray()
```

程序中需要使用动态数组时，必须使用 ReDim 关键字定义维数和数组元素的个数。例如：

```
ReDim FileArray(5)
…
ReDim Preserve FileArray(15)
```

ReDim 将 FileArray 的初始大小设为 5，后一句 ReDim 语句将其调整为 15，这里使用关键字 Preserver 来保证在重新调整数组大小时，原数组内的数据保留不被覆盖。

调整动态数组的大小不受任何限制，但若将数组的维数减小时，可能面临丢失数组元素数据的危险。

可以把一个数据集读入某个数组，其方法是使用 Array 函数，也称数组的初始化。Array 函数的格式为：

```
数组变量名=Array(数组元素值表列)
```

“数组变量名”的命名方法与变量类似，作为数组名的定义其后不能含有括号，既不包括维数，也不包括上下界。“数组元素值表列”中的值按行、列的顺序赋给数组中的各元素，值与值之间用逗号分隔。例如：

```
Dim UserData
UserData=Array(1,25,2,50,3,-25,4,-50)
```

是将表列中的数值按顺序分别赋给 UserData(0)～UserData(7)。

【例 5.8】数组的定义、赋值和重定义（L5-8.htm）。

```
<HTML>
<HEAD><TITLE>数组的定义、赋值和重定义</TITLE>
<SCRIPT Language="VBScript">
Sub MyA_OnClick()
    Dim Numb()                              '声明数组
    ReDim Numb(7)                           '定义数组维数
    For i=0 To 7
       Numb(i)=i
    Next
      Data=Array(0,1,4,9,16,25,36,49)       '使用数组变量，并赋初值
    For i=0 To 7
       MsgBox"Numb="&Numb(i)&VbTab&"Data="&Data(i),,"变量的平方"
    Next
    Erase Data                              'Erase 命令清空数组的值
    MsgBox"Erase 已将 Data 数组的值清除。"&VbLf&"接下来是重定义、赋值、输出结果。"
    ReDim Numb(15),Data(15)                 '重定义两个数组的维数
    For i=0 To 15 step 2                    '循环变量的步长为 2
       Numb(i)=i
       Data(i)=i*i*i                        '计算 i 的立方值
    Next
    MsgBox"变量的立方"&VbLf & _
```

```
        "Numb="&Numb(0)&VbTab&"Data="&Data(0)&VbLf& _
        "Numb="&Numb(2)&VbTab&"Data="&Data(2)&VbLf& _
        "Numb="&Numb(4)&VbTab&"Data="&Data(4)&VbLf& _
        "Numb="&Numb(6)&VbTab&"Data="&Data(6)&VbLf& _
        "Numb="&Numb(8)&VbTab&"Data="&Data(8)&VbLf& _
        "Numb="&Numb(10)&VbTab&"Data="&Data(10)&VbLf& _
        "Numb="&Numb(12)&VbTab&"Data="&Data(12)&VbLf& _
        "Numb="&Numb(14)&VbTab&"Data="&Data(14)
End Sub
</SCRIPT>
</HEAD>
<BODY>
<INPUT id="MyA" type="button" name="MyA" value="数组定义、赋值、重定义">
</BODY>
</HTML>
```

说明：ReDim 语句是一个可执行语句，只能出现在过程中，用来定义或重定义未设下标维数的动态数组或数组变量的大小。INPUT 标识中，id 属性的含义是确定 MyA 过程在程序中的唯一性，本例中可以省略。

3. 注释

在程序的适当位置添加注释，是提高程序通用性、可读性的有效方法，VBScript 有两种注释格式：

```
Rem     注释内容
'       注释内容
```

和其他高级语言类似，VBScript 中的注释不被执行，也不会被解释或编译，仅在源代码中列出。任何字符（包括汉字）均可放在注释行中作为注释内容。Rem 一般用在句首。

5.3.3 赋值语句

赋值语句的一般格式为：

```
目标操作符=源操作符
```

目标操作符一般包括：符号常量、变量和带有属性的对象。源操作符一般包括：常量、表达式、变量（简单变量或下标变量）和带有属性的对象等。

在赋值语句中应该注意，目标操作符与源操作符的类型应该保持一致。赋值语句具有双重功能，既可以计算，又可以赋值。但在给对象变量赋值时，必须使用关键字 Set，参见 5.3.2 节中的“变量的赋值”。

5.3.4 控制语句

控制语句的作用是改变程序的流向。在 VBScript 中可以使用的控制语句有条件语句、Select Case 语句和循环语句。

1. 条件语句

语法格式一般为：

```
If <条件表达式1> Then
   <语句1>
    [Else 语句2]
```

```
  [Else If <条件表达式 2> Then
  <语句 3>]
[End If]
```

说明：语句体含有多条语句时，句尾需使用 End If；采用多条件判断时，使用子句 Else If。

用 If…Then…Else 语句判断条件为 True（真），还是为 False（假）。当条件为 True 时，执行语句 1；条件为 False 时，执行语句 2。条件的真、假判断，通常使用比较运算符构成的表达式。可以嵌套使用条件语句 If…Then…Else。

选取多个 Else If 子句可以用于进行多种条件的选择判断。不过太多的 Else If 子句会使程序变得累赘，较好的方法是适当选用 Select Case 语句。

【例 5.9】 多条件选择判断（L5–9.htm）。

```
<HTML>
<HEAD><TITLE>多条件选择判断</TITLE>
<SCRIPT Language="VBScript">
   Sub MyIf_OnClick
      Dim Myout
  Mydata="请输入数据：1～3 "
  Myin=InputBox(Mydata)
  If Myin=1 Then
         Myout="正月梅花香又香"
         MsgBox Myout,," Myin=1"
      ElseIf Myin=2 Then
         Myout="二月兰花盆里装"
         MsgBox Myout,," Myin=2"
      ElseIf Myin=3 Then
         Myout="三月桃花连十里"
         MsgBox Myout,," Myin=3"
      Else
         MsgBox "输入不正确！"&VbCrLf&"您只有在四月以后采花了"
      End If
   End Sub
</SCRIPT>
</HEAD>
<BODY>
<INPUT type="button"  name="MyIf" value="If Else Then 语句，请单击" >
</BODY>
</HTML>
```

2．选择控制语句

选择控制语句的作用是根据一个表达式的值，在给定的一组相互独立可选语句序列中选择符合条件的可执行语句序列，又称情况语句或 Case 语句。其语法格式一般为：

```
Select Case 表达式
   Case 表达式表列 1
[语句块 1]
[ [Case 表达式表列 2]
   [语句块 2] ]
…
[Case Else
  [语句块 n] ]
End Select
```

Select Case 语句中的表达式仅提供一次简单的计算测试，其结果将与语句中的每个 Case 值进行比较。如果匹配，则执行与该 Case 关联的语句块；若均不匹配，则执行 Case Else 后的语句块。若有多个相匹配的值，仅执行第一个匹配值后的语句。

【例 5.10】情况语句（L5-10.htm）。

```
<HTML>
<HEAD><TITLE>情况语句</TITLE>
<SCRIPT Language="VBScript">
  Sub MyCase_OnClick
      Dim Myout
      Mydata="请输入数据: 4~6 "              '本程序的功能是输入数据后，输出该值的立方
      Myin=InputBox(Mydata)
      Select Case Myin
         Case 4
            MsgBox"四月蔷薇靠短墙",,"Myin=4"
         Case 5
            MsgBox"五月石榴红似火",,"Myin=5"
         Case 6
            MsgBox"六月荷花满池塘",,"Myin=6"
         Case Else
            MsgBox"输入不正确！"&VbCrLf&"您错失了采花季节！"
      End Select
  End Sub
</SCRIPT>
</HEAD>
<BODY>
<INPUT type="button" name="MyCase" value="Select Case语句，请单击" >
</BODY>
</HTML>
```

说明：例 5.10 类似于例 5.9。Select Case 与 If 语句的不同之处在于，它仅对语句的表达式 Myin 计算一次，而 If...Then...Else If 则计算每个 Else If 的表达式，这些表达式可以各不相同。Select Case 语句提供的功能与 If...Then...Else 语句类似，并使源程序代码更加简练易读。仅当每个 Else If 计算的表达式都相同时，才可以使用 Select Case 语句替换 If...Then...Else If 语句。

3. 循环控制语句

循环控制语句的作用是按指定条件重复执行一组语句序列的语句，如图 5-13 所示。VBScript 提供 3 种循环语句：① 在条件变为 False 之前重复执行（当型 Do While...loop）；② 在条件变为 True 之前重复执行（直到型 Do...loop While）；③ 按照指定的循环次数重复执行（For...Next）。其循环语句的语法形式有 4 种：

Do...Loop：当（或直到）条件为 True 时循环。

While...Wend：当条件为 True 时循环。

For...next：指定循环次数，使用计算器重复运行语句。

For Each...In...Next：对于集合中的每项或数组中的每个元素，重复执行一组语句。

（1）Do...Loop

使用 Do...Loop 语句，当条件为 True 时或条件变为 True 之前，重复执行语句块。其语法格式为：

①
```
Do [While|Until 循环条件]
 [语句块]
 [Exit Do]
Loop
```

②
```
Do
   [语句块]
   [Exit Do]
Loop [While|Until 循环条件]
```

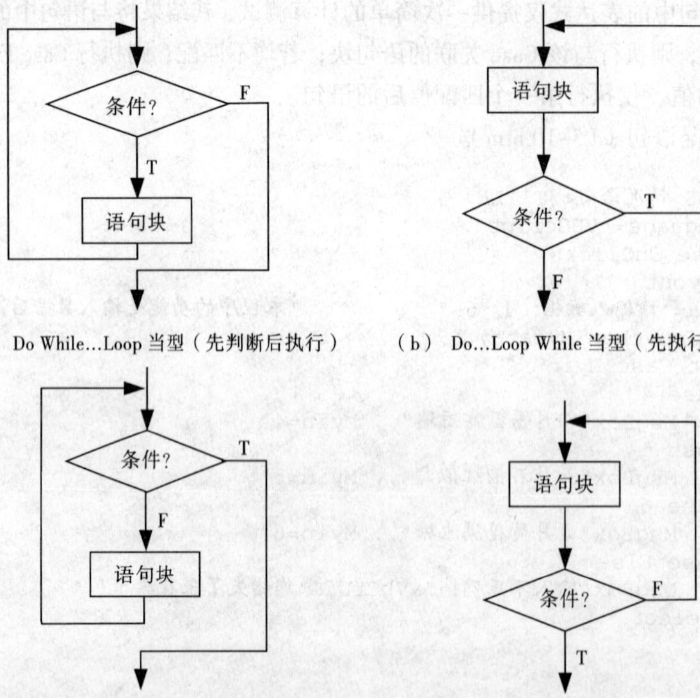

（a） Do While…Loop 当型（先判断后执行）　（b） Do…Loop While 当型（先执行后判断）

（c） Do Until…Loop 直到型（先判断后执行）　（d） Do…Loop Until 直到型（先执行后判断）

图 5-13　Do…Loop 语句

（2）当条件为 True 时重复执行语句

While 关键字用于检查 Do…Loop 语句中的条件。有两种方法检测所设的条件：在进入循环之前检测条件（先判断）（如例 5.11）；或者在循环至少运行完一次之后检测条件（如例 5.12）。在 FirstWhile_OnClick( )过程中，若 i 的初始值设置为 50，程序将不进入循环体。在 LastWhile_OnClick( )过程中，由于判断已检测出 False，所以仅执行一次循环体语句。

【例 5.11】当型循环（先判断后执行）（L5-11.htm）。

```
<HTML>
<HEAD><TITLE>当型循环(先判断后执行)</TITLE>
<SCRIPT Language="VBScript">
Option Explicit                          '强制使用显式声明，必须放在第一句
Sub FirstWhile_OnClick()                 '本例应循环 25 次
    Dim numb,i
    numb=0
    i=100
    Do While i>50
        i=i-2
        numb=numb+1
    Loop
    MsgBox "i="&i&"，本例循环进行了"&numb&"次。"
End Sub
</SCRIPT>
</HEAD>
<BODY>
<INPUT type="button" name="FirstWhile" value="当型循环(先判断后执行)" >
</BODY>
</HTML>
```

【例 5.12】当型循环（先执行后判断）（L5-12.htm）。

```
<HTML>
<HEAD><TITLE>当型循环(先执行后判断)</TITLE>
<SCRIPT Language= "VBScript">
Option Explicit                              '强制使用显式声明，必须放在第一句
Sub LastWhile_OnClick()                      '本例应循环 1 次
    Dim numb,i
    numb=0
    i=0
    Do
      i=i-1
      numb=numb+1
    Loop While i>100
    MsgBox "i = "&i&"，本例循环进行了"&numb&"次。"
End Sub
</SCRIPT>
</HEAD>
<BODY>
<INPUT type="button" name="LastWhile" value="当型循环(先执行后判断)" >
</BODY>
</HTML>
```

（3）重复执行语句直到条件变为 True

Until 关键字用于检查 Do...Loop 语句的条件。有两种方法检查所设的条件：在进入循环之前检测（如例 5.13）；或者在循环至少运行完一次之后检测（如例 5.14）。当条件为 False 时，执行循环语句。

【例 5.13】直到型（先判断后执行）（L5-13.htm）。

```
<HTML>
<HEAD><TITLE>直到型(先判断后执行)</TITLE>
<SCRIPT Language= "VBScript">
Sub FirstUntil_OnClick()                     '本例应循环 10 次
    Dim numb,i
    numb=0
    i=100
    Do Until i<=50
       i=i-5
       numb=numb+1
    Loop
    MsgBox"i="&i&"，本例循环进行了"&numb&"次。"
End Sub
</SCRIPT>
</HEAD>
<BODY>
<INPUT type="button" name="FirstUntil" value="直到型(先判断后执行)" >
</BODY>
</HTML>
```

【例 5.14】直到型（先执行后判断）（L5-14.htm）。

```
<HTML>
<HEAD><TITLE>直到型(先执行后判断)</TITLE>
<SCRIPT Language="VBScript">
```

```
Sub LastUntil_OnClick()                     '本例应循环5次
    Dim numb,i
    numb=0
    i=10
    Do
        i=i+20
        numb=numb+1
    Loop Until i>=100
    MsgBox "i ="&i&"，本例循环进行了"&numb&"。"
End Sub
</SCRIPT>
</HEAD>
<BODY>
<INPUT type="button" name="LastUntil" value="直到型(先执行后判断)" >
</BODY>
</HTML>
```

使用 Until 与 While 关键字时，要注意两者的区别，它们的作用正好相反，例如：

使用 While 时，条件 A>B，表示 A 大于 B 时条件满足，执行；

使用 Until 时，条件 A>B，表示 A 大于 B 时条件终止；A<=B 时执行。

（4）Exit Do 语句

用 Exit Do 语句退出循环。在某些情况下为避免程序造成的死循环，需要依据条件，退出循环体。通常使用 If…Then…Else 语句判断是否满足退出循环的条件。如例 5.15 中，由于使用了不恰当的初始值，可能会导致死循环，借助 Exit Do 语句可以防止死循环。

【例 5.15】使用 Exit Do 语句跳出循环体（L5-15.htm）。

```
<HTML>
<HEAD><TITLE>跳出循环体</TITLE>
<SCRIPT Language="VBScript">
Sub ExitProgram_OnClick()
    Dim numb,i
    numb=0
    i=0
    i=InputBox("请任输一个数值: ","跳出循环")
    Do Until i=20                           '当条件为真时，结束循环
      If i<20 Then Exit Do                  '当 i 值小于 20 时，跳出循环体
        i=i-1
        numb=numb+1
    Loop
    MsgBox "i="&i&"，本例循环进行了"&numb&"次。"
End Sub
</SCRIPT>
</HEAD>
<BODY>
<INPUT type="button" name="ExitProgram" value="跳出循环，请单击">
</BODY>
</HTML>
```

（5）While…Wend

While…Wend 语句又称为 While 循环语句，其作用是当给定条件为 True（非 0 值）时，执行循环体中的语句。遇到 Wend，控制返回到 While 语句并对条件进行测试，若仍为 True，再次执

行循环体中的语句，若条件为 False，则执行 Wend 的后续语句。其语法格式为：

```
While 条件
   [语句块]
Wend
```

【例 5.16】俘获键值，当输入的字符为"<"时，终止程序并输出结果（L5-16.htm）。

```
<HTML>
<HEAD><TITLE>While...Wend 语句</TITLE></HEAD>
<SCRIPT Language="VBScript">
Option Explicit
Dim str,str1,str2,numb
Sub WendProgram_OnClick
    Const str2="<"
    numb=0
    str1="请输入一个字符串: "
    str=InputBox(str1)
    While str<>str2
        numb=numb+1                              '统计输入的字符串数
        str=InputBox(str1)
    Wend
    MsgBox"输入的字符串个数为: "&numb             '输出用户输入的字符串个数
End Sub
</SCRIPT>
<BODY>
<INPUT type="button" name="WendProgram" value="While…Wend 语句, 请单击" >
</BODY>
</HTML>
```

注意：Dim 语句应放在 Sub 过程的外面。

（6）For...Next 语句

For...Next 语句的作用是按用户给定的循环次数执行循环体（语句块）。循环内含有计数器变量，该变量的值随循环执行的次数增加或减少。For...Next 语句的语法格式为：

```
For 循环变量=初值 To 终值 [Step 步长]
   [循环体]
   [Exit For]
Next
```

初值、终值和步长三者确定循环次数，其计算公式为：

```
循环次数=Int((终值-初值)/步长)+1          Int 为取整函数
```

【例 5.17】求 2N 的阶乘（(2N)!），设 N 为自然数（L5-17.htm）。

```
<HTML>
<HEAD><TITLE>求 2N 的阶乘</TITLE></HEAD>
<SCRIPT Language="VBScript">
Sub MyKey_OnClick
    N=InputBox("请输入数值 N: ")
    cont=1
    For i=1 To 2*N
        cont=cont*i
        If 2*N>150 Then                          '设当 2N 的值大于 150 时溢出
            cont="计算结果溢出"
        Exit For
        End If
```

```
   Next
   MsgBox"2*"&N&"!="&cont,,"2N 的阶乘"
End Sub
</SCRIPT>
<BODY>
<INPUT type="button" name="MyKey" value="For…Next 语句" >
</BODY>
</HTML>
```

说明：

① 可将 Step 设为负值使计数器变量递减。注意，此时该变量的终止值必须小于起始值。

② 可以嵌套使用 For...Next 语句。For...Next 语句遵循“先判断后执行”的原则，先检测循环变量是否满足条件要求，再决定是否执行循环体。

③ 使用 Exit For，当程序需要时退出循环，执行后续语句。For...Next 通常在循环变量到达终值时能正常结束，若情况特殊，则可能通过条件判断终值循环，如例 5.17。

④ Exit For 只能退出当前执行的循环体。

（7）For Each…Next 语句

For Each…Next 类似于 For…Next 语句，两者都是用来执行指定重复次数的一组操作。虽说，For Each…Next 语句也是对数组中的每个元素或对象集合中的每一项重复执行操作。但它通常在不知道数组中或集合中元素数目的场合中使用。也就是说，我们可以不给出数组中或集合内的元素个数，该语句会自动按元素的多少重复执行。显然，使用 For Each…Next 语句要比 For…Next 语句更简单方便，它无需指定循环结束的条件。其一般语法格式为：

```
For Each 成员 In 数组
 循环体
 [Exit For]
 …
Next
```

语法格式中的“成员”是一个为循环提供的变体变量，可以在 For Each…Next 中重复使用，它实际上代表数组的各个元素。“数组”为不含括号和下标的数组名。For Each…Next 循环执行的次数由数组中元素的个数确定，无需另外给出。该语句特别适用于网页数据表格的建立。

【例 5.18】求某个数组中符合条件的元素的总和（L5-18.htm）。

```
Dim j
For Each Numb In Data
   If Numb>20 then
      Document.Write(Numb&",")                'Document 是对象名，参见 5.5 节
      j=j+1
      Sum=Sum+Numb                            '将符合条件的元素相加
   End If
   If Numb>=1000 then
      Document.Write("这" &j&"个数的总和是: ")
'Document 对象的 Write 方法，可参见 5.5 节
      Exit For                                '满足条件时跳出循环体
   End If
Next
MsgBox"Sum="&Sum,,"大于 20，小于 1000 的总和"
```

说明：将例 5.18 的程序段加在例 5.8 中 End Sub 的前面，本程序段会按条件计算出数组的和。

5.3.5　Set 语句

Set 语句是将对象引用赋给变量或属性。

语法格式为：

```
Set objectvar=objectexpression|Nothing
```

其中：

① objectvar 必选项。为按标准变量命名约定命名的变量或属性的名称。

② objectexpression 必选项。由对象名、所声明的相同对象类型的其他变量，或者返回相同对象类型的函数或方法所组成的表达式。

③ Nothing 可选项。断绝 objectvar 与任何指定对象的关联。若没有其他变量指向 objectvar 原来所引用的对象，将其赋为 Nothing 会释放该对象所关联的所有系统及内存资源。

说明：为保证数据的合法类型，objectvar 必须与所赋对象类型一致。Dim、Private、Public、ReDim 以及 Static 语句都只声明了引用对象的变量。在用 Set 语句将变量赋为特定对象之前，该变量并没有引用任何实际的对象。可以有多个对象变量引用同一个对象。

5.3.6　Call 语句

Call 语句是将控制权转移到 VBScript 的过程、Sub 或 Function。

语法格式为：

```
[Call] name [argumentlist]
```

其中：

① Call 可选项，关键字。如果指定了这个关键字，则 argumentlist 必须加上括号，例如：

```
Call MyProcedure(0)
```

② name 必选项。被调用的过程名称。

③ argumentlist 可选项。过程的参数表列。

说明：过程调用中不一定要使用 Call 关键字。带参数的过程被 Call 调用时，argumentlist 可选项必须要加上圆括号。如果省略了 Call 关键字，那么 argumentlist 外面的圆括号也必须去掉。如果使用 Call 来调用内建函数或用户定义函数，则函数的返回值将被丢弃。

5.4　VBScript 中的过程

5.4.1　子过程

子过程由包含在 Sub 和 End Sub 关键字之间的一组 VBScript 语句组成。Sub 子过程没有返回值。在 Sub 子过程的调用中可以使用过程传递参数（常量、变量或表达式）。

```
[Private][Public]Sub  过程名[(参数表列)]
[语句块]
[Exit Sub]
[语句块]
End Sub
```

在上面的例题中我们多次用到 Sub 子过程，而大部分使用的是 VBScript 事件调用。下面我们给出调用 Sub 子过程的两个例题，例 5.19 和例 5.20。

【例 5.19】StudentAge 子过程的创建、调用，条件满足时跳出（L5-19.htm）。

```
<SCRIPT Language=VBScript>
    Sub StudentAge()
        Age=InputBox("请输入学生年龄：")
        If Age<18 Then
            MsgBox "该生的年龄="&Age&"岁，小于 18"&"不能录取！"
            Exit Sub                        '跳出 StudentAge 子过程
        ElseIf Age>30 Then
            MsgBox "该生的年龄="&Age&"岁，大于 30"&"不能录取！"
            Exit Sub                        '跳出 StudentAge 子过程
        End If
        MsgBox "该生的年龄为："&Age&"岁，"&"可以录取！"
    End Sub
    StudentAge
</SCRIPT>
```

说明：虽说例 5.19 只用了一段脚本程序，程序中仅有一个用户定义的子过程 StudentAge 和对该过程的调用，但运行没有任何问题。利用 If 语句，当条件满足时跳出 StudentAge 子过程。下面的例 5.20 是一个完整的 Web 程序。

【例 5.20】利用子过程建立设备明细表（L5-20.htm）。

```
<HTML>
<HEAD><TITLE>子过程调用</TITLE>
<SCRIPT Language="VBScript">
<!--
Private Sub MyProcedure()
    sbtitle="设备明细表"
    sb1="请输入设备编号:"
    sb2="请输入设备名称:"
    sb3="请输入设备价格:"
    sb4="请输入生产日期:"
    sb5="请输入设备产地:"
    sbnumb=InputBox(sb1,sbtitle )
    sbname=InputBox(sb2,sbtitle)
    sbpris=InputBox(sb3,sbtitle)
    sbdate=InputBox(sb4,sbtitle)
    sbaddr=InputBox(sb5,sbtitle)
    If sbnumb<>"" Then
       MsgBox"设备编号:"&sbnumb&VbCrLf&"设备名称:"&sbname&VbCrLf&_
              "设备价格:"&sbpris&VbCrLf&"生产日期:"&sbdate&VbCrLf&_
              "设备产地:"&sbaddr,,sbtitle
    Else
        MsgBox"您的输入的数据不对！请重新输入！",,sbtitle
    End if
End Sub
-->
</SCRIPT>
</HEAD>
<BODY>
<CENTER>子过程调用</CENTER>
<SCRIPT Language="VBScript">
```

```
   MyProcedure                               '该语句也可放在 End Sub 的下面
</SCRIPT>
</BODY>
</HTML>
```

5.4.2 函数过程

函数过程是包含在 Function 和 End Function 关键字之间的一组 VBScript 语句。Function 过程类似于 Sub 过程，与 Sub 过程不同的是 Function 过程有返回值。在函数过程的调用中可以使用过程传递参数（常量、变量或表达式）。并通过过程名返回一个值，该值（或以表达式的形式）常在过程的语句中赋给过程名。Variant 类型是函数过程返回值的数据类型。

```
[Private][Public]Function 过程名(或函数名)[(参数表列)]
[语句块]
[过程名=表达式]
[Exit Function]
[语句块]
End Function
```

【例 5.21】利用过程调用，求给定半径的球体体积；并求该球内接立方体的边长和体积以及两者的体积差（L5-21.htm）。

```
<HTML>
<HEAD><TITLE>使用参数的过程调用</TITLE>
<CENTER 使用参数的过程调用</CENTER>
<SCRIPT Language="VBScript">
Private Sub BallVol()                        '输入球的半径，并调用计算的过程
   r=InputBox("请输入球的半径: ")
   Ball=4/3*3.14*r*r*r
   Differ=Ball-a(r)*a(r)*a(r)                '调用函数过程 a()，r 为实参
   MsgBox"球的半径是: "& r &"，球的体积是: "& Ball & VbLf & VbLf &_
       "立方体的边长是: "& Left(a(r),5) &"，立方体的体积是: " &_
        Left(a(r)*a(r)*a(r),8) & VbLf & VbLf & "两者体积差是: " & Differ
End Sub

Function a(radius)                           '计算立方体边长的过程，radius 为形参
   a=sqr(2)*radius                           'sqr()是求平方根的函数
End Function
   BallVol                                   '调用过程 BallVol
</SCRIPT>
</HEAD><BODY></BODY>
</HTML>
```

说明：例 5.21 中，函数过程 a 求出立方体的边长，BallVol 子过程调用 a 函数，调用时参数值的变量 r 被传递给 a 函数。调用带参过程时，必须把实际参数（实参，在调用 Sub 或 Function 过程时传递给 Sub 或 Function 过程的常量、变量、表达式或数组，如例 5.21 的 r）传递给过程，使过程的形式参数（形参，在 Sub 或 Function 过程的定义中出现的变量名，如例 5.21 的 radius）获得实参所传递的值并参与运算。Left 为左截函数。

5.4.3 过程调用

在 VBScript 中有 3 种调用过程的方法。

1．作为语句调用

例如：

```
MsgBox "计算球的内接立方体的体积。"
```

2．作为表达式调用

例如：

```
Differ=Ball-a(r)*a(r)*a(r)
```

3．作为变量调用

例如：

```
MsgBox"球的半径是: "& r &",立方体的边长是: "& Left(a(r),5)
```

调用 Sub 子过程时，只需输入过程名和所有的实参，若有多个参数值，可用逗号分隔。调用 Sub 过程不一定使用 Call 语句，但如果使用了 Call，则必须将所有参数放在括号中。下面两个语句给出了两种效果相同的调用 MyProcedure 过程的方法。

```
Call MyProcedure(arg1,arg2,arg3)
MyProcedure arg1,arg2,arg3
```

5.5 VBScript 对象的使用

5.5.1 应用 VBScript 对象

VBScript 对象的内容丰富，有方法、属性及事件等，使用时只需在脚本中插入对象的引用就可以使用 VBScript 对象，例 5.22 是引用 VBScript 对象的例子。

【例 5.22】在脚本中引用 VBScript 对象的方法、属性及事件，结果如图 5-14 所示（L5-22.htm）。

```
01:<HTML>
02:<TITLE>VBScript对象引用</TITLE>
03:<SCRIPT Language="VBScript" for="MyProcedure" event="OnClick">
04:<!--
05:    MsgBox"这里使用的是VBScript对象的事件! "              '在窗口中显示
06:-->
07:</SCRIPT>
08:
09:<SCRIPT Language="VBScript" >
10:   Document.Write"这里使用的是VBScript对象的方法! "      '在页面中显示
11:   Window.Status="这里使用的是VBScript对象的属性! "      '在状态栏中显示
12:</SCRIPT>
13:
14:<FORM>
15:<INPUT name="MyProcedure" type="BUTTON" value="这里使用的是 VBScript 对象的
事件!请点击">
16:</FORM>
17:</HTML>
```

说明：第 10 行使用的是 Write 方法，第 11 行是 Status 属性，第 3 行和第 15 行使用的是 OnClick 事件。

对象（Objects）是具有某些特性的具体事物的抽象描述。每个对象都具有描述其特征的属性以及附属的行为。如一个人有头、身、手、足、外貌、性格等特性，又有站、走、跑、跳等行为。对象还可进一步分成更多的对象，如将头作为一个对象，它有眼、耳、鼻、嘴等属性，也有看、听、说等行为，眼睛又有眼球、眼睑、睫毛等。

从计算机的角度看，一个对象应包括两个要素：数据和操作。数据可以对应人，操作可以对应人的行为活动。对象就像一个集合，它包含数据以及与这些数据有关的操作，如图 5-15 所示。

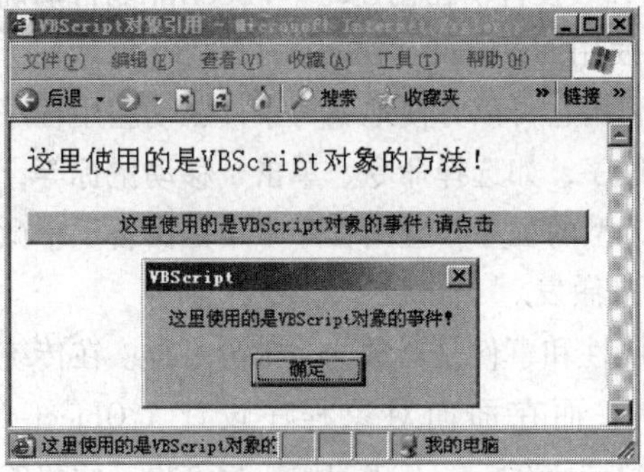

图 5-14　引用 VBScript 对象

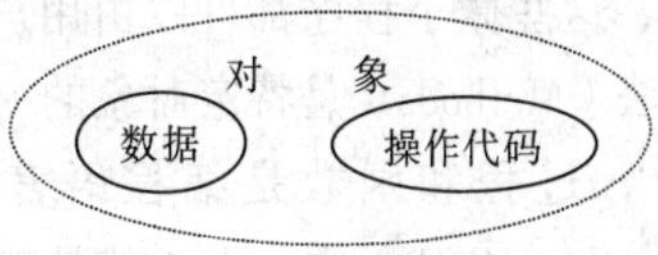

图 5-15　对象包括的两个要素

在面向对象的程序设计中，“对象”是系统中的基本运行实体，是程序的核心。从概念上讲，VBScript 中的对象与面向对象程序设计中的对象是一样的，但在使用上有很大的区别。在 VBScript 中，对象是由系统设计好的，可以直接使用或对其进行操作，而在面向对象程序设计中，对象基本上是由程序员自己设置的。

5.5.2　对象的属性、事件和方法

在前面的例题中我们多次用到标识的属性（Properties），对象的属性与之类似，是用来描述和反映对象特征的参数。对象常见的属性有标志（Id）、名称（Name）、颜色（Color）、字体大小（Fontsize）、值（Value）、可见性（Visible）等。一般格式为：

```
对象名.属性名称=新设置的属性值
```

例如显示文本的颜色。Document 是对象名，Color 是它的属性，要执行指定的颜色。例如：

```
Document.Color="#FFCCAA"
```

等号后面的"FFCCAA"为属性值，赋给 Document 的 Color 属性。又例如：

```
Window.Status="这里使用的是 VBScript 对象的属性！"
```

上句表示将一个字符串赋给窗体的状态栏属性 Status，执行结果是在状态栏中显示该字符串。

所谓事件（Events），是由 VBScript 预先设计好的、能够被对象识别的动作。就对象而言，事件就是发生在该对象上的事情。如例 5.22 中的第 15 行，其显示结果如图 5-14 所示。在 VBScript 中预先定义好的事件有：OnClick（单击）、OnDblClick（双击）、OnLoad（装入）、OnMouseMove（移动鼠标）、OnChange（改变）等。当事件由系统触发（如 OnLoad）或用户触发（如 OnClick）时，对象就会对该事件做出响应（Respond）。

响应某事件后所执行的操作由一段程序代码来完成，这段代码或者说这些操作处理的步骤就是事件过程（Event Procedure）。一个对象可以识别一个或多个事件，因此可以使用一个或多个事件过程响应用户或系统的事件。一般格式如下：

```
Sub 对象名称_事件名称[(参数表列)]
…
事件响应程序代码(事件过程代码)
…
End Sub
```

在事件的格式中，“对象名称”表示该对象的 Name 属性，“事件名称”是 VBScript 预先定义，并赋予该对象的事件，而这个事件必须是对象所能识别的。如例 5.17 的 MyKey_OnClick，其中 OnClick 是 VBScript 可以识别的事件。对象（如窗体、控件）在创建时，VBScript 能自动确定与该对象相匹配的事件，并显示出来供用户选择（如使用 Microsoft Visual.Net 2003）。

VBScript 是采用事件驱动编程机制的语言，利用它可以方便地编写事件驱动应用程序。在事件驱动编程中，程序员只要编写响应用户动作的程序，如选择命令、单击、移动鼠标等，而不必考虑按精确次序执行每个程序的步骤。不必编写大型的程序，应用程序常常是由若干个微小程序组成的，这些微小程序都可以由用户启动的事件来激发。

方法（Methods）是特定对象的一部分，正如属性和事件是对象的一部分一样。在传统的程序设计中，过程和函数是编程语言的主要部件。而在面向对象程序设计（Object-Oriented Programming，OOP）中，引入的是特殊过程和函数——方法。方法的操作与过程、函数的操作相同，它的调用格式为：

```
对象名称.方法名称[参数名表]
```

VBScript 提供了大量的方法，有些方法可以适用于多种类型的对象，而有些方法可能只适用于少数几种对象。如 Open 方法既可用于 Window 对象，也可用于 Document 对象，而 Alert 和 Write 方法就只能分别用于 Window 和 Document 对象。

5.5.3 VBScript 中 Window 对象的使用

脚本对象模型结构的最外一层是 Window 对象，所有脚本模型中的其他对象都可以作为 Window 对象的属性供其使用。如 Window.Document.Write()。

1. Name 属性（设置或返回指定的文件或文件夹的名称，可读写）

语法格式：

```
object.Name [= newname]
```

其中：

object 必选项。文件或文件夹对象的名称。

newname 可选项。若提供此参数，则指定的 object 名称被更新为 newname。

2. Location 属性（用于操作处理当前文档的 URL 地址）

例如：

```
MsgBox Window.Location.Href          '可将此句放在例 5.22 的第 11 行后执行
```

执行后，信息框中会显示运行文档的 URL 地址。若执行：

```
Window.Location.Href="http://www.csasp.net"
```

或本地文件地址：

```
Window.Location.Href="file:///E:/wsp/.../L5-2.htm"     '提供物理地址
```

在弹出的信息框中单击【确定】按钮，将分别导向两者指定的地址。前一句在当前窗口打开

“绿海星”网站，而后一句打开文档 L5-2.htm。注意，两语句中的双引号必不可少。

3．DefaultStatus 属性（设置状态栏默认字符串。在浏览器状态栏不显示其他信息时显示）

例如：

```
Window.DefaultStatus="欢迎来到中国铁道出版社！"
```

4．Status 属性（返回或设置状态栏中的显示文本）

例如：

```
Window.Status="您好！中国铁道出版社欢迎您莅临！"
```

若本句与上一句同在一程序段中，浏览器状态栏中仅显示本句。

5．Alert 方法（显示警告信息框）

例如：

```
Alert("数据仓库，谢绝访问！")
```

Alert 类似于 MsgBox()函数产生的只含一个【确定】按钮的信息框。

6．Confirm 方法（显示询问信息框）

例如：

```
Window.Confirm("您是否要预定本周星期四的机票?")
```

类似于 Alert 方法，显示含有两个按钮【确定】和【取消】的询问信息框。单击【确定】按钮，Confirm 返回 True 值；若单击【取消】按钮，则返回 False 值。

7．Prompt 方法（提示用户输入数据）

例如：

```
StNum=Window.Prompt("请输入配件名称：","主板")
```

Prompt 类似于 InputBox()函数。Prompt 有两个参数，一个是提示信息，另一个是可以选用的默认值（如语句中的“主板”）。以上语句执行后，将显示如图 5-16 所示的对话框，提示用户输入配件名称。

图 5-16　使用 Prompt 方法获取数据

8．Open 方法（打开一个已存在的或新建一个窗口，并在其中显示文档）

语法格式：

```
[newwindow=][window.]Open(url[,target[,"[toolbar =bool]
[,location =bool][,directories =bool][,status =bool][,menubar =bool]
[,scrollbars =bool][,resizable =bool][,width =pixels]
[,height =pixels][,top =pixels][,left =pixels]"]])
```

说明：newwindow 是 Open 的返回值，它是一个 Window 对象。其他参数的含义如下：

① url：在新窗口中显示字符串指定文档的 URL；若未指定 URL 或 URL 格式，窗口将显示空白页（about:blank）。

② target：显示文档的窗口名。若指定的窗口存在，则在打开的窗口中显示新文档，窗口中

原来的内容将被取代；如果不存在，则打开指定名称的新窗口，并在其中显示新文档。该参数与<HREF>标识中的 Target 属性类似。

③ toolbar：布尔值，可以设置为 Yes/No（或 1/0，下面的布尔值同之），当设置为 Yes 时，将在新窗口中显示浏览器的工具栏（如后退、前进、停止等）；如果设置为 No，则隐藏工具栏，默认值为 Yes。

④ location：布尔值，指定是否显示浏览器上的地址框，默认值为 Yes。

⑤ directories：布尔值，指定是否增添链接目录按钮，默认值为 Yes。

⑥ status：布尔值，指定是否显示状态栏，默认值为 Yes。

⑦ menubar：布尔值，指定是否显示菜单栏，默认值为 Yes。

⑧ scrollbars：布尔值，指定是否显示浏览器的水平和垂直滚动条，默认值为 Yes。

⑨ fullscreen：布尔值，指定浏览器是否显示全屏模式，缺省值为 No。由于这种模式将浏览器的标题、菜单、工具栏等都隐藏起来了，用户操作不方便，应当慎用。按【Alt+F4】键可以关闭此窗口。

⑩ resizable：布尔值，指定用户是否可以改变窗口的尺寸。若设置为 No 或 0，则禁止用户改变窗口的大小，默认值为 Yes。

⑪ width：整型数，设置窗口的宽度，以像素（pixel）为单位，最小值为 100。

⑫ height：整型数，设置窗口的高度，以像素为单位，最小值为 100。

⑬ top、left：整型数，用来设置窗口相对左上角的坐标位置，以像素为单位。

注意：

① 如果用过程的方式调用 Open 方法，则它后面的圆括号必须去掉。例如：

```
Window.Open url,target    (打开一个空白页，是最简单的格式之一)
```

② 双引号必须使用正确（虽说个别参数单独使用时可以不加双引号），一般正确的使用方式为：

```
Window.Open"http://edu.tqbooks.net",null,"toolbar  =1,location  =no,status
=1,menubar =yes,resizable=0,width=500,height=300"
```

该例句打开一个无名窗口，显示国铁天勤网站的主页。打开的窗口中有工具栏、状态栏和菜单栏，关闭了地址栏，不允许用户改变窗口的尺寸。窗口的宽度为 500 像素，高度为 300 像素。句中的 http://不能省略。

③ 属性中的默认值是所有引号内的参数（不包括 URL）均为使用时的缺省状态，只要在引号内使用了一个参数（无论其是布尔型还是数值型），其他参数的默认值均变为 No。所以，上句中的 location=no 和 resizable=0 完全可以省略。

④ 引号内的参数若用双引号分割开单独使用（如下面的语句），虽说无出错显示，但未能按用户的设计意图显示出正确的结果。

```
Window.Open"L5-21.htm",null,"toolbar=1","location=1","directories=1","
status=1","menubar=1","scrollbars=1","resizable=1","width=500,height=300,
top=15,left=15"
```

⑤ 书写的参数名称必须正确，若将 resizable=yes 写成 resizeable=yes，则等同于 resizable=no。

9. Close 方法（关闭一个打开的窗口）

例如：

```
CloseWindow=MsgBox("执行错误! 关闭窗口。",16+4,"Close the Window")
If CloseWindow=6 Then
```

```
    Window.Close
End If
```

将本程序段插入到程序中，当条件满足时，关闭当前窗口。

10．setTimeOut 方法（设置计时器，用来在指定的时间后调用一个过程）

语法格式：

```
ID=Window.setTimeOut expression,msec,language
```

各参数的含义：

① ID：Timer 对象，setTimeOut 方法的返回值，可用在 clearTimeOut 方法中。

② expression：被调用的过程（函数）名。

③ msec：在调用过程前需要等待的时间（单位：ms）。

④ language：指定过程使用的脚本编写语言（VBScript 或 JavaScript）。

11．clearTimeout 方法（将指定的计时器复位）

语法格式：

```
Window.clearTimeout ID
```

ID 指的是 setTimeOut 方法所返回的值，clearTimeOut 方法自身无返回值。

12．Navigate 方法（在当前窗口中显示新文档）

语法格式：

```
Window.Navigate url
```

url 参数是所显示新文档的 URL 地址，新文档既可以在 World Wide Web 上，也可以为本地文件，无返回值。例如：

```
Window.Navigate"http://www.csasp.net"
```

执行后浏览器将链接到 www.csasp.net 站点，并显示其主页，而下列语句：

```
Window.Navigate"file:///f:/MyFiles/L5-2.htm"
```

将打开客户机上的本地文件 L5-2.htm。

13．OnLoad 事件（在页面加载时激发）/OnUnLoad 事件（在页面卸载时激发）

只要在 HTML 文档中加入 OnLoad 事件或 OnUnLoad 事件，就可在进入或离开页面时，分别激发页面加载或页面卸载事件，可参见例 5.23。

【例 5.23】OnLoad/OnUnLoad 应用（L5-23.htm）。

```
<HTML>
<HEAD><TITLE>OnLoad/OnUnLoad 应用</TITLE>
<SCRIPT Language="VBScript">
   Sub WINDOW_ONLOAD
      MsgBox "进来浓香四溢！",vbYesNo+vbExclamation
   END Sub
   Sub WINDOW_ONUNLOAD
      MsgBox "出去回味无穷！",VbYes
   END Sub
</SCRIPT>
</HEAD>
<BODY>
<CENTER>
<H1>春来小饭庄</H1>
</CENTER>
```

```
</BODY>
</HTML>
```

【例 5.24】使用 Window 对象的属性、方法、事件（L5-24.htm）。

```
<HTML>
<HEAD><TITLE>Window对象的属性、方法、事件</TITLE>
<SCRIPT Language="VBScript">
<!--
   Window.Alert("数据错误，请进入调试程序！") '显示警告信息框,可以省略Window
   Window.Status="Window对象的属性、方法、事件使用。"   '在状态栏中显示
   MsgBox Window.Location.Href              '显示运行文档的URL地址
   setTimeOut "DynaClk",1000                '动态时钟开始
   Sub DynaClk()
      ClkTime="今天是公元: "&formatdatetime(date)&_
         " 北京时间: "&formatdatetime(time)
      ClkT.innerHTML=ClkTime               'innerHTML是所设对象ClkT的属性
      setTimeOut "DynaClk",1000
   End Sub                                  '动态时钟结束

   Sub WINDOW_ONLOAD                        '打开网页时激发
      Ptest=MsgBox("欢迎进入在线考试系统！",VbYesNo+VbQuestion)
      If Ptest=7 Then
         Exit Sub
      End If
      StNum=Window.Prompt("请输入考号: ","20021000")
       Window.Open"TestOnNet.htm",null,"toolbar=1,location=no,status=1,
menubar=yes,resizable=0,width=500,height=300"
      CloseWindow=MsgBox("您不是考生！请关闭窗口！",16+4,"请关闭窗口！")
      If CloseWindow=6 Then
         Window.Close
      End If
   End Sub                                  '离开网页时激发

   Sub WINDOW_ONUNLOAD
      MsgBox "祝您成功！",VbYes
   End Sub
-->
</SCRIPT>
</HEAD>
<BODY>
<CENTER id="ClkT"></CENTER>
</BODY>
</HTML>
```

说明：例 5.24 体现了 Window 对象的属性、方法、事件的使用。Window.Open 中的 TestOnNet.htm 是另一个超文本程序，读者可自行设置，并注意 Window.Open 一句要在一行内完成，不要换行。formatdatetime()是格式化日期、时间函数，date 和 time 是日期和时间函数。innerHTML 是在当前元素的起始和结束标识之间设置或恢复 HTML，其语法为：

```
object.innerHTML=[innerHTML]
```

【例 5.25】Navigate 方法的使用（L5-25.htm）。

```
<HTML>
<HEAD><TITLE>Navigate方法</title>
<SCRIPT Language="VBScript">
<!--
   Sub RLink_OnClick
      Dim MyLink1
```

```
        Set MyLink1=Document.LinkForm1
        Window.Navigate MyLink1.URL1.Value
    End Sub
    Sub LLink_OnClick
        Dim MyLink2
        Set MyLink2=Document.LinkForm2
        Window.Navigate MyLink2.URL2.Value
    End Sub
-->
</SCRIPT>
</HEAD>
<BODY>
<CENTER>
<FORM NAME="LinkForm1">
   <INPUT TYPE="TEXT" NAME="URL1" VALUE="http://www.w3.org">
   <INPUT TYPE="BUTTON" VALUE="远程链接" NAME="RLink">
</FORM>
<FORM NAME="LinkForm2">
   <INPUT TYPE="TEXT" NAME="URL2" VALUE="L5-22.htm">
   <INPUT TYPE="BUTTON" VALUE="本地链接" NAME="LLink">
</FORM>
</CENTER>
</BODY>
</HTML>
```

说明：在例 5.25 设置的表单中定义了两个按钮和两个文本框，在脚本部分定义了两个事件过程。单击按钮时，激发相应的事件过程：远程网站或本地文档。程序执行结果如图 5-17 所示。

图 5-17　使用 Navigate 方法

Window 对象代表的是 Internet Explorer 对象，以上介绍的 Window 对象的属性、方法和事件等都可以不通过 Window 对象限定，直接在 VBScript 中使用。例如：

```
Window.Alert("数据错误，请进入调试程序！")
```

可改成：

```
Alert("数据错误，请进入调试程序！")
```

```
Window.Status="Window对象的属性、方法、事件使用。"
```

可改成：

```
Status="Window对象的属性、方法、事件使用。"
```

```
Window.Navigate MyLink1.URL1.Value
```

可改成：

```
Navigate MyLink1.URL1.Value
```

其运行结果完全相同。

5.5.4　VBScript 中 Document 对象的使用

在 Internet Explorer 脚本模型中，Document 对象是脚本层次结构中使用最多、最重要的对象。可以用它访问当前加载的 Web 页，表示浏览器窗口中（或其中某个框架中）显示的 HTML 文档。通过它的属性和方法，还可以控制 HTML 文档的背景颜色、链接颜色等外观，以及其他内容等。同时 Document 对象也提供了几个高级属性，用此完成较为复杂的 Web 服务。

1. LinkColor、AlinkColor、vLinkColor 属性（设置或返回文档中超链接的颜色）

LinkColor 属性用来设置或返回文档中超链接的颜色，这与<BODY>标识中 LINK 属性功能相同（参见附录 A）。为了设置当前文档中超链接的颜色，可以赋给 LinkColor 属性一个颜色值（十六进制）或颜色名。语句示例：

```
Document.LinkColor="#FF0000"
```

或

```
Document.LinkColor="red"
```

它会把当前文档的超链接颜色设置为红色。用户必须注意，此处属性值必须加双引号，下同。

AlinkColor 属性用来设置或返回文档中激活链接颜色，类似<BODY>标识中的 ALINK 属性。所谓激活链接是一种状态，即把鼠标光标移到一个超链接上，按下鼠标键而尚未释放时的状态。使用方法与 LinkColor 属性相同。

vLinkColor 属性用来设置或返回已经访问过的超链接的颜色，它与<BODY>标识中的 VLINK 属性相同。使用方法与 LinkColor 属性相同。

2. bgColor、fgColor 属性（设置或返回文档的背景、前景颜色）

bgColor 属性用来设置或返回文档的背景色。语句示例：

```
Document.bgColor="#0000FF"
```

或

```
Document.bgColor="blue"
```

它会把当前文档的背景设置为蓝色。

fgColor 属性用来设置或返回文档的前景颜色，使用方法与 bgColor 属性相同。

3. Anchors 属性（既是 Document 对象的一个属性，也是一个对象）

利用该对象的 Length 属性返回当前文档中锚的数目，每个锚都被存储在 Anchors 数组中，其中的元素可以通过下标得到。Anchors(0)是文档中第 1 个锚的名称，它的值是插入到文档中的<A>标识的 NAME 属性，Anchors(1)是第 2 个锚，依此类推。语句示例：

```
AnchorsNum=Document.Anchors.Length
MsgBox "您打开的网页中含有："&AnchorsNum&"个锚(anchor)。"
```

将在信息框中显示当前文档中锚的数目。

4. Title 属性（返回当前文档的标题，只读）

用 Title 属性可以返回当前文档的标题（只读，即运行期间不能改变文档标题）。语句示例：

```
MsgBox Document.Title
```

5. Cookie 属性（在客户机上存储用户的某些配置信息）

如果想在某站点浏览多个页面，并希望将某个页面的信息带到另一页面，即多个页面共享数据，可以通过 Document 对象的 Cookie 属性来实现。其机理是当一个页面向其他页面传送某个信息时，在客户机上保留一个 Cookie，需要信息的页面可以从该 Cookie 中读取数据。对于浏览者来说，各个页面之间似乎可以通信，这与 Visual Basic 应用程序多个窗体之间的通信类似。Cookie 是存放在客户机上特定文件夹中的数据，用 Cookie 属性不会破坏脚本语言的安全性，因为它是浏览器读取和写入磁盘特定文件夹中的文本文件。这些文件不是可执行文件，因此不会对文件系统的其他部分构成威胁，而且只能通过浏览器进行访问。

VBScript 脚本程序一般运行在客户端，为了维护客户机的安全性，VBScript 中取消了对文件访问的功能，也就是没有对文件操作的 I/O 命令，这使得 VBScript 在功能上受到了一定的限制。想用 VBScript 在本地机上存储几个字节的数据文件也不可能，这种局限性限制了某些应用程序功能，而解决这个问题的较好方案是使用 Cookie。可以用 Cookie 在客户机上保存一些数据，这些数据在下次执行脚本时提供一种帮助，以便较快地找到一些有用信息。

虽然使用 Cookie 可以在客户机上存储一些数据，但由于功能上的限制，Cookie 不能存放含有文本和数字的大文件，而只能存放如用户名、选项等类型的配置信息，使得在下一次访问同一页面时，脚本能较快地找到上次在客户机中存放的数据，并用于调整用户配置。Cookie 属性的基本使用可参见例 5.26。

【例 5.26】 Cookie 属性应用（L5-26.htm）。

```
<HTML>
<HEAD><TITLE>Cookie 属性应用</TITLE>
<SCRIPT Language="VBScript">
   If Document.Cookie="" Then
      UserName=InputBox("请输入用户名：")
      Document.Cookie=UserName
      UserCont=Document.Cookie
      Document.Cookie=UserCont&"，您到达的时间是："&time()
   Else
      UserName=Document.Cookie
   End If
   Document.Write "现在是北京时间："&"<B>"&time()&"</B>"
   Document.Write "。本系统 cookie 中已记录您的用户名："&Document.Cookie
   Document.Write "。请您核对！"
   Document.Write"<BR>"
   Document.Write"<H1>"&UserName&"，欢迎光临！</H1>"
</SCRIPT>
</HEAD>
</HTML>
```

说明：脚本用 If 语句判断 Cookie 属性的值，若为空，则执行 InputBox，提示输入用户名，并把输入的用户名第 1 次放入 Cookie 中。如输入“赵小六”，单击【确定】按钮或按【Enter】键，Cookie 中保存了用户名，并将其赋给 UserCont 变量。第 2 次 Cookie 接收的内容是用户名和进入时间。若刷新或再链接该页面，由于 Cookie 中已有数据，程序执行 Else 部分。把 Cookie 的值赋给变量 UserName。所以程序执行后，不显示输入对话框，直接输出运行结果。图 5-18 和图 5-19 分别给出第 1 次和第 2 次（刷新后）程序运行的结果。请用户注意两者时间的不同。

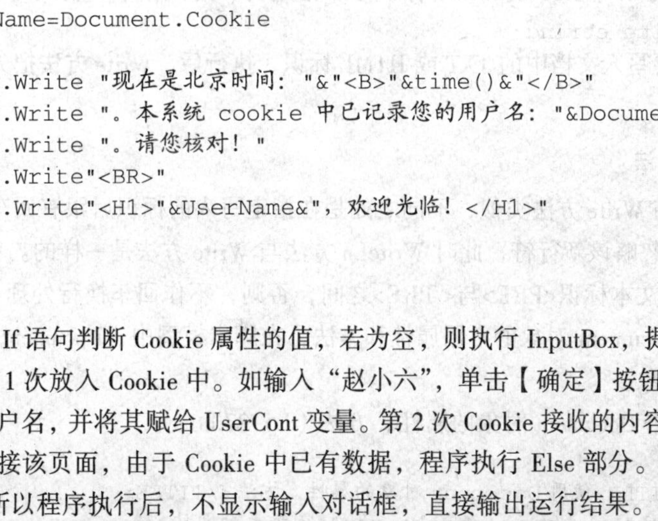

图 5-18　Cookie 属性应用

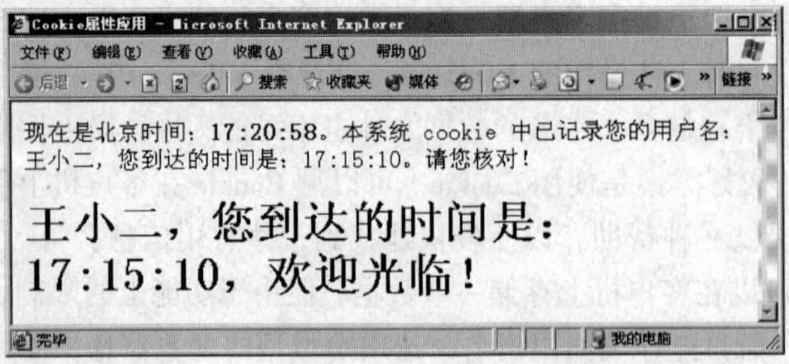

图 5-19　刷新后的结果

6. Links 属性（表示当前文档中超链接的状态信息）

该属性类似于 Anchor 属性，它表示当前文档中的超链接。和 Anchors 数组一样，Links 数组也是 Document 对象的属性，是唯一可以包含链接的对象。Links 对象的基本属性是 Length，它返回文档中链接对象的数目。每个 Links 数组的元素表示 1 个超链接，第 1 个超链接是 Links(0)，第 2 个超链接是 Links(1)，等等。语句示例（应放在所有超链接之后）：

```
MsgBox Window.Document.Links.Length
```

7. Write 方法（将 TXT 文字或 HTML 标识写入指定文档）

用 Write 方法可以将 TXT 或 HTML 标识写入指定窗口的文档中，格式如下：

```
Document.Write string
```

string 指的是要写入文档中的 TXT 或 HTML 标识，执行后，Write 方法把 string 插入到当前文档的指定位置。

8. WriteLn 方法

WriteLn 方法与 Write 方法类似，不同之处是在指定写入的标识后跟有回车换行操作。但是，有些浏览器可能会忽略该新行符，此时 WriteLn 方法与 Write 方法是一样的。WriteLn 方法在使用时，应放在预格式文本标识<PRE>与</PRE>之间，否则，不作回车换行处理，参见例 5.27。

以上介绍了 Document 对象的常用属性和方法，在脚本模型中，Document 对象是最重要的，也是用得最多的对象。

【例 5.27】使用 Document 对象的属性、方法（L5-27.htm）。

```
<HTML>
<HEAD><TITLE>使用 Document 对象的属性、方法</TITLE>
<A href="http://www.tqbooks.net">国铁天勤网站</A><P>
<A href="http://www.csasp.net">绿海星</A><BR>
<SCRIPT Language="VBScript">
<!--
With Document
    .bgColor="#AAAAAA"
    .LinkColor="#FF0000"
    .AlinkColor="#00FF00"
    .vLinkColor="#0000FF"
    .Write "<PRE>"                          '预格式文本标识
        .WriteLn "春天，不是季节，而是内心；"
        .WriteLn "生命，不是躯体，而是心性；"
       Document.WriteLn "老人，不是年龄，而是心境；"
```

```
16:        Document.WriteLn "人生，不是岁月，而是永恒。"
17:         .WriteLn
18:       .Write"<P>"                  '此句在"<PRE>"中并未起作用，可以剔除
19:          .Write"<CENTER>"
20:          .Write"<H1>第 5 章 脚本语言 VBScript 和 JavaScript</H1>"
21:              MsgBox Window.Document.Links.Length,,"返回文档中超链接的个数"
22:              MsgBox Document.Title,,"返回文档的标题"
23:          .Write"<H3>第 6 章 引入 Active Server Pages</H4>"
24:          .Write"</CENTER>"
25:    .Write "</PRE>"
26:      Document.WriteLn "春天，不是季节，而是内心；"
27:      Document.WriteLn "生命，不是躯体，而是心性；"
28:       .WriteLn "老人，不是年龄，而是心境；"
29:       .WriteLn "人生，不是岁月，而是永恒。"
30:End With
31:-->
32:</SCRIPT>
33:</HEAD>
34:</HTML>
```

说明：例 5.27 中利用 Document 的属性设置了文档的背景色以及超链接时、链接后等的颜色。超链接语句第 3 行、第 4 行，必须放在返回超链接个数语句第 21 行的前面。第 13～17 行的 WriteLn 方法，只有在标识<PRE>与</PRE>之间才有效，否则，如相同的第 26～29 行，WriteLn 就没有起到换行的作用。

5.6　VBScript 事件应用

在 VBScript 中提供了几十种不同用途的事件，表 5-7 是常用的事件表。VBScript 是事件驱动（Event-Driver）语言，执行的是 Internet Explorer 浏览器中的事件。在前面的示例中，用户已经见过了一些含有事件过程的程序，如例 5.5、例 5.6 等，使用的就是 OnClick 事件。

表 5-7　VBScript 常用事件

	事　件	注　释
键盘事件	OnKeyDown	当一个键被按下时激发
	OnKeyPress	当用户的键盘输入被转换为一个字符时激发
	OnKeyUp	当用户释放一个键时激发
	OnClick	当用户单击一个元素或按【Enter】键时激发
	OnDblclick	当用户双击一个元素时激发
鼠标事件	OnMouseOut OnMouseDown OnMouseUp OnMouseMove OnMouseOver	当鼠标在元素之间移动时，OnMouseOut 事件首先激发，表示鼠标已离开原来的元素。然后 OnMouseMove 事件激发，表示鼠标已经移动。最后，OnMouseOver 事件激发，表示鼠标已经进入到新的元素。OnMouseDown 和 OnMouseUp 分别表示鼠标按下和离开时激发
其他事件	OnChange	当用户按【Tab】键从一个元素离开或在一个元素上按【Enter】键，离开该键时 OnChange 激发
	OnError	当加载一个图像或其他元素过程中发生一个错误时激发，或当一个脚本错误发生时激发

续表

	事 件	注 释
其他事件	OnLoad	在文档被加载和页面上所有元素被完全下载后激发
	OnScroll	无论什么时候页面的滚动框或其中的任何元素被重新定位时激发
	OnUnload	在文档将被卸载之前或当漫游到另外的文档时立即激发

我们注意到 VBScript 的事件过程都是以 On 开头，如 Click 事件要写成 OnClick。这是 VBScript 事件不同于 Visual Basic 事件的关键之处。事件是可以由对象识别的操作。在响应事件时，事件驱动应用程序执行指定的代码。在 HTML 中，可以将 VBScript 语句定义为事件处理过程（event handler），然后通过事件来驱动。事件就是用户在浏览器上所执行的一些操作，例如单击鼠标键等。另外，还有一些可能伴随其他操作一起发生的事件。如 OnLoad、OnMouseDown、OnMouseUp 等。

浏览器是 Windows 中的应用程序，VBScript 是其内部的程序。当在页面中发生事件时，所产生的消息由系统层层传递，最后由浏览器处理。如果页面使用了 VBScript，并处理发生在某个对象的事件时，浏览器将把此消息转交给 VBScript 的虚拟机，然后将程序执行转到某对象的事件处理过程，而对用户来说，感觉上只是在执行 VBScript 程序。页面文档（HTML）加上脚本，取代了部分视窗程序的功能，从另一个方面看，也增加了浏览器对页面处理的灵活性。在页面上使用的每个对象，基本上都可以用 VBScript 脚本为其设计交互式的处理方法。

事件处理过程与普通过程在定义方式上基本相同，仅调用方式不同。当一个事件发生时，浏览器会根据对象名称以及所发生的事件来调用与之对应的事件过程。VBScript 提供了 4 种定义事件处理过程的方式，它可以让浏览器知道一个事件过程是为哪一个对象处理某个事件的。

1. 使用事件处理过程的名称调用事件处理过程

【例 5.28】第 1 种事件处理过程（L5-28.htm）。

```
<HTML>
<HEAD><TITLE>①使用事件处理过程的名</TITLE>
<SCRIPT Language=VBScript>
  Sub Pprocess_OnClick
     MsgBox "①使用事件处理过程名调用事件处理过程"&VbLf&  "人人尽说江南好"
  End Sub
</SCRIPT>
</HEAD>
<BODY>
<P><INPUT name="Pprocess" type="button" value="单击事件处理过程①"></P>
</BODY>
</HTML>
```

说明：执行例 5.28，单击按钮，将执行事件处理过程 Pprocess_OnClick 弹出信息框。使用该方式调用事件处理过程时，必须以对象名称开始，再加上 On 和事件名称。如 Pprocess_OnClick。Pprocess 是对象（按钮）名称，Click 是事件名称，用_On 连接两者构成事件处理过程名。

2. 使用 HTML 控件中的属性来控制事件处理

【例 5.29】第 2 种事件处理过程（L5-29.htm）。

```
<HTML>
<HEAD><TITLE>②使用 HTML 控件中的属性</TITLE>
<SCRIPT Language= VBScript>
```

```
  Sub GenP
      MsgBox"②使用 HTML 控件中的属性来控制事件处理"&VbLf&  "游人只合江南老"
  End Sub
</SCRIPT>
</HEAD>
<BODY>
<INPUT name=Pprocess type=button value="单击事件处理过程②" OnClick='GenP()'>
</BODY>
</HTML>
```

说明：例 5.29 在脚本部分定义了一个通用过程 GenP，将该过程名作为 OnClick 的属性值，供控件的属性调用。注意，过程名应放在单引号内，此例的 GenP()有无圆括号均可。

3．使用内联事件控制直接调用事件处理过程

【例 5.30】第 3 种事件处理过程（L5-30.htm）。

```
<HTML>
<TITLE>③使用内联事件控制</TITLE>
<FORM>
<INPUT name="Pprocess" type="button" value="单击事件处理过程③" OnClick='MsgBox"
   ③使用内联事件控制直接调用事件处理过程"&VbLf&"春水碧于天" 'Language="VBScript">
</FORM>
</HTML>
```

说明：在 HTML 中，可以通过内联事件控制器来控制事件。使用这种方法，可以不必单独为一个事件编写一个事件过程，而是把它当做某个标识中的一个属性。例 5.30 没有使用<SCRIPT></SCRIPT>标识，只是在<INPUT>标识中使用自身就是一个语句的属性，这就是事件名 OnClick。该属性的值放在一对单引号内，当激活 OnClick 事件时，执行单引号内的语句等。需注意在 HTML 文档中，属性值通常用双引号括起来，而此处的属性值是用单引号括起来的。使用这种事件过程，事件的属性值可以包含多个语句，各语句之间用冒号分隔。例如：

```
OnClick='MsgBox "事件处理过程②": MsgBox "感谢您的使用！"'
```

本例中 Language 属性用来指定内联的脚本语言。该属性的默认值是 JavaScript。若使用 VBScript，则该属性值不能省略。如果在 HTML 文档中用<SCRIPT Language="VBScript">指定了所使用的是 VBScript 脚本语言，在这之后则不必另行指定。浏览器会自动把最近一次指定的脚本语言作为默认脚本语言。

4．使用 FOR/EVENT 属性控制事件

【例 5.31】第 4 种事件处理过程（L5-31.htm）。

```
<HTML>
<TITLE>④使用 FOR/EVENT 属性</TITLE>
<SCRIPT Language="VBScript" for ="Pprocess" event ="OnClick">
  MsgBox "④使用 FOR/EVENT 属性控制事件"&VbLf&  "画船听雨眠"
</SCRIPT>
<FORM>
<INPUT name="Pprocess" type="button" value="单击事件处理过程④">
</FORM>
</HTML>
```

说明：在<SCRIPT></SCRIPT>标识中还有 FOR 和 EVENT 两个属性，通过使用它们可以控制事件，这两个属性可以把 HTML 文档中的对象及其事件与另一个对象联系起来（见例 5.30）该例

没有在<SCRIPT></SCRIPT>标识中定义过程，而是用 FOR 和 EVENT 指定与脚本程序段相联系的对象和事件。for="Pprocess"和 EVENT="OnClick"在程序中的含义是：当名为 Pprocess 的按钮驱动 OnClick 事件后，程序将执行<SCRIPT></SCRIPT>标识中的脚本。

在实际应用中，除以上介绍的 4 种调用事件处理过程的方式以外，还可用其他调用事件处理过程的方法，这里就不一一赘述了。

5.7 JavaScript 脚本语言

JavaScript 的原名叫 LiveScript。是 Netscape 公司在引入 Sun 公司有关 Java 的程序设计概念后，重新设计而更名的。其中大部分语法与 Java 的语法相似，可以把 JavaScript 看成是 Java 语言的一种简化版。但它不同于 VBScript 与 Visual Basic 的子集关系。

JavaScript 和 VBScript 同属于脚本语言，许多地方非常类似。和 VBScript 一样，JavaScript 脚本语言同样是一种嵌入 HTML 文档的，以事件驱动的程序设计语言。但是它的特点是基于对象，不依赖于具体的计算机平台（虽然有一些限制），只与解释它的浏览器有关，它更像一种功能强大的程序设计语言。它们还有一个相同点，就是它们都是解释性语言，由浏览器解释完成，不需要对它们进行编译等操作。这种由上而下的由客户端浏览器解释的语言，容错能力较差，如果一条语句不能执行，将导致后续程序也无法执行。不像 VBScript、JavaScript 对大小写字母是敏感的。由于受到 C 语言在程序设计中主宰地位的影响，许多新语言在设计时往往采用一些 C 语言的风格。这里的 JavaScript 脚本语言的操作符几乎完全和 C 语言一致，语法、语句也非常类似，对于熟悉 C 语言或者 Java 语言的读者来说，较容易掌握。

必须说明两点：第一，Microsoft 公司在 Netscape 公司发布的 JavaScript 基础上，独立开发了自己的 JavaScript 语言版本 JScript。JScript 除了可以实现 JavaScript 的所有功能以外，还增加了许多功能。第二，不同的浏览器对脚本语言或其部分功能的支持可能有所不同，但高版本的浏览器（如 IE 5.0 以上、Netscape 6.0 以上）对脚本语言的支持要好得多。只不过 Netscape 浏览器对 JavaScript 的支持要更好一些。由于两种浏览器对 JavaScript 的支持存有差异，本书除特别声明外，主要使用 Internet Explorer 浏览器。

5.8 JavaScript 的输入/输出

JavaScript 使用 Window 对象的 prompt 方法输入数据，使用 alert、confirm 方法输出信息或数据。同时，JavaScript 的 document 对象还提供显示、消除、打开、关闭 HTML 页面信息的输出流。使用这些方法的参数可以对应参照 5.5 节。它们与 VBScript 的方法极为类似，只不过 JavaScript 对大小写字母敏感，所以要特别注意字母的大小写。

由于输入/输出对语言的学习十分重要，这里我们仍然从输入/输出入手介绍 JavaScript 脚本语言。以下我们将从例题出发，介绍 window 或 document 对象的方法使用，以此完成输入/输出。

【例 5.32】Window 对象的 prompt 方法使用（L5-32.htm）。

```
<HTML>
<HEAD><TITLE>prompt 方法使用</TITLE></HEAD>
<BODY>
```

```
<SCRIPT Language="JavaScript">
<!-- 对旧版本的浏览器隐藏下段 JavaScript 脚本
  function MyButton()
    {
      StNum=prompt("请输入学号: ","200822001");
      document.write("<B>您输入的学号是: </B>"); //输出粗体字符串
      document.write(StNum);                     //输出用户的输入值
    }
//-->
</SCRIPT>
<INPUT type="Button" value="prompt方法使用" OnClick="MyButton()">
</BODY>
</HTML>
```

说明：prompt 是 window 对象的方法，write 是 document 对象的方法。两者的使用与在脚本语言 VBScript 中的使用相同，但不可忽视字母的大小写，参见 5.5.3 节和 5.5.4 节。JavaScript 语句在结束时最好写上分号“;”，以表示本语句结束。“//”是 JavaScript 的注释符，也可以用“/*…*/”；而 JavaScript 的续行符用“\”符号。

如使用 window 对象的 alert、confirm 方法输出信息或数据，其使用与 VBScript 对象的使用几乎完全相同，可以参见例 5.24。同样，在 JavaScript 中也可以使用 document 对象的 writeln 方法，其使用方法如同例 5.27，关键仍然是要注意字母的大小写。

【例 5.33】window 对象的 alert、confirm 和 document 对象的 writeln 方法（L5-33.htm）。

```
<HTML>
<HEAD><TITLE>window对象的属性、方法、事件</TITLE>
<SCRIPT Language="JavaScript">
<!--
  window.alert("东篱把酒黄昏后");
  alert("有暗香盈袖");              //window的方法，可以省略window
  confirm("莫道不消魂");
  document.write("<PRE>");          //这几句中的括号不能省
  document.writeln("帘卷西风");
  document.writeln("人比黄花瘦");
  document.write("</PRE>");
//-->
</SCRIPT>
</HEAD>
<BODY></BODY>
</HTML>
```

说明：请与例 5.27 进行比较。注意 write 方法中的圆括号不能省；但是在例 5.27 中，Write 方法后有没有圆括号均可。<PRE>是预格式文本标识，缺少它 writeln 将没有换行的效果。

5.9　JavaScript 的语句

JavaScript 的代码由一行中的一个或多个符号组成，每一行开始一条新的语句，分号（;）是 JavaScript 的终止字符；最好是在每一条语句结束时使用分号，见例 5.33。JavaScript 语句换行时不使用续行符，可以直接断句换行，但断句的位置应恰当，否则容易出错。

用大括号“{}”括起来的一组 JavaScript 代码行称为一个语句块。在函数和条件语句中常常使用大括号将特定的代码行作为一个语句块括起来，见例 5.32 的第 6～11 行。

JavaScript 使 Web 页具有更好的交互性，给 Web 页添加了更加活泼的网页内涵。在 JavaScript 中将语句分为 5 种，赋值语句、控制语句、函数定义语句、对象操作语句和注释语句。

1. 赋值语句

JavaScript 中使用等号“=”来表示赋值操作，和数学格式相同。例如：

```
numno=324
```

表示把 324 赋值给 numno 这个变量，即 numno 的值为 324。而比较两个值是否相等时，使用比较操作符“==”，它由两个等号构成。

2. 控制语句

我们经常需要脚本程序在不同的条件下执行不同的任务。这就需要加入条件判断以及循环等。例如，可以编写一个检查时间的脚本，设置在一天中的某个时间适当地更改某些参数。也可以编写一个接收某输入量，并据此执行相应操作的脚本；或者编写一个重复执行某指定操作的脚本等。和 VBScript 一样，JavaScript 也提供了用于各种可能状况的控制语句，如条件语句、分支语句、重复或循环语句等。

（1）条件语句

条件语句 if...else，如果条件成立，则程序执行紧接着条件的语句或语句块；否则执行 else 语句中的语句或语句块。If...else 语句的语法格式为：

```
if (条件)
  {
    执行语句(语句块1)                /* 条件满足时执行 */
  }
else
  {
    执行语句(语句块2)                /* 条件不满足时执行 */
  }
```

例如，下面的程序段是根据 result 的值自动判断处理。result 可能是一个函数操作的返回值，也可能是某个数据库操作的结果。

```
if(result==true)
  document.write("您的要求被接受！");
else
  document.write("您的操作无效！");
```

（2）分支语句

分支语句 switch 可以根据一个变量的不同取值而执行不同的处理方法，或者获取不同的数据。在程序设计中表现为提供不同的分支处理。switch 语句的语法格式为：

```
switch (表达式)
   {
   case label 1:
       语句块 1;[break;]
   case label 2:
       语句块 2;[break;]
       …
```

```
    default:
        语句块 n;
    }
```

JavaScript 的 switch 语句同 C 语言的一样，当 case 部分的语句块执行完后，使用相应的 break 语句跳出 switch。如果从表达式取出的值不能匹配程序中提供的任何一条 case 语句，则 default 后的语句块将被执行；假如程序没有提供 default 部分，此时 switch 将不执行任何语句而自动跳到 switch 语句块的下一条语句，继续运行。

【例 5.34】利用分支语句进行选择判断（L5-34.htm）。

```
<HTML>
<TITLE>分支语句例</TITLE>
<HEAD>
<SCRIPT language="JavaScript">
  var today1=new Date();        /* 构造时间日期对象实例取系统时间 */
  Bcolo=new Array('Orange','Red','Silver','Blue','Yellow','Cyan','Pink');
  switch(today1.getDay())       /* 星期日为一个星期的第一天 */
     {
      case 0: document.bgColor=Bcolo[today1.getDay()];break;
      case 1: document.bgColor=Bcolo[today1.getDay()];break;
      case 2: document.bgColor=Bcolo[today1.getDay()];break;
      case 3: document.bgColor=Bcolo[today1.getDay()];break;
      case 3: document.bgColor=Bcolo[today1.getDay()];break;
      case 4: document.bgColor=Bcolo[today1.getDay()];break;
      case 5: document.bgColor=Bcolo[today1.getDay()];break;
      case 6: document.bgColor=Bcolo[today1.getDay()];break;
      default:document.write ("未获得正确的日期! ");
     }
  document.bgColor=Bcolo[today1.getDay()];
  document.write("<BODY>");     /* 此句将影响 NS 浏览器背景色 */
  document.write("<P>");
  document.write("<CENTER>");
  document.write("自勉联两幅");
  document.write("<H3>发愤识遍天下字，立志读尽人间书。</H3>");
  document.write("<H2>板凳要坐十年冷，文章不写一句空。</H2>");
  document.write("</CENTER>");
  document.write("</BODY>");
</SCRIPT>
</HEAD>
</HTML>
```

说明：和 C 语言相同，每一个 case 子句执行后，应当配有 break 跳出 switch 语句，否则程序将继续执行下一个 case 子句。Date 和 Array 是 JavaScript 的两个内置对象。

（3）循环语句

JavaScript 提供多种循环语句，有 for 循环、for...in 循环、while 循环和 do...while 循环等。这些语句与 C 语言的循环语句几乎一样，与 VBScript 的循环语句也非常相似。

① for 循环：for 循环指定一个计数的变量、一个测试条件以及更新该计数变量的操作。在执行循环后，计数的变量将在下一次循环之前被更新。for 循环的语法格式为：

```
for([初始化部分];[条件部分];[更新部分])
    {
```

```
语句…
}
```

for语句中的3个部分均为可选，所以可以什么都不用，如for(; ;)。for例句：

```
for(i=0;i<7;i++)
  {document.write(Bcolo[i]+" ");}
```

将本程序段插入到例5.34</Script>标识的前面，Bcolo内的所有元素将被输出。下面叙述的循环例句都可以仿照此处，插入到指定位置，输出Bcolo的内容。

② for…in循环：JavaScript提供遍历一个对象所有属性的循环方式，它类似于VBScript中的For Each…In…Next循环。for…in循环的语法格式为：

```
for 变量 in 对象或数组名
  { 语句… }
```

例如：

```
var string1="",i="";
document.write("for…in循环输出: ")
for(i in Bcolo)                          /* for…in循环 */
{
   string1=Bcolo[i];
   document.write(string1+" ");
}
```

③ while循环：while循环（先判断后执行当型循环）。while循环的语法格式为：

```
while(条件)
   { 语句 … }
```

例如：

```
var i=0;
while(i<7)
  {document.write(Bcolo[i]+" "),i++;}
```

④ do…while循环：do…while循环（先执行后判断当型循环）。do…while循环的语法格式为：

```
var i=0;
do
   {document.write(Bcolo[i]+" "),i++;}
while (i<7)
```

（4）break语句

break语句终止当前while、for、do...while等循环，把程序的控制权交给循环的下一条语句。

（5）continue语句

continue语句结束本次循环，并进入下一次循环。与break语句不同，它没有能力终止循环，而仅仅是“跳过”循环体。可以为continue语句提供标号，其语法格式为：

```
continue Label;
```

其中，标号Label指出continue语句要继续执行的循环部分，专门为适应多重循环的需要而设计。

【例5.35】循环语句中的continue和break（L5-35.htm）。

```
<HTML>
<TITLE>循环语句中的continue和break</TITLE>
<HEAD>
<SCRIPT language="JavaScript">
   var i=0;
   var n=0;
   while (i<5)
```

```
      {i++;
       if(i==3) continue;              /* 终止本次循环，返回 */
       if(i==5) break;                 /* 终止循环程序 */
       document.writeln(n+=i);
      }
</SCRIPT>
</HEAD>
</HTML>
```

说明：程序中当 i 等于 3 时执行 continue，结束本次循环；当 i 等于 5 时执行 break，终止本循环程序。运行程序输出 n 值的结果为 1、3 和 7。如去掉两条 if 语句，n 的输出结果为 1、3、6、10、15。

3. 函数定义语句

函数定义与函数调用是两个截然不同的概念。定义一个函数只是让浏览器知道有这样一个函数，而只有在函数被调用时，其代码才真正被执行。在函数体中还可以调用其他函数，包括 JavaScript 的内置函数和自定义函数，最典型的例子是递归调用，参见例 5.36。

（1）function 语句

使用 function 语句定义 JavaScript 的函数以及它的参数。传递给 JavaScript 函数的参数为传值类型。即在参数传递时，只有实际参数的值传递给了函数，使函数体内的参数值发生改变，而实际参数的值仍保持不变。JavaScript 的函数定义：

```
function 函数名(参数表)
    {
     函数体
    }
```

（2）return 语句

使用 return 语句可以指明由函数返回的值。return 语句沟通了函数的内、外部，它是函数向外部传递信息的唯一渠道。return 语句的语法格式为：

```
return 表达式;
```

如果省略表达式或者函数结束时没有使用 return 语句，该函数将返回一个 undefined 类型的值。

【例 5.36】利用函数的递归调用求某数的阶乘（L5-36.htm）。

```
<HTML>
<TITLE>函数的递归调用</TITLE>
<HEAD>
<SCRIPT language="JavaScript">
   function digui(n)
     {
      if((n==0)||(n==1))
         return 1;
      else
        {
         product=(n*digui(n-1))       /* 函数的递归调用 */
         return product;
        }
     }
  document.write("<BR>5 的阶乘是 "+digui(5))
</SCRIPT>
```

```
</HEAD>
</HTML>
```

4. 对象操作语句

（1）with 语句

JavaScript 的 with 语句类似于 VBScript 的 with 语句，同样提供一种简单而清晰的方法来表达对象与它的属性、方法等之间的关系。简单地说，在 with 语句的作用范围内，凡是没有指出对象的所有属性、方法等，均指定给默认的对象，即在 with 语句前给出的对象。with 语句的语法格式为：

```
with(对象名称)
{
    语句…
}
```

【例 5.37】利用 with 语句简化 JavaScript 语句（L5-37.htm）。

```
01:<HTML>
02:<HEAD><TITLE>针对 document 对象的属性、方法使用 with 语句</TITLE></HEAD>
03:<SCRIPT language="JavaScript">
04:   with(document)                              /* 使用 with 语句,对象为 document */
05:     {bgColor="#D0F0D0"                        // document 对象的属性
06:      write("<PRE>")                           // 预格式文本标识
07:      write("<H2>将进酒·李贺</H2>")             //document 对象的方法
08:      writeln("①琉璃钟，琥珀浓，小槽酒滴真珠红。(WriteLn 方法)")
09:      writeln("②烹龙炮凤玉脂泣，罗帏绣幕围香风。(WriteLn 方法)")
10:      write("</PRE>")
11:      writeln("③吹龙笛，击鼍鼓；皓齿歌，细腰舞。(没能实现 WriteLn 方法)")
12:      writeln("④况是青春日将暮，桃花乱落如红雨。(没能实现 WriteLn 方法)")
13:     }
14:</SCRIPT>
15:</HEAD>
16:</HTML>
```

说明：注意 with 语句的格式和各类对象、关键字等的大小写，请与例 5.27 进行比较，此时 write 前不能加对象操作符“.”。IE 浏览器与 NS 浏览器对第 8、9 两行的显示略有不同。

（2）new 关键字

前面我们已经用过 new 这个关键字，用它可以构造指定对象的一个实例。它的语法格式为：

```
实例名称=new 对象名称(参数…);
```

（3）delete 关键字

与 new 关键字相反，使用 delete 关键字可以删除一个对象的实例。即只要使用：

```
delete 实例名称;
```

就可以按要求删除指定的对象实例。

（4）this

this 对象操作总是指向当前对象本身，同 C++语言中的 this 运算符功能很相似。参见例 5.38。

5. 注释语句

JavaScript 语言中使用两种注释语句，它与 C 语言一样，仅需在单行的 JavaScript 注释中以两个正斜杠（//）开始即可；而对多行的注释是以一个正斜杠加一个星号的组合（/*）开始，同时必须要以星号加正斜杠的组合（*/）来结束。两种注释的形式见例 5.37。

5.10　JavaScript 的函数

函数是含有执行各种操作的，具有一定功能的特殊程序块。和其他高级语言类似，JavaScript 的函数也是一个拥有独立名字（在程序中唯一）的一系列 JavaScript 语句的有机组合。只要这个函数被调用，就意味着这一系列的语句被 JavaScript 解释器执行。一个函数可以有自己的并可以在函数体内使用的参数。它的另一个作用是将 JavaScript 语句同 Web 页面相连接，使用户的交互动作引起一个事件，间接地调用函数，即事件处理，它与 VBScript 的事件处理几乎一样。在实际的编程过程中，为完成某项任务，总是把该任务分成几块或交给不同的人来完成，这里每一块都可以用一个 JavaScript 函数来处理。使用函数有一些好处：

① 放在一个函数中的代码在程序中可以反复调用。

② 用不同的函数来完成不同的功能，以函数来构造项目。

③ 程序结构清晰、易读。

④ 可以将语句组成一个事件处理函数，并提供事件处理句柄供其他语句触发。

为确保函数调用时不产生歧义，定义的函数名在整个程序中应该是唯一的，并且不能与 JavaScript 的关键字相冲突。通常定义的函数名与函数本身所执行的功能相关，见名知意。使用逗号作为函数参数的分隔符号，也可以使用空的参数表。在 JavaScript 语言中，所有 JavaScript 函数至少有两个共同的属性：

- caller：指出谁调用了本函数。
- arguments：函数参数表以外的所有参数，是一个参数的数组。

在函数体内部可以直接引用这个数组的下标来获得指定的参数。例如：

```
MyFunction.arguments[3]
```

得到传递给 MyFunction()函数的第 4 个参数（JavaScript 的数组下标基于零）。参见例 5.42，请注意 VBScript 与 JavaScript 脚本语言的不同描述。

1. 内置函数

所谓内置函数就是 JavaScript 语言自带的函数，一般来说在任何地方都可以使用它们，JavaScript 内置函数如表 5-8 所示。

表 5-8　JavaScript 内置函数

函　数　名	描　　述
escape(str)	输出特殊字符的转义码，可用于处理放入 cookie 的内容
eval(str)	接收一个字符串形式的表达式，并试图求出表达式的值
parseFloat(str,radix)	从一个字符串中提取一个整数
parseInt(str)	从一个字符串中提取一个浮点值
unescape(str)	是 escape()对应的逆函数，将转义码等转换成特殊字符等
isFinite(number)	测试 number 是不是“有限”值。是则返回 true，否则返回 false
isNaN()	当 parseInt 和 parseFloat 不能转换成数字的字符串时，将自动返回 NaN，经 isNaN()测试返回 true，否则返回 false

【例 5.38】应用内置函数计算数据，并做检测计算结果（L5–38.htm）。

```
01:<HTML>
02:<HEAD>
03:<TITLE>内置函数应用</TITLE>
04:<SCRIPT language="JavaScript">
05:   function push1(dx1)
06:     {dx1.pull1.value=eval(dx1.bds1.value)}
07:   function push2(dx2)
08:     {dx2.pull2.value=parseFloat(dx2.bds2.value)
09:      if(isNaN(parseFloat(dx2.bds2.value)))
10:         {alert("非数值型数据返回 NaN! ");}
11:     }
12:   function push3(dx3)
13:     {dx3.pull3.value=parseInt(dx3.bds3.value)
14:      if(isNaN(parseInt(dx3.bds3.value)))
15:         {alert("非数值型数据返回 NaN! ");}
16:     }
17:   function push4(dx4)
18:     {dx4.pull4.value=isFinite(dx4.bds4.value)}
19:    </SCRIPT>
20:</HEAD>
21:<BODY>
22:<H2>内置函数运算</H2>
23:<FORM name="sheet1">
24:   eval 函 数 运 算 :  <INPUT type="text" name="bds1" size="20">
25:   <INPUT type="button" value="执行结果: " onclick="push1(this.form)">
26:   <INPUT type="text" name="pull1" size="10"></P>
27:</FORM>
28:<FORM name="sheet2">
29:   parseFloat 函数运算: <INPUT type="text" name="bds2" size="20">
30:   <INPUT type="button" value="执行结果: " onclick="push2(this.form)">
31:   <INPUT type="text" name="pull2" size="10"></P>
32:</FORM>
33:<FORM name="sheet3">
34:   parseInt 函数运算: <INPUT type="text" name="bds3" size="22">
35:   <INPUT type="button" value="执行结果: " onclick="push3(this.form)">
36:   <INPUT type="text" name="pull3" size="10"></P>
37:</FORM>
38:<FORM name="sheet4">
39:   isFinite 函数运算: <INPUT type="text" name="bds4" size="22">
40:   <INPUT type="button" value="执行结果: " onclick="push4(this.form)">
41:   <INPUT type="text" name="pull4" size="10"></P>
42:</FORM>
43:</BODY>
44:</HTML>
```

说明：isFinite 函数认为，除了数值型数据以外的任何数据均返回 false，数值型表达式也不例外。程序中定义了 4 组运算分别执行不同的内置函数，由鼠标事件（参见 5.7.10 节）激活，见第 25、30、35、40 句。程序中的 4 个自定义函数分别获取对应表单对象的数据（见图 5–20）。如果在 parseFloat 或 parseInt 函数中输入非数值型数据将有提示窗弹出。

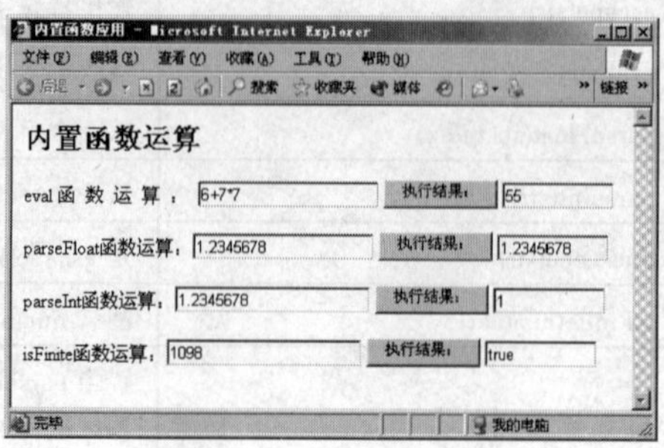

图 5–20　内置函数应用

【例 5.39】内置函数与 cookie（L5-39.htm）。

```
<SCRIPT language="JavaScript">
   function appcookie()
   {   document.cookie="<B>转义码示例123</B>";    //将值写入 cookie
       var mycookie=document.cookie;
       alert("放入cookie内的值为: "+mycookie);
       document.write("cookie内的值为: "+document.cookie+"<BR>");
       document.write("经escape处理后的值为: "+escape(mycookie)+"<BR>");
       document.write("escape的逆运算: "+unescape(mycookie)+"<P>");
       document.write("特殊字符 <> 和 {} 处理后为: "+escape("<>{}")+"<BR>");
       document.write("特殊字符(%3C%3E&&#38;&reg;%7B%7D)的逆运算: "+unescape
          ("%3C%3E&#38;&reg;%7B%7D")+"<BR>");
   }
   appcookie();
</SCRIPT>
```

说明：escape()和 unescape()用来转换 HTML 代码中具有特殊意义的字符，如“<”、“>”、“&”、“®”等。escape 将每个字符转成由两个数字加一个百分号组成的转义码；unescape 是它的逆函数，将两个数字和一个百分号组成的字符串转换为一个字符。

2. 自定义函数

在 JavaScript 中使用 function 语句可以定义一个函数以及它的参数。一个典型的 JavaScript 函数定义如下：

```
function  函数名([参数1,参数2,…,参数n])
{
   …
   函数体
   …
      [return[<值>];]
}
```

【例 5.40】JavaScript 函数的内、外部变量（L5-40.htm）。

```
<SCRIPT language="JavaScript">
   function inoutside()
   {   var y=5;                                              //函数的内部变量
       x=x+y+7;
       return;
   }
   var x=8;                                                  //函数的外部变量
   inoutside();
   alert("注意函数的内、外部变量, x="+x)
</SCRIPT>
```

说明：函数的内部变量在函数执行完成以后便失去作用，不能在函数的外部得到这些变量的值。若函数的内部变量和一个外部变量重名，那么在函数内部仍然使用内部变量，而外部变量被自然屏蔽。一个外部变量的值在函数内部会引起一定的变动，在函数执行完成后，这种变动是有效的。如本例运行结果为 20。若将 y 换成 x，再运行本例，其结果为 8。

【例 5.41】在函数内、外部使用同名变量，运行结果见图 5-21（L5-41.htm）。

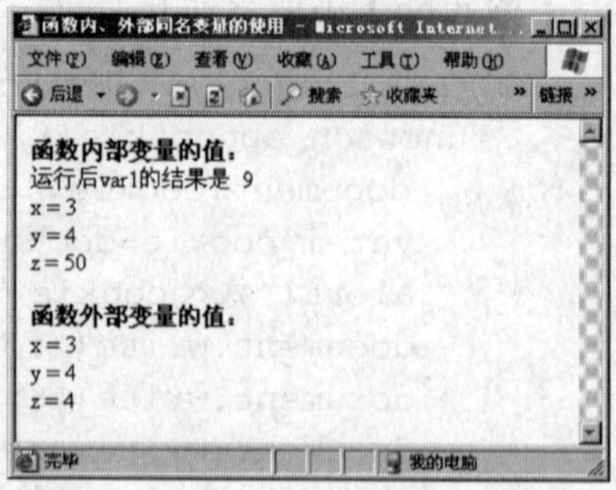

图 5-21 同名内、外部变量的执行结果

```
<HTML>
<TITLE>函数内、外部同名变量的使用</TITLE>
<SCRIPT language="JavaScript">
  function fun41(var1,var2)
  {
     var1=var1*3;
     y=y+var2;
     var z;
     z=50;
     document.write("<B>函数内部变量的值: </B><BR>");
     document.write("运行后 var1 的结果是 "+var1+"<BR>");
     document.write("x = "+x+"<BR>");
     document.write("y = "+y+"<BR>");
     document.write("z = "+z+"<P>");
  }
  var x=3,y=2,z=4;
  fun41(x,y);
  document.write("<B>函数外部变量的值: </B><BR>");
  document.write("x = "+x+"<BR>");
  document.write("y = "+y+"<BR>");
  document.write("z = "+z+"<BR>");
</SCRIPT>
</HTML>
```

说明：可以在函数内、外部使用同名变量，但程序显得含混不清，最好不用。

5.11 JavaScript 的对象

JavaScript 支持内置对象、浏览器对象和自定义对象。JavaScript 处理对象和处理数组相同，可以按名字（即使用对象名称），后跟一个对象运算符“.”和属性的名字，来引用对象中的成员，也可以按下标索引来引用成员。JavaScript 实际上不完全支持面向对象的程序设计，只是一种基于对象的脚本语言。它支持开发对象类型以及根据这些对象产生一定数量的对象实例。同时还支持开发对象的可重用性，以便实现一次开发多次使用的目的。

1. 内置对象

JavaScript 的内置对象提供了程序设计最常用的几种功能，如日期、时间处理，字符串处理、提供事件处理信息等。例如：

① Array 对象（提供一个数组的模型，存储大量有序的数据）
② Date 对象（处理日期和时间的存储、转化和表达）
③ event 对象（提供对 JavaScript 事件的各种处理信息）
④ Math 对象（处理所有的数学运算）
⑤ String 对象（处理所有的字符串操作）

【例 5.42】内置对象应用样例（L5-42.htm）。

```
01:<HTML>
02:<HEAD>
03:<TITLE>应用内置对象</TITLE>
04:<SCRIPT language="JavaScript">
05:   var MString=new String("中国铁道出版社123");          //使用String对象
06:   document.write("字符串MString的长度是: " +MString.length+ "<BR>");
07:   document.write("String对象的strike方法用于删除。".strike()+"<P>");
08:   var Mlink="中国铁道出版社"                              //将字符串转成超链接
09:   var URL="http://www.tdpress.com/"
10:   document.open();
11:   document.write("链接地址是"+Mlink.link(URL)+"<P>");//使用link方法
12:   document.close();
13:
14:   document.write("取π值="+Math.PI+"<BR>");              //使用Math对象
15:   var r=4;
16:   with(Math)
17:   {  v=4/3*PI*r*r*r;                                      //计算球的体积
18:      x=sin(PI/4);                                         //计算sin(45°)的值
19:      y=cos(PI/4);                                         //计算cos(45°)的值
20:   }
21:   document.write("球的体积是: "+v+ "<BR>");
22:   document.write("X值是: "+x+ "<BR>");
23:   document.write("Y值是: "+y+ "<P>");
24:
25:   maray=new Array('舒展','文','理','双','翼');             //使用Array对象
26:   document.write("maray数组长度为: "+maray.length+"<BR>");
27:   document.write("内容: "+maray[0]+maray[1]+maray[2]+maray[3]+maray[4]);
28:</SCRIPT>
29:</HEAD>
30:</HTML>
```

说明：使用 String.length 时，IE 与旧版 NS 对汉字字符串长度的检出值会有不同，在本例中对第 5 行的字符串长度进行检测，IE 输出 10，NS 可能是 17。NS 7.0 以后不会这样。内置对象也有属性、方法等，请参阅其他参考书。event 对象的应用可参见例 5.47。

【例 5.43】时间日期对象的应用（L5-43.htm）。

```
<HTML>
<HEAD>
<TITLE>时间日期对象</TITLE>
<SCRIPT language="JavaScript">
   var timeStr,dateStr;
   function myclock()
    {now=new Date();                                          //取当前时间、日期
     hours=now.getHours();
     minutes=now.getMinutes();
     seconds=now.getSeconds();
     timeStr=""+hours;
     timeStr+=((minutes<10)?":0":":")+minutes;                //条件操作运算
     timeStr+=((seconds<10)?":0":":")+seconds;
     document.myclock.mytime.value=timeStr;
     date=now.getDate();
     month=now.getMonth()+1;
```

```
        year=now.getYear();
        dateStr=""+month;
        dateStr+=((date<10)?"/0":"/")+date;
        dateStr+="/"+year;
        document.myclock.mydate.value=dateStr;
        setTimeout("myclock()",1000);
      }
</SCRIPT>
</HEAD>
<BODY onLoad="myclock()">
   <FORM name="myclock">
      <B>现在是公元</B><INPUT type="text" name="mydate" size="10" value="">
      <B>北京时间</B><INPUT type="text" name="mytime" size="8" value="">
   </FORM>
</BODY>
</HTML>
```

说明：在 IE 和 NS 中显示的时间、日期值稍有不同。JavaScript 条件操作符的语法结构是“(表达式)?[语句 1]:[语句 2]”，又称三元操作符，即表达式为 true 时，执行语句 1；为 false 时，执行语句 2。

2．浏览器对象

使用 IE 或 NS 浏览器载入网页时，浏览器会根据网页的内容产生一些与页面相对应的对象提供给 JavaScript 使用，浏览器对象是网页和浏览器自身各种元素，标识在 JavaScript 程序中的体现。其主要对象有：

① anchors 对象（为处理锚提供属性和方法）
② document 对象（提供对页面各种特性的设置）
③ forms 对象（为处理表单或界面对象提供属性和方法）
④ frame 对象（提供对框架特性的设置）
⑤ history 对象（提供已经访问过的网页 URL 地址列表）
⑥ links 对象（为处理超链接提供属性和方法）
⑦ location 对象（给出当前网页的 URL 地址）
⑧ navigation 对象（提供浏览器版本号、运行平台、浏览器使用语言等）
⑨ window 对象（是脚本对象层次的最高层，代表着一个浏览器窗口）

【例 5.44】使用浏览器对象（L5-44.htm）。

```
<HTML>
<HEAD>
<TITLE>浏览器对象</TITLE>
<SCRIPT language="JavaScript">
function objexp()
{window.open("L5-43.htm","mywin","toolbar=1,location=yes,status=1,menubar=
    yes,resizable=0,width=480,height=280");       //请与例 5.24 第 22 句比较
    document.write("当前网页的 URL="+window.location+"<BR>");
    document.write("当前浏览器的版本号="+window.navigator.appVersion+"<BR>");
    document.write("用户代理标识="+window.navigator.userAgent+"<BR>");
    document.write("mime 类型信息="+window.navigator.mimeTypes+"<BR>");
    //IE 不支持
```

```
    window.close("mywin");                          //IE 与 NS 执行本句略有区别
    document.write("当前浏览器历史文档中 URL 个数="+window.history.length);
                                                    //NS 不支持
    window.history.go(-2);                          //返回到倒数第 2 个页面
}
</SCRIPT>
</HEAD>
<BODY>
  <FORM>
    <INPUT type="button" value="浏览器对象" onclick=objexp()>
  </FORM>
</BODY>
</HTML>
```

说明：请与 VBScript 的对象进行比较，如例 5.24。注意 history 对象指的一定是已访问过的 URL 地址。浏览器对象的属性、方法在前面已介绍过，但由于 IE 与 NS 对 JavaScript 的解释不同，所以使用它们时应注意对不同对象的支持。

3. 创建对象

我们除了可以使用 JavaScript 提供的预先定义的对象以外，还可以创建自己的对象，其常用方法是创建一个构造函数：

① 定义一个构造函数用来说明这个对象的各种属性，并可对各属性初始化。

② 创建对象需要的各种方法，并在对象上注册这些方法。

③ 使用 new 语句创建一个该对象的对象实例。

例如：

```
function objName(p1,p2,…,pN)
{
    this.p1=p1;
    this.p2=p2;
    …
    this.pN=pN;
    this.regMethod=regMethod                        //注册函数 regMethod
}
```

注册函数 regMethod 必须事先已定义，这里只是作为对象的方法在构造函数中注册，其应用参见例 5.45。

【例 5.45】创建用户自己的对象，运行结果见图 5-22（L5-45.htm）。

```
<HTML>
<HEAD>
<TITLE>自定义对象应用</TITLE>
<SCRIPT language="JavaScript">
 function student(stname,stnum,stsex)              //定义 student 对象
   {this.stname=stname;
    this.stnum=stnum;
    this.stsex=stsex;
   }
 Wang=new student("王自强","200808012","男"); //定义两个 student 对象实例
 Xu=new student("徐善良","200808022","女");

 function courseselec()                            //定义 courseselec 函数
```

```
14: {var p1="学生<B>"+this.course1.stname+"</B>,学号:"+this.course1.stnum;
15:  var p2=",选课:"+this.course2+",<B>教师</B>:"+this.course3+"<BR>";
16:  document.writeln(p1+p2);
17: }
18: function course(course1,course2,course3)      //定义 course 对象
19:   {this.course1=course1;
20:    this.course2=course2;
21:    this.course3=course3;
22:    this.courseselec=courseselec;              //注册一个对象的方法
23:   }
24:</SCRIPT>
25:</HEAD>
26:<BODY>
27:<SCRIPT language="JavaScript">
28:   var course1=new course(Wang,"操作系统","柳眉莲");
29:   var course2=new course(Xu,"Web 数据库","张云宵");
30:   course1.courseselec();
31:   course2.courseselec();
32:</SCRIPT>
33:</BODY>
34:</HTML>
```

说明：自定义对象的创建过程和使用都较为复杂。一个定义了构造函数的对象，可以被用在使用了任何其他类型的场合，所以构造函数 student 可以被用在 course 中。也可以说，在 course 中嵌入了对象 student，如第 28、29 行中的 Wang、Xu。第 14 行中的 this.course1.stname 等，是访问不同对象层次结构属性的方法。注意，this 操作符总是指对象本身。另外，还有一种创建对象的方法，就是利用对象初始化程序创建对象。

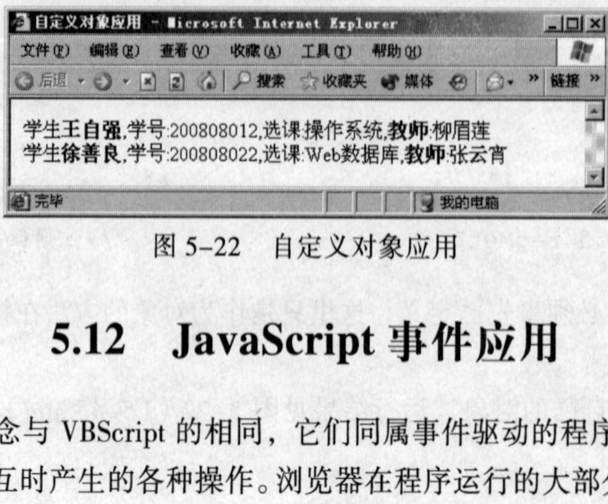

图 5-22 自定义对象应用

5.12 JavaScript 事件应用

JavaScript 事件的概念与 VBScript 的相同，它们同属事件驱动的程序设计语言。JavaScript 定义了用户与 Web 页面交互时产生的各种操作。浏览器在程序运行的大部分时间都等待交互事件的发生，并在事件发生时，自动调用事件处理函数，完成事件处理过程。浏览器的一些动作也可能产生事件，如载入一个页面时，会产生一个 Load 事件。这就是说，在 JavaScript 脚本程序中注册了这个事件处理函数，浏览器便可以在载入该页面时自动地执行这一函数。例如：

```
<INPUT type="button" value="执行" onclick="push1(this.form)">
```

当单击 button 按钮时，执行 push1 函数，此处 onclick 在 JavaScript 中称为句柄，与 VBScript 相同，它也是在事件名称前面加 on。其实句柄就是一个对象的属性，从上句的语句特征中我们完全可以理解这一点。一般来说，我们应尽可能地利用函数的形式来定义所有的事件句柄。这样可以减轻浏览器的负担，提高源程序的可读性和运行效率。

【例 5.46】JavaScript 的事件驱动（L5–46.htm）。

```
<HTML>
<HEAD><TITLE>JavaScript 事件驱动</TITLE></HEAD>
<BODY>
<SCRIPT Language="JavaScript">
  function MyButton()                         //自定义函数 MyButton
    {
      alert("JavaScript 的事件驱动!")          //使用 window 对象的 alert 方法
    }
</SCRIPT>
<INPUT type="Button" value="单击我!" OnClick="MyButton()">
</BODY>
</HTML>
```

说明：用 function 定义了函数 MyButton，请与例 5.28 比较。alert 是 window 对象的方法。5.5.3 节的 window 对象和 5.5.4 节的 document 对象也可以在 JavaScript 中应用。

1. 鼠标事件

鼠标事件在发生时，JavaScript 解释器会自动把事件信息填充到一个名为 event 对象的对象实例中，并作为一个参数传送给鼠标事件处理函数。鼠标事件处理函数将得到 event 对象的一些共同属性（但 IE 与 NS 有差异），见例 5.47。

【例 5.47】当触发 click 事件时，可以将 event 对象的属性值传送到事件处理函数中去，本例适用于 NS 浏览器。同时按下【Shift】键单击鼠标的结果如图 5–23 所示（L5–47.htm）。

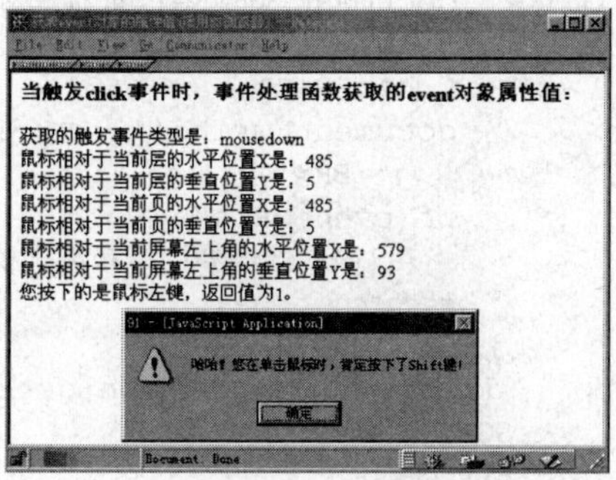

图 5–23　event 对象的部分属性值

```
<HTML>
<HEAD>
<TITLE>获取 event 对象的属性值(适用 NS 浏览
  器)</TITLE>
<SCRIPT language="JavaScript">
  function getEvent(event){
    document.write("<H3>当触发 click 事件时，事件处理函数获取的 event 对象属性值:
        </H3>");
    document.write("获取的触发事件类型是: "+event.type+"<BR>");
    document.write("鼠标相对于当前层的水平位置 X 是: "+event.layerX+"<BR>");
    document.write("鼠标相对于当前层的垂直位置 Y 是: "+event.layerY+"<BR>");
    document.write("鼠标相对于当前页的水平位置 X 是: "+event.pageX+"<BR>");
    document.write("鼠标相对于当前页的垂直位置 Y 是: "+event.pageY+"<BR>");
    document.write("鼠标相对于当前屏幕左上角的水平位置 X 是: "+event.screenX
        +"<BR>");
    document.write("鼠标相对于当前屏幕左上角的垂直位置 Y 是: "+event.screenY
        +"<BR>");
    switch (event.which)                     //返回按下鼠标键的信息
    {   case 1: document.write("您按下的是鼠标左键，返回值为 1。<BR>");break;
        case 2: document.write("您按下的是鼠标中间键，返回值为 2。<BR>");break;
        case 3: document.write("您按下的是鼠标右键，返回值为 3。<BR>");break;
        default: document.write("按键有误<BR>");
    }
    if(event.modifiers & Event.SHIFT_MASK)
```

```
      alert("哈哈！您在单击鼠标时，肯定按下了 Shift 键！");
    return true;
  }
  document.write("***请在屏幕的任意位置点鼠标***")
  document.onmousedown=getEvent;
</SCRIPT>
</HEAD>
</HTML>
```

说明：由于 NS 和 IE 浏览器对 JavaScript 的支持有所不同，本例应在 NS 中执行，请用 Netscape 4.0 以上的版本，但 Netscape 7.2 不支持 Event.SHIFT_MASK。

【例 5.48】在 IE 浏览器下获取 event 对象属性值（L5-48.htm）。

```
<HTML>
<HEAD>
<TITLE>获取 event 对象的属性值(适用 IE 浏览器)</TITLE>
<SCRIPT language="JavaScript">
  function getEvent(et){
    document.write("<H3>当触发 click 事件时，事件处理函数获取的 event 对象属性值:
       </H3>");
    document.write("获取的触发事件类型是: "+event.type+"<BR>");
    document.write("鼠标相对于当窗口的水平位置 X 是: "+event.clientX+"<BR>");
    document.write("鼠标相对于当窗口的垂直位置 Y 是: "+event.clientY+"<BR>");
    document.write("鼠标相对于当前屏幕左上角的水平位置 X 是: "+event.screenX+
       "<BR>");
    document.write("鼠标相对于当前屏幕左上角的垂直位置 Y 是: "+event.screenY+
       "<BR>");
    if(event.altKey)
      alert("哈哈！您在单击鼠标时，肯定按下了 Alt 键！");
    return true;
  }
  document.onmousedown=getEvent;
</SCRIPT>
</HEAD>
<BODY>
***请在屏幕的任意位置点鼠标***
</BODY>
</HTML>
```

说明：IE 与 NS 支持 event 对象的属性是有所不同的。

2. 键盘事件

JavaScript 中键盘事件发生时，解释器也会自动把事件信息填充到 event 对象的对象实例中，并作为一个参数传送给键盘事件处理函数。键盘事件处理函数同样会得到 event 对象的一些共同属性（IE 与 NS 有差异），见例 5.49。

【例 5.49】当触发 key 事件时，事件处理函数将获得 event 对象属性值（L5-49.htm）。

```
<HTML>
<HEAD>
<TITLE>获取 event 对象的属性值(适用 IE 浏览器)</TITLE>
<SCRIPT language="JavaScript">
  function getEvent(){
    document.write("<H3>当 key 事件发生时，事件处理函数获取的 event 对象属性值:
       </H3>");
```

```
    document.write("获取的触发事件类型是: "+event.type+"<BR>");
    document.write("鼠标相对于当窗口的水平位置 X 是: "+event.clientX+"<BR>");
    document.write("鼠标相对于当窗口的垂直位置 Y 是: "+event.clientY+"<BR>");
    document.write("鼠标相对于当前屏幕左上角的水平位置 X 是: "+event.screenX+
        "<BR>");
    document.write("鼠标相对于当前屏幕左上角的垂直位置 Y 是: "+event.screenY+
        "<BR>");
    if(event.keydown!="")
      alert("您按键的返回键值是: "+event.keyCode);
  return true;
  }
  document.write("***将鼠标放在屏幕的任意位置，在键盘上敲任意键***")
  document.onkeydown=getEvent;
</SCRIPT>
</HEAD>
</HTML>
```

说明：本例使用 IE 浏览器。在键盘上敲任意键触发事件，并输出该键的键值。

3．浏览器事件

（1）Load 事件（发生在浏览器完成一个窗口或一组框架的装载之后）

例如，onLoad="window.alert('欢迎您来到中国铁道出版社！')"

可以将此句加入到例 5.47 或例 5.48 的<BODY>标识中，例如：

```
<BODY onLoad="window.alert('欢迎您来到中国铁道出版社！')">
```

从上句中可以看出，可以在浏览器载入网页时执行一个给定的函数。该事件在 NS 和 IE 浏览器中的执行效果相同。

（2）Unload 事件（发生在本浏览器载入一个新的网页之前，即离开本网页后）

例如，onUnload="window.alert('谢谢光临，欢迎再来！')"

此事件句柄与 onLoad 事件句柄是一对反向操作的事件处理模式，我们完全可以仿造这两个例句，将 onLoad 和 onUnload 事件句柄应用到程序中。

（3）dragdrop 事件（发生在拖放一个对象到浏览器窗口中，比如一个 Word 文档或快捷方式，IE 不支持）

例如：<BODY ondragdrop="alert(event.type)">　　　　//返回事件类型,如图 5-24（a）所示

　　　<BODY ondragdrop="alert(event.target)">　　　//返回对象来源,如图 5-24（b）所示

将上两例句分别放入程序中，若把桌面的某个快捷方式拖至浏览器时，会分别弹出图 5-24（a）和图 5-24（b），返回事件的类型和对象的来源。

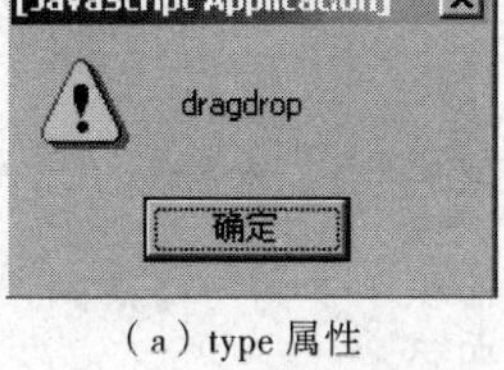

（a）type 属性

（b）target 属性

图 5-24　dragdrop 事件的 type 和 target 属性

（4）Submit 事件（发生在完成信息输入，准备将信息提交给服务器处理时）

例如，`<FORM language="javascript" name="khwj" onsubmit="return khwj_onsubmit()" action="wjdcw.asp" method="post">`

OnSubmit 句柄通常在<FORM>表单标识中声明，页面中会设置一个提交按钮，单击该提交按钮将触发 Submit 事件。Submit 事件处理函数一般常用于提交数据的验证处理。

5.13 实 训 题

【实例 5.1】数值运算。运行结果如图 5-25 所示（SL5-1.htm）。

程序代码：

```
<HTML>
<HEAD><TITLE>数值运算</TITLE>
<SCRIPT Language="VBS">
   Dim A,B
   A=10: B=2
   M1="A+B="&A+B
   M2="A-B="&A-B
   M3="A×B="&A*B
   M4="A÷B="&A/B
   MsgBox M1&VbCrLf&M2&VbCrLf&M3&VbCrLf&M4,,"数值运算"
</SCRIPT>
</HEAD>
<BODY></BODY>
</HTML>
```

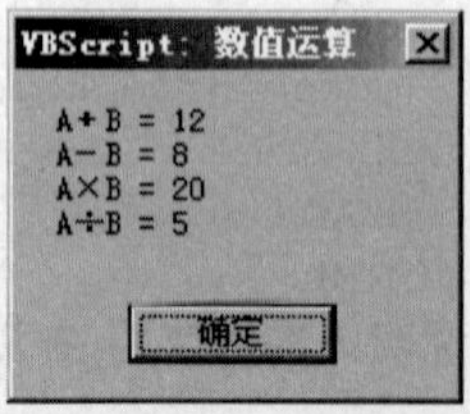

图 5-25　实例 5.1 的运行结果

【实例 5.2】比较和逻辑运算。运行结果如图 5-26 所示（SL5-2.htm）。

程序代码：

```
<HTML>
<HEAD><TITLE>比较和逻辑运算</TITLE>
<SCRIPT Language="VBS">
   M1="9>5 AND 10>8 的值为："&(15>12 AND 40>30)
   M2="9>5 AND 10<8 的值为："&(15>12 AND 40<30)
   M3="9<5 OR  10>8 的值为："&(15<12 OR 40>30)
   M4="9<5 OR  10<8 的值为："&(15<12 OR 40<30)
   M5="b>a AND d>c 的值为："&("b">"a" AND "d">"c")
   MsgBox M1&VbCrLf&M2&VbCrLf&M3&VbCrLf&M4&VbCrLf &M5,,"比较和逻辑运算"
</SCRIPT>
</HEAD>
<BODY></BODY>
</HTML>
```

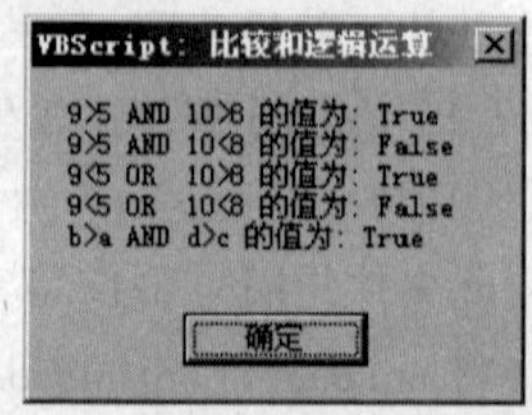

图 5-26　实例 5.2 的运行结果

【实例 5.3】使用自定义常数（SL5-3.htm）。

程序代码：

```
<HTML>
<HEAD><TITLE>自定义常数</TITLE>
<SCRIPT Language="VBS">
   CONST PI=3.1415926                 '自定义圆周率 PI 为常数
   R=10
   AREA=R*R*PI                        '计算圆面积
   MsgBox "面积为"&AREA               '输出圆面积
</SCRIPT>
</HEAD>
<BODY></BODY>
</HTML>
```

【实例 5.4】在语句中直接使用不同的运算符。运行结果如图 5-27 所示（SL5-4.htm）。

程序代码：

```
<HTML>
<HEAD><TITLE>运算符</TITLE>
<SCRIPT Language="VBS">
    A=15
    B=5
    MsgBox "A=" & A & VbCrLf & "B=" & B & VbCrLf & "A+B="
    & A+B & VbCrLf & "A-B=" & A-B & VbCrLf &"A*B=" &
    A*B & VbCrLf & "A/B=" & A/B & VbCrLf & "A\B=" &
    A\B & VbCrLf & "A MOD B=" & A MOD B & VbCrLf & "A^B="
    & A^B & VbCrLf & "A&B=" & A&B & VbCrLf
</SCRIPT>
</HEAD>
<BODY></BODY>
</HTML>
```

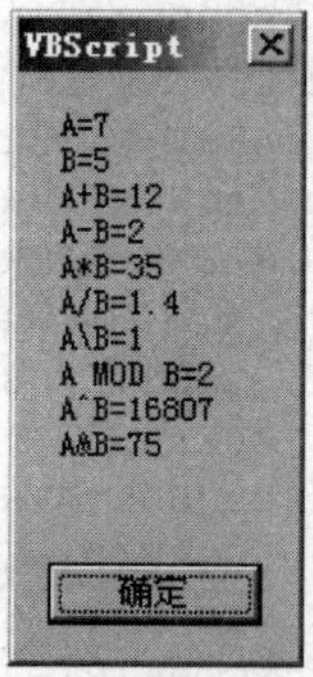

图 5-27　实例 5.4 的运行结果

【实例 5.5】预定义常量不能重新赋值，若改变将导致程序出错（SL5-5.htm）。

程序代码：

```
<HTML>
<HEAD><TITLE>重定义预定义常量值</TITLE>
<SCRIPT Language="VBS">
   VbCrLf="MyNumber"                 '改变预定义常量的值导致错误
   MsgBox "HELLO"&VbCrLf&"VBScript"'程序不会有输出
</SCRIPT>
</HEAD>
</HTML>
```

【实例 5.6】在 VBScript 中使用变量，分别按【确定】键、【取消】键（SL5-6.htm）。

程序代码：

```
<HTML>
<HEAD><TITLE>变量应用</TITLE>
<SCRIPT Language="VBScript">
<!--
   SCORE=60                                '变量 SCORE 的值设为 60
   StNo= MsgBox("您查询的成绩是 " &SCORE,1+32+0,"变量重置")
   If StNo=1 Then
      MsgBox "欢迎使用本查询系统!"
   Else
      SCORE=95                             '变量 SCORE 的值重置为 95
      MsgBox "某某某的成绩已更改为 "&SCORE
   End If
-->
</SCRIPT>
</HEAD
</HTML>
```

【实例 5.7】在 VBScript 中使用数组（SL5-7.htm）。

程序代码：

```
<HTML>
<HEAD><TITLE>数组应用</TITLE>
<SCRIPT Language="VBScript">
<!--
```

```
  DIM SCORE()                           '定义不确定个数的数组
  REDIM SCORE(2)                        '重新定义变量的个数
  SCORE(0)=93
  SCORE(1)=72
  SCORE(2)=51
  CR=CHR(13)&CHR(10)                    '换行符号
  ARRY=SCORE(0)&CR&SCORE(1)&CR&SCORE(2)'将数组存入变量"ARRY"中
  MsgBox ARRY                           '第一次显示 4 个数组内容
  REDIM SCORE(5)
  '重新定义数组元素的个数，增加至 6，原来数值均被清除
  SCORE(5)=86                           '定义 SCORE(5)
  ARRY=SCORE(0)&CR&SCORE(1)&CR&SCORE(2)&CR&SCORE(3)&CR &SCORE(4)&CR&SCORE(5)
  MsgBox ARRY
  SCORE(0)=51
  SCORE(1)=62
  SCORE(2)=73
  SCORE(3)=84
  SCORE(4)=95                           '重新定义 Score(0)～Score(4)
  REDIM PRESERVE SCORE(6)               '重新定义数组，使用 PRESERVE 保留原数组中的值
  SCORE(6)=97                           '给第 7 个元素赋值
 '将数组存入变量"ARRY"中。此处 Score(5)仍保留原值
  ARRY=SCORE(0)&CR&SCORE(1)&CR&SCORE(2)&CR&_
       SCORE(3)&CR&SCORE(4)&CR&SCORE(5)&CR&SCORE(6)
  MsgBox ARRY                           '第三次显示数组内容，使用了 PRESERVE 数组数值
得以全部显示
-->
</SCRIPT>
</HEAD>
</HTML>
```

【实例 5.8】应用 InputBox()、MsgBox()、VarType()函数，获取输入数据，并计算出该值的立方（SL5-8.htm）。

程序代码：

```
<HTML>
<HEAD><TITLE>InputBox、MsgBox、VarType 函数应用</TITLE>
<SCRIPT Language="VBScript">
 Option Explicit
 Sub Input1_OnClick()
 Dim St1,Stry1,Stry2,Stry,InputN,OutN
     St1=VbCrLf
     Stry1="请输入需要计算的数值，"
     Stry2="输入后请单击【确定】按钮！"
     Stry=Stry1+St1+St1+Stry2
     InputN=InputBox(Stry,"计算立方值","0")
     OutN=InputN*InputN*InputN
     MsgBox"输入的数值是："&InputN&St1&"计算结果是："&OutN&St1&_
            "VarType 函数返回值是："&VarType(OutN),,"计算立方值"
 End Sub
</SCRIPT>
</HEAD>
<BODY><CENTER>
<FORM>
<INPUT type="button" value="计算立方值" name="Input1">
</FORM>
```

图 5-28 实例 5.8 的运行结果

```
</CENTER></BODY>
</HTML>
```

说明：本例中 InputBox 函数的第 3 个参数是数值 0，可以给它加双引号，也可以不加。这仅仅是在取函数的默认值时有一点微小的差别，并不影响计算结果。输入数值后，VarType 函数返回 5，其含义为双精度值。

【实例 5.9】 从 MsgBox()函数中获取返回值（SL5-9.htm）。

程序代码：

```
<HTML>
<HEAD><TITLE>MsgBox 函数及返回值</TITLE>
<SCRIPT Language="VBScript">
  Dim MyStr
  MyStr=MsgBox("机器的运算出现错误！",0+32+2,"MsgBox 函数及返回值")
  Select Case MyStr
       Case 3
          MsgBox "您选择了【终止】按钮"
       Case 4
          MsgBox "您选择了【重试】按钮"
       Case 5
          MsgBox "您选择了【忽略】按钮"
       Case Else
          MsgBox "您的按键不正确！"
  End Select
</SCRIPT>
</HEAD>
</HTML>
```

【实例 5.10】 应用日期时间函数（SL5-10.htm）。

程序代码：

```
<HTML>
<HEAD><TITLE>日期时间函数应用</TITLE>
<SCRIPT Language="VBScript">
   MsgBox "今天是公元：" & YEAR(DATE)& "年" & MONTH(DATE) & "月" &_
        DAY(DATE) & "日"
   MsgBox "现在是北京时间：" & HOUR(NOW) & "时" & MINUTE(NOW) & "分" &_
        SECOND(NOW) & "秒"
   MsgBox "今天是：" & DATE()
   MsgBox "此刻是：" & TIME()
   MsgBox "现在是：" & NOW()
</SCRIPT>
</HEAD>
</HTML>
```

【实例 5.11】 调用子程序（SL5-11.htm）。

程序代码：

```
<HTML>
<HEAD><TITLE>子程序应用</TITLE>
<SCRIPT Language="VBScript">
   MsgBox "外面阳光明媚"            '第 1 次输出
      InsideA                       '调用过程 InsideA
   MsgBox "后面看去不醉"            '第 3 次输出
   Sub InsideA                      '定义过程 InsideA
      MsgBox "里面珠光玉翠"         '第 2 次输出
```

```
    END Sub
</SCRIPT>
</HEAD>
</HTML>
```

【实例 5.12】比较脚本作用域与程序作用域（SL5-12.htm）。

程序代码：

```
<HTML>
<HEAD><TITLE>作用域比较</TITLE>
<SCRIPT Language="VBScript">
  Option Explicit
  Dim MyArea                              '定义 Script 作用域的变量
  MyArea="我正在 Script 作用域内。"
  Sub MyLocal
      Dim MyArea                          '定义程序作用域的变量
      MyArea="我正在程序作用域内。"
      MsgBox "现在在程序作用域内，MyArea="& MyArea
  End Sub
  Call MyLocal
  MsgBox "现在在 Script 作用域内，MyArea="& MyArea
</SCRIPT>
</HEAD>
</HTML>
```

说明：作用域是变量的有效作用范围，即变量的“可见性”。VBScript 中变量的作用域由声明它的位置来决定。如果在过程中声明变量，则只有该过程中的代码可以访问或更改变量值，此时变量具有局部作用域，被称为过程级（procedure level）变量，是局部变量。若在过程之外声明变量，该变量可以被 Script 中所有过程识别，称为脚本级（script level）变量，具有脚本级作用域，是全局变量。变量应定义在尽可能小的作用域中。

【实例 5.13】在 VBScript 中事件驱动的应用（SL5-13.htm）。

程序代码：

```
<HTML>
<HEAD><TITLE>事件侦测</TITLE>
<SCRIPT Language="VBScript">
   Sub Document_OnClick                   '设置鼠标按下 OnClick 时的对象
       MsgBox "真不错！宝藏归您了！"
   END Sub
</SCRIPT>
<BODY>
<H1>在窗口内的<BR>任意位置单击鼠标，<BR>您将发现宝藏。</H1>
</BODY>
</HTML>
```

【实例 5.14】程序出错时的处理方法（SL5-14.htm）。

程序代码：

```
<HTML>
<HEAD><TITLE>错误处理方法</TITLE>
<SCRIPT Language="VBScript">
<!--
  Sub ChangeF(C)
      ON Error Resume Next                '通知计算机在发生错误时先不要停止执行
      DegreeF=C*1.8+32
```

```
    If Err.Number=0 Then                    '程序出错时，Err.Number 的值不等于零
       MsgBox "输入的摄氏温度: " & C & "℃，转换为华氏是: " & DegreeF & "˚F。"
    Else
       MsgBox "输入错误!!! "                 '若输入非数值，则产生错误
    End If
  End Sub
  DegreeC=InputBox("请输入摄氏温度: ","摄氏—华氏温度转换")
  ChangeF DegreeC
-->
</SCRIPT>
</HEAD>
</HTML>
```

【实例 5.15】Document 对象应用（SL5-15.htm）。

程序代码：

```
<HTML>
<HEAD><TITLE>网页页面随日期改变颜色</TITLE>
<SCRIPT Language="VBScript">
   Dim BgColor(7)                                         '定义数组
   BgColor(1)="Green"
   BgColor(2)="Orange"
   BgColor(3)="Pink"
   BgColor(4)="Yellow"
   BgColor(5)="Silver"
   BgColor(6)="Cyan"
   BgColor(7)="Red"
   Document.bgColor = BgColor(WeekDay(Date,1))
   '利用 WeekDay，依数组值改变页面的颜色
   Document.Write"<BODY>"
   Document.Write "<P>"
   Document.Write "<CENTER>"
   Document.Write "<H1>生活就是这样</H1>"
   Document.Write "拥抱生活，创造生活，<BR>"
   Document.Write "让我们把握住每一个今天，<BR>"
   Document.Write "让我们用全部的热忱，去<B>唤醒明天</B>。<P>"
   Document.Write Date()
   Document.Write "</CENTER>"
   Document.Write "</BODY>"
</SCRIPT>
</HEAD>
</HTML>
```

说明：Document 对象的属性和方法使用起来比较简单，也可以编写功能较强的程序。程序的后半部分可以省去 Document.Write，直接用超文本书写。VBScript 脚本的注释符号为不认识 VBScript 的浏览器注释掉该段脚本程序，使用时要注意超文本置标语言与 VBScript 脚本的注释符号是不同的。程序中使用 VBScript 的 WeekDay 函数，使之依星期数而改变页面的背景颜色，该函数的格式如下：

```
WeekDay(date,[firstdayofweek])
```

- date 必选项，参数为日期。
- firstdayofweek 可选项，用来规定在一星期中从哪一天开始，默认值为：1，Sunday（星期天）。firstdayofweek 是整型数，取值为 0～7，其参数的设置如表 5-9 所示。

表 5-9 firstdayofweek 参数设置值

日　期	设 置 值	日　期	设 置 值
系　统	0	星期三	4
星期日	1	星期四	5
星期一	2	星期五	6
星期二	3	星期六	7

如果省略参数 firstdayofweek，则每星期从星期日开始。例如：

```
Weekday(Date())
```

将根据当前日期是星期几而返回相应的值。假定当前日期是 2003 年 3 月 7 日，星期五，上面的语句将返回设置值 6。实例中此值作为数组的下标，把它对应的颜色值赋给 Document 对象的 bgColor 属性。所以当系统日期改变时，数组的下标也随之改变，导致页面背景色动态改变。

【实例 5.16】制作一个简单的日历。运行结果如图 5-29 所示（SL5-16.htm）。

程序代码：

```
<HTML>
<HEAD><TITLE>简易日历</TITLE>
<SCRIPT Language="VBScript">
<!--
   Dim month1,date1,cont,i                       '定义变量，date1 用于存放日期型数据
   month1=month(date)                            'month1 记录月份
   Document.Write"<CENTER>"
   Document.Write"<FONT face='Verdana'  size='5'>"
   Document.Write year(date()) & "年" & month(date()) & "月"
   Document.Write"<P>"
   Document.Write"<TABLE cellpadding='10' border='2'><TR>"
   Document.Write"<TD><B>日<TD><B>一<TD><B>二<TD><B>三<TD>"
   Document.Write"<B>四<TD><B>五<TD><B>六"
   Document.Write"<TR>"
   'DateSerial 函数返回一个日期型数据
   date1=DateSerial(year(date),month(date),1)
   cont=1                                        '设置计数器初值 cont
   For i=1 to 7
       If WeekDay(date1) > i Then
           Document.Write"<TD></TD>"
       Else
           Document.Write"<TD align=
           'center'><FONT size='3'>"
           Document.Write cont
           Document.Write"</TD>"
           cont=cont+1
           date1=DateSerial(year(date),
              month1,cont)
       End If
   Next
   Document.Write"<TR>"
   Weekdays=1
   While month(date1)=month1
       Document.Write"<TD align='center'><FONT size='3'>"
```

图 5-29 简易日历

```
        Document.Write cont
        Document.Write"</TD>"
        cont=cont+1
        weekdays=weekdays+1
        If weekdays > 7 then
          weekdays=1
          Document.Write"<TR>"
        End If
          date1=DateSerial(year(date),month1,cont)
    Wend
    Document.Write"</TABLE>"
    Document.Write"</CENTER>"
-->
</SCRIPT>
</HEAD>
</HTML>
```

说明：本例通过语句：

```
Document.Write"<TD><B>日<TD><B>一<TD><B>二<TD><B>三<TD>"
Document.Write"<B>四<TD><B>五<TD><B>六"
```

显示日历的表头。For...Next 循环显示第一周的日期，并处理每月第一周第一天的输出位置。在循环中计数器变量 cont 递增（从 1～31），用下面的语句生成表格中的日期数字：

```
Document.Write"<TD ALIGN=CENTER><FONT SIZE=3>"
Document.Write cont
Document.Write"</TD>"
```

While...Wend 的循环用来排列除第一周以外的其余各天。每循环一次 cont 增 1，直到月末。DateSerial 函数对于指定的年、月、日，返回 Date 子类型的 Variant。

实例 5.16 只能显示一个简单的日历，如果想要显示其他月份的日历，必须修改系统日期。用户可参考本例编写一个可以显示一年中任意一个月的日历或称万历年年历程序。

【实例 5.17】设置 3 个按钮和 1 个浮动框架。第 1 个按钮用于选择输入新的链接网址，第 2 个和第 3 个按钮分别用于向前、向后链接网址（SL5-17.htm）。

程序代码：

```
<HTML>
<HEAD><TITLE>History 对象的方法、属性应用</TITLE>
<SCRIPT Language="VBScript">
  Sub GoURL_OnClick()
     NewURL=InputBox("请任意输入一个网址: ")
     Window.frames(0).Location.Href=NewURL          '链接新输入的 URL
  End Sub
  Sub NextURL_OnClick()
     Window.frames(0).history.forward 0             '链接前一个 URL
  End Sub
  Sub PreviousURL_OnClick()
     Window.frames(0).history.back 0                '链接后一个 URL
  End Sub
</SCRIPT>
</HEAD>
<CENTER>
<TABLE width="500">
<TR>
```

```
<TD align=center><INPUT type=button value="单击此键输入 URL 地址" name="GoURL">
<TD align=center><INPUT type=button value="返回前一个 URL" name="PreviousURL">
<TD align=center><INPUT type=button value="链接下一个 URL" name="NextURL">
</TABLE>
<P>
<IFRAME src="SL5-15.htm" width=60% height=70% name="FFrame">  <!建立浮动框架>
</CENTER>
</HTML>
```

说明：使用 Location 链接新网址，使用 History 对象的 forward、back 方法，向前和向后链接网页。程序运行后，在浮动框架中显示实例 5.10。单击左边按钮，调用 GoURL 子过程，弹出输入对话框，输入 URL，按【Enter】键后，框架内即有显示。单击中间按钮，调用 PreviousURL 子过程，在框架内显示前一个网页的内容。单击右边按钮，调用 NextURL 子过程，在框架内显示下一个网页的内容。

【实例 5.18】动态改变文本框的值。运行结果如图 5-30 所示（SL5-18.htm）。

程序代码：

```
<HTML>
<HEAD><TITLE>动态更改文本框的值</TITLE></HEAD>
<BODY>
<FORM name="demoForm">
<INPUT type="text" name="filetext" size="50" value="当前无值">
<P>
<INPUT type="button" value="请单击一下" onClick="document.demoForm.
filetext.value +='…加一次！' ">
</FORM>
</BODY>
</HTML>
```

图 5-30　动态改变文本框的值

【实例 5.19】控制状态栏文字的出现。运行结果如图 5-31 所示（SL5-19.htm）。

程序代码：

```
<HTML>
<TITLE>状态栏文字写入与擦除</TITLE>
<HEAD>
<SCRIPT Language="JavaScript">
   function statusBar(textfile)
   {
      window.status=textfile;
   }
</SCRIPT>
```

```
</HEAD>
<BODY>
<H2>页面中的两个按钮可以控制状态栏的文字出现或隐去。</H2>
<FORM>
<INPUT type="button" value="写状态栏文字" onClick="statusBar('我在状态栏');">
<P>
<INPUT type="button" value="擦除状态栏文字" onClick="statusBar('');">
</FORM>
</BODY>
</HTML>
```

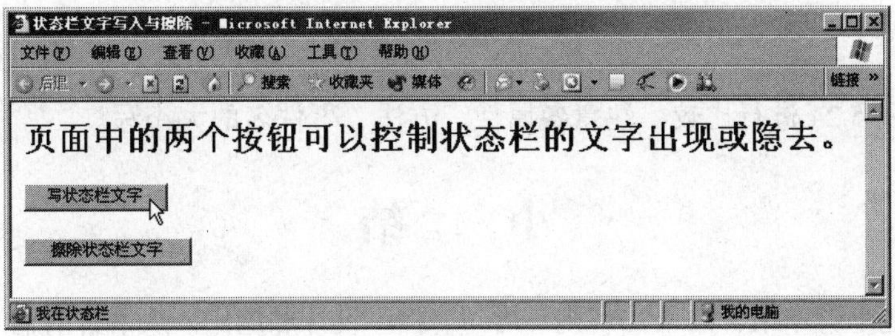

图 5-31　控制状态栏的文字

【实例 5.20】JavaScript 中 window 对象的属性、方法、事件（SL5-20.htm）。

程序代码：

```
<HTML>
<HEAD><TITLE>window对象的属性、方法、事件</TITLE>
<SCRIPT Language="JavaScript">
<!--
  window.alert("数据错误，请进入调试程序！");   //window的方法，可以省略window
  window.status="window对象的属性、方法、事件使用。"; //window的属性
  alert(window.location.href);                     //显示运行文档的URL地址
  window.open("TestOnNet.htm","newpage","toolbar=1,location=no,
status=1,menubar=yes,resizable=0,width=500,height=300")
  guanbi=confirm("您不是考生！请关闭窗口！")
  if(guanbi) window.close("newpage");
  var timeStr,dateStr;
  function myclock()                               //使用JavaScript过程
    {now=new Date();                               //取当前时间、日期
     hours=now.getHours();
     minutes=now.getMinutes();
     seconds=now.getSeconds();
     timeStr=""+((hours<10)?"0":"")+hours;         //条件操作运算
     timeStr+=((minutes<10)?":0":":")+minutes;
     timeStr+=((seconds<10)?":0":":")+seconds;
     document.myclock.mytime.value=timeStr;
     date=now.getDate();
     month=now.getMonth()+1;
     year=now.getYear();
     dateStr=""+year;                              //保证为字符型数据
     dateStr+=((month<10)?"年0":"年")+month;
     dateStr+=((date<10)?"月0":"月")+date+"日";
     document.myclock.mydate.value=dateStr;
     setTimeout("myclock()",1000);
```

```
    }
  function closwin()
    {alert("请关闭窗口！报名后再来。");}
//-->
</SCRIPT>
</HEAD>
<BODY onLoad="myclock()" onunLoad="closwin()">
  <FORM name="myclock">
    <B>现在是公元</B><INPUT type="text" name="mydate" size="13" value="">
    <B>北京时间</B><INPUT type="text" name="mytime" size="8" value="">
  </FORM>
</BODY>
</HTML>
```

说明：请与例 5.24 进行比较。注意各属性、方法、事件名的大小写。

小　结

本章主要讲述了脚本语言的语法规则、语句、程序设计和应用。从语言的输入/输出入手，配以大量的例题，帮助读者掌握和使用脚本语言。同时还有一些需强调的地方：

① 脚本语言不是独立的语言，作为 Web 页面的一部分依靠 HTML 而存在，即必须把脚本语言代码放在 HTML 文档中才能运行。脚本语言程序是纯文本代码，可以用最简单的文本编辑器（如记事本）来编写程序。

② VBScript 是 Visual Basic 的一个子集，具有 Visual Basic 的类似功能，具有可升档性，即掌握了 VBScript，便可以顺利地学习 Visual Basic；同样若掌握了 VB 或 VBA，实际上也就掌握了 VBScript。

③ JavaScript 并不是 Java 的子集，仅仅是相似，不具有语言的通融性。

④ Window 对象、Document 对象是脚本结构中最重要的对象，使用简单，但内容多，功能很强大。使用对象的方法时，只需关心方法的名称和参数，而无需关心方法的具体实现过程。

⑤ 大部分对象属于 3 种类别：

- 属性：包括 Name、Color 等。
- 方法：包括 Open、Close 等。
- 事件：包括 OnLoad、UnOnLoad 等。

⑥ 脚本语言的事件过程都以 On 开头，如 Click 事件要写成 OnClick。

⑦ 函数作为表达式使用时，必须加圆括号，例如：

var=MsgBox("MsgBox 函数在此作表达式使用",48+0,"必须加圆括号")

作为过程调用（也称语句）时，不能加圆括号，例如：

MsgBox"MsgBox 函数在此作过程调用",48+0,"决不能加圆括号"

⑧ 除作为字符串外，代码中的汉字标点符号将导致程序出错。

⑨ 建议使用 Visual Studio .NET 2003 编辑和调试脚本程序，由于它的智能感知能力，非常有利于我们及早发现和排除错误。

严格地说，VBScript 和 JavaScript 都不是真正面向对象的语言，两者都没有表现出一种真正面向对象的语言的全部性，例如，两种语言都不支持继承和多态。由于，JavaScript 是基于对象的脚本语言，所以它利用对象的能力比 VBScript 要强一些。

IE 与 NS 浏览器对 JavaScript 的支持有所不同，调试程序应分别使用不同的浏览器。若要保证程序在多种浏览器中能正常运行，可以在程序中采用判断和识别浏览器的方法，给出不同的参数以便适应浏览器。

使用 JavaScript 时应注意字母的大小写，特别是对象、方法、属性等的名称，大小写不同将引起错误，这一点与 VBScript 大不相同。

JavaScript 脚本语言的对象、方法、属性、事件等与 VBScript 很相似，但要注意字母的大小写以及标点符号的不同。

JavaScript 更适合写一些客户端的判断程序，以减少传输时间，降低服务器的压力。

习　题

一、选择题

1．在 VBScript 中，使用的注释符是（　　）。

A．//　　B．/*　*/　　C．'　　D．"

2．在 VBScript 中（　　）循环语句不需要指定循环次数，循环将自动重复运行。

A．For Each…Next　　B．For…Next　　C．While　　D．Do…Loop

3．在 JavaScript 中，下列语句用法不正确的是（　　）。

A．var x=y=0;　　B．sum+=3;

C．var x=13; y+=X;　　D．var result=(ts<=10)?1:0

4．JavaScript 中，若要退出循环，使用的语句是（　　）。

A．exit　　B．quit　　C．exit For　　D．break

5．在 VBScript 中（　　）语句使得变量必须先定义后使用。

A．Option Explicit　　B．Option Base　　C．Dim　　D．ReDim

6．在 VBScript 中，显示声明不可以用的是（　　）。

A．Option Explicit　　B．Public　　C．Dim　　D．Private

二、填空题

1．VBScript 有一套完整的运算符，其中主要包括________、________和________三类运算符。

2．通常将 VBScript 代码添加到 HTML 页面中的标识________和________。

3．IE 浏览器能够解释多种 Script 语言，所以必须用________属性指定所使用的 Script 语言。其中的默认语言是________。

4．VBScript 的变体类型 Variant 通常包含________或________信息。

5．MsgBox()函数 buttons 参数对应图标的 4 个值分别是________、________、________和________。

6．可以用于 JavaScript 脚本语言的注释符是________和________。

7．JavaScript 中创建对象常用的方法是创建一个________。

三、简答题

1．VBScript 有何特点？它有什么数据类型？

2. MsgBox 函数与 MsgBox 语句有何异同点？
3. 写出输入/输出（InputBox()/MsgBox()）函数的格式，并说明其中各参数的含义。
4. 在 MsgBox()的 buttons 参数中，有几种什么样式的图表信息？如果要显示【确定】、【取消】按钮，警告信息图标，默认第 2 个按钮为活动按钮，buttons 参数应怎样组合？
5. VBScript 中有哪两类过程？分别描述它们的特性。
6. 请描述“对象”的概念。
7. Document 对象的主要作用是什么？请举例说明。
8. JavaScript 脚本语言有何特点？
9. 在 JavaScript 中，怎样创建对象？
10. VBScript 与 JavaScript 各有什么特点？

四、编程题

1. 编写 VBScript 程序，要求查阅文档使用 TypeName 函数测试变量类型，并写出该函数的详细描述。
2. 程序段改错（有 3 处错误），并要求在浏览器中输出结果。

```
Sub ErrSub()
    Dim I,sum1
    For I=20 To 2 setup -2
        sum1=sum1+I
    Next
    MsgBox("计算结果为: "&sum1&"。",48)
EndSub
```

3. 试分别用 VBScript 和 JavaScript 编写程序，在不同时段如：上午（5:00～12:00）、下午（12:00～18:00）和晚上（18:00～次日 5:00）进入网页时，分别显示上午、下午或晚上。
4. 试分别用 VBScript 和 JavaScript 编一段程序来响应鼠标事件，如用鼠标单击按钮，将弹出信息提示框。
5. 分别用 VBScript 和 JavaScript 编写程序，在对话框内输入华氏温度，将其转换成摄氏温度，要求用带参过程调用（公式：C=(F−32)*5/9）。程序的运行界面参见图 5-32 和图 5-33。

图 5-32　习题 5 的输入对话框

图 5-33　习题 5 的执行结果

6. 分别用 VBScript 和 JavaScript 编写程序，要求在浏览器上显示【确定】和【重填】两个按钮和一个文本框。单击【确定】按钮时，在文本框中显示特定信息，单击【重填】按钮，清除文本框。
7. 分别用 VBScript 和 JavaScript 编写程序，实现按 1～7 号字体大小输出“静水流深”，输出的颜色分别按顺序 red、orange、yellow、green、springgreen、blue 和 magenta。

第 6 章 引入 Active Server Pages

6.1 Active Server Pages 简介

动态服务器页（Active Server Pages，ASP）是运行在 Web 服务器端的动态网页，是微软公司开发的基于服务器端的脚本运行环境。Internet 由最初的静态网页（HTML）提供信息服务，到动态网页（DHTML）的出现，发展到真正动态友好的交互页面，已经不再是“页”的概念，而是一种网上的 Web 程序，一种为用户提供更多服务的类 Windows 程序。

ASP 是一种开放式的非编译应用环境，能够组合 HTML、Script 和可重用的 ActiveX 服务器组件来建立动态的，强大而基于 Web 的商业应用。ASP 支持基于 IIS（Internet Information Server）上的服务器端脚本并且完全支持包括 VBScript 和 JavaScript，甚至是 Perl Script 在内的 Open Script 接口。

6.1.1 交互式页面

超文本置标语言 HTML 是 Web 页面的基础，编写方便，没有特别指定语言编辑环境。早期 Internet 的页面是完全静态的，仅能提供文本服务，没有客户端/服务器的概念。这里所谓的“静态”是指网站的页面内容“固定不变”，最多再加上一些动态图片。若要更新这样的网站内容，网站维护者必须逐个手动修改每一个 HTML 文档。对于个人或小型网站这并不是一个问题，但对于多功能的大型商业网站，则是一项艰巨而复杂的任务。具有动态图片的页面不能称为动态网页，“动态”页面指的是具有交互功能的页面。怎样使网页上的数据“交谈”起来呢？例 6.1 和例 6.2 是一对客户机/服务器数据交互的样例。从例中我们将发现，ASP 文档就是 HTML 文档特性的扩充，只不过它必须运行在服务器端。

【例 6.1】ASP 数据传送页（L6-1.htm），运行结果如图 6-1 所示。

```
<HTML>
<HEAD><TITLE>ASP 数据传送页</TITLE></HEAD>
<BODY>
<FORM action="L6-2.asp" method="post">
<TABLE width="100%">
<TR>
<TD align="right" width="30%"><B>请输入账号: </B></TD>
<TD width="70%"><INPUT name="userid" maxlength=10></TD>
<TR><TD align="right"><B>请输入密码: </B></TD>
```

```
<TD><INPUT type="password" name="passwd"></TD></TR>
<TR><TD colspan=1 align=right>
<INPUT type=submit name=submit value=提交></TD>
<TD align=left><INPUT type=reset name=reset value=重输></TD>
</TR>
</TABLE>
</FORM>
<HR>
</BODY>
</HTML>
```

【例 6.2】ASP 数据返回页（L6-2.asp），运行结果如图 6-2 所示。

```
<%@ Language="VBScript" %>
<HTML>
<HEAD><TITLE>ASP 数据返回页</TITLE></HEAD>
<BODY>
<%
  Myid=Request.Form("userid")
  Mypasswd=Request.Form("passwd")
  Response.Write "<P>您的账号是: "&Myid &"<P>"
  Response.Write "<P>您的密码是: "&Mypasswd
%>
</BODY>
</HTML>
```

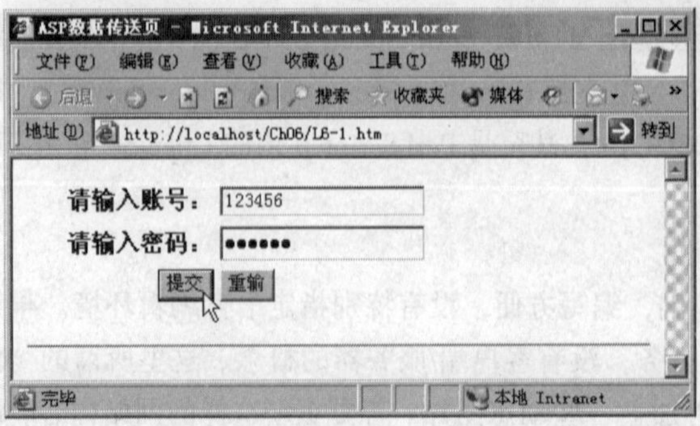

图 6-1　数据传送页面

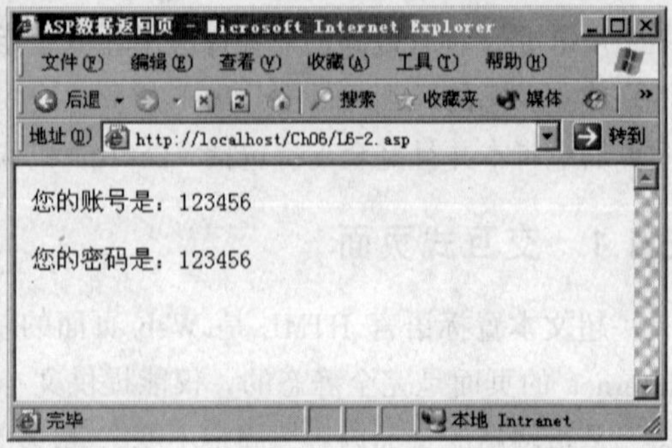

图 6-2　经 ASP 处理后的数据返回页面

说明：

① 运行例 6.1 后，显示输入页面（见图 6-1），输入数据并提交后，数据被例 6.2 接收，最终显示用户输入的数据（见图 6-2）。注意，例 6.2 的程序名是 L6-2.asp。

② 例 6.2 中的 Request 和 Response 是 ASP 的对象（参见 6.5 节）。该例必须在服务器端运行。一般将文档放在虚拟的 Web 服务器目录下（如/Inetpub/wwwroot），也可以放在自建的虚拟目录下，参见 6.1.3 节（本书对第 6 章及以后的各章均按章建立各自的虚拟目录，如本章的虚拟目录名为 Ch06）。在浏览器地址栏内输入 http://localhost/Ch06/L6-1.htm（localhost 指本地服务器），或输入 127.0.0.1/Ch06/L6-1.htm（127.0.0.1 是虚拟服务器默认的 IP 地址），或输入 http://192.168.0.33/Ch06/L6-1.htm（192.168.0.33 是本机的 IP 地址），将运行例 6.1。若弹出【脱机工作】对话框，可单击【连接】或【重试】等按钮。

③ 若将文件直接放在虚拟根目录/Inetpub/wwwroot 下，浏览器地址栏内应输入：
http://localhost/L6-1.htm 或 http://127.0.0.1/L6-1.htm 或 http://192.168.0.33/L6-1.htm。

④ 若将所执行的文件放在自建的虚拟目录 WBasic 下，应在浏览器地址栏内输入：http://localhost/WBasic/Ch06/L6-1.htm（或如上所述的其他地址）。

⑤ 若要在局域网中调用该文件，则在调用端必须使用文件所在计算机的 IP 地址（即服务器的 IP 地址），如前所示，可输入：http://192.168.0.33/Ch06/L6-1.htm。注意，此处的 IP 必须是服务器的 IP。

⑥ 服务器收到该执行请求后，使用 ASP 的 VBScript 语言解释器解释源程序，而 ASP 源程序不会传送到用户的浏览器上（见图 6-3），用户在浏览器端看到的是一般的标准 HTML 代码。网站服务器将 ASP 的源程序代码自动解释为标准 HTML 格式的网页内容，在浏览器上单击【查看】→【源文件】命令，得到例 6.2 输出的 HTML 源代码如下：

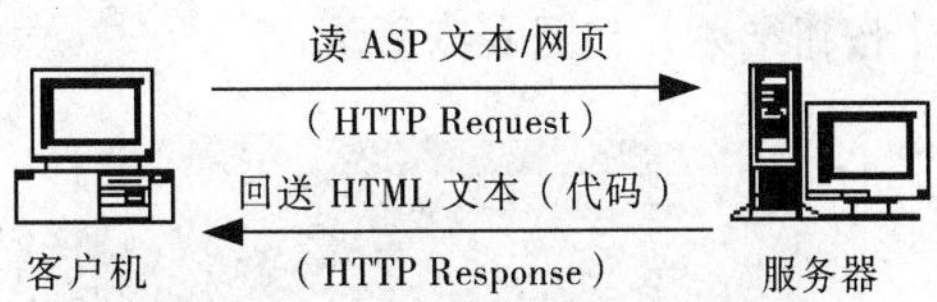

图 6-3　客户机与服务器的交互

```
<HTML>
<HEAD><TITLE>ASP 数据返回页</TITLE></HEAD>
<BODY>
<P>您的账号是: 123456<P><P>您的密码是: 123456
</BODY>
</HTML>
```

6.1.2　ASP 的组成

ASP 由服务器端脚本、客户端脚本、服务器端组件、标准文件、文件系统和服务器端对象组成，如表 6-1 所示。从表 6-1 中我们可以看出 ASP 的功能很强大，任何放在 HTML 内产生效果的程序代码都可以通过 ASP 的服务器解释执行。实际上它可以包括以前我们用过的放入网页内的所有效果。

表 6-1　ASP 的组成

ASP 组成部分	标　准　一	标　准　二
服务器端脚本	VBScript、JavaScript	Perl、REXX
客户端脚本	VBScript、JavaScript	ActiveX 控制
服务器端组件	MTS 商务对象	基于 COM 的对象
标准文件	ASCII 字符	HTML 标识
文件系统	安全机制	物理与虚拟目录
服务器端对象	ASP 引擎内置对象	ASP 引擎内置对象

注：MTS——Microsoft Transaction Server；
COM——Component Object Model；
REXX——为计算机用户和系统管理员提供一种平台的高级语言。

6.1.3　设置虚拟目录

设置虚拟目录的前提是系统已经配置好 Internet Information Server（Internet 信息服务，IIS）。Windows Server 2003 可以在资源管理器下，将任意物理路径下的目录设置为虚拟目录。如设置已有的（或新建的）名为 WBasic 的文件夹（物理目录）为虚拟目录：

① 右击该文件夹，在弹出的菜单中单击【共享和安全】或【属性】命令，如果没有配置好

IIS 的话，图 6-4 中肯定没有【共享和安全】标签这一项。

② 在“属性”对话框中，单击【Web 共享】标签，选择【共享文件夹】单选按钮并编辑别名。

③ 输入别名 WBasic，别名将成为虚拟目录名供用户使用。若缺省，物理目录名就是虚拟目录名。

④ 在【访问权限】框内选中【读取】、【脚本资源访问】、【目录浏览】选项，或使用默认值。

⑤ 在【应用程序权限】框内选中【脚本】(或使用默认值)，单击【确定】按钮，再单击【确定】按钮结束，如图 6-5 所示。

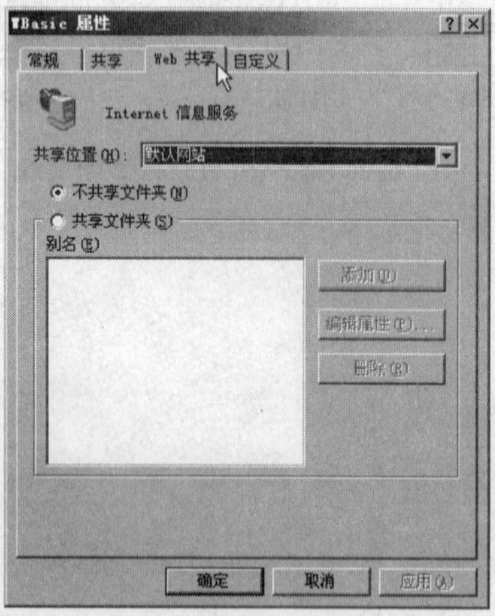

图 6-4 【WBasic 属性】对话框

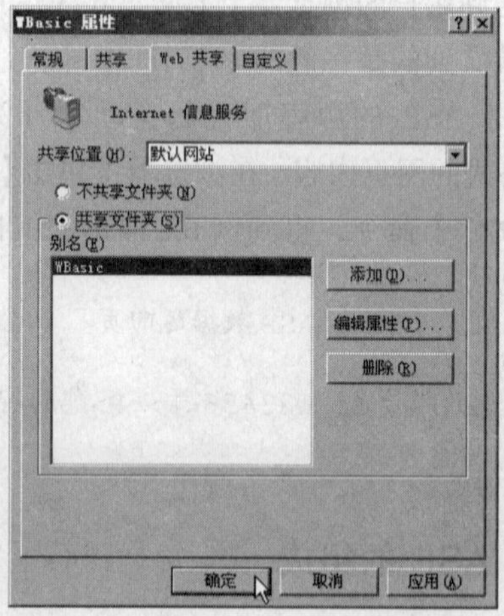

图 6-5 选择 WBasic 为别名

另外，还可以进入“Internet 服务管理器”设置虚拟目录：

① 单击【开始】→【管理工具】→【Internet 信息服务（IIS）管理器】命令，进入【Internet 信息服务】对话框。

② 右击【默认网站】，选择【新建】→【虚拟目录】命令。

③ 在弹出的“虚拟目录创建向导”对话框中，单击【下一步】按钮，填上“别名”，如 WBasic，单击【下一步】按钮。

④ 依提示输入包含此网站内容目录的物理路径，单击【下一步】按钮。

⑤ 依提示选择虚拟目录的访问权限，单击【下一步】按钮，并完成设置。

也可以直接在【Internet 信息服务】对话框中，选中【默认网站】选项，单击菜单栏中的【操作】→【新建】命令，选择【虚拟目录】，根据提示并按需求创建虚拟目录。

6.2 ASP 的文件结构

在前面的章节中我们说到，若将纯文本文件的扩展名.txt 更改为.htm 或.html 便成了超文本文件。如果将这个扩展名继续做一个更改，换为.asp，它就成了 ASP 文件。ASP 文件本质上也是一个纯文本文件，它的扩展名是.asp，所以同样可以用任何文本编辑器打开或编辑 ASP 文件（当然使用 ASP 编辑器会更好些，本书使用 Visual Studio .NET 2003）。

HTML 是 VBScript 的基础，同样也是 ASP 的基础。ASP 文件一般由 HTML 标识和 VBScript 或 JavaScript 程序代码以及自己的对象等构成。VBScript 是设计 ASP 的有力工具。这不仅由于 VBScript 简单易学，更主要的是它可以非常融洽地嵌入到 HTML 页面之中，并可借助其他组件完成诸如数据库查询等复杂的操作。ASP 默认的脚本语言是 VBScript，使用方法与第 5 章所介绍的脚本语言几乎完全相同。例 6.3 是一个含有 ASP 对象的例题，运行结果如图 6-6 所示。

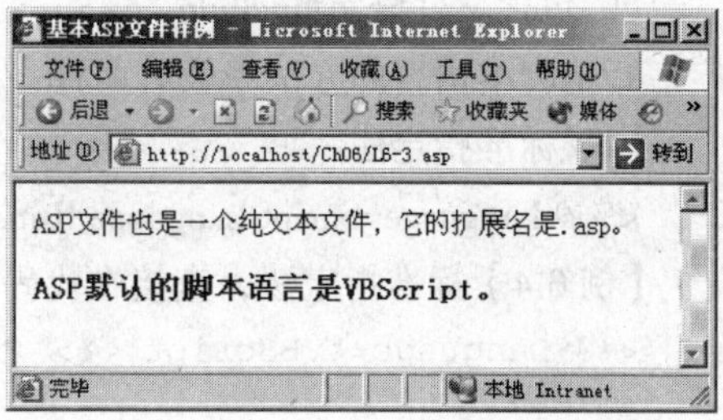

图 6-6 基本 ASP 文件样例输出

【例 6.3】基本 ASP 文件样例（L6-3.asp）。

```
<%@ Language="VBScript" %>
<HTML>
<HEAD><TITLE>基本 ASP 文件样例</TITLE></HEAD>
<BODY>
<P>ASP 文件也是一个纯文本文件，它的扩展名是.asp。
<%
   '使用 Response.Write 输出信息
   Response.Write"<P><H3>ASP 默认的脚本语言是 VBScript。</H3>"
%>
</BODY>
</HTML>
```

说明：例 6.3 中，包含在 <% 与 %> 之间的语句将被视为 ASP 脚本语句来处理，这些脚本语句由 Web 服务器内嵌的 ASP 解释器解释。程序第一行告诉 ASP 使用 VBScript 脚本语言。与此相同，也可以指定 ASP 使用 JavaScript 或者 PerlScript 脚本。例如：

```
<%@ Language="JavaScript" %>
<%@ Language="PerlScript" %>
```

它们都必须放在 ASP 文件的第一行。使用 VBScript 脚本时，该属性值可以省略。

HTML 使用“< >”符号将 HTML 标识括上，区别于一般的文字。HTML 源代码既可运行在用户端，也可运行在服务器端。ASP 使用“<% %>”符号将 ASP 的脚本程序括起来，ASP 源代码只能运行在服务器端，而执行后所产生的浏览器可识别 HTML 代码送至用户端浏览器。运行例 6.3 后 ASP 送给浏览器的 HTML 代码如下（与例 6.2 的原理一样）：

```
<HTML>
<HEAD><TITLE>基本 ASP 文件样例</TITLE>
<BODY>
<P>ASP 文件也是一个纯文本文件，它的扩展名是.asp。
<P><H3>ASP 默认的脚本语言是 VBScript。</H3>
</BODY>
</HTML>
```

例 6.3 程序中的 Response 是 ASP 的内置对象，后面的章节中将要介绍。从例 6.3 中我们进一步体会到，ASP 文件可以由没有改写任何程序代码的.htm 文件转变而来，只需把扩展名由.htm 变成.asp 就可以了。典型的 ASP 文件含有 4 个部分：

① 标准的 HTML 文件。

② 服务器端执行代码（包含在 <% 和 %> 之间）。

③ 客户端执行代码（处于<SCRIPT> 与 </SCRIPT>之间的脚本语言和 HTML 标识及内容）。

④ 包含文件语句#include。

指定脚本语言的方法一般有两种：

（1）标准指定法

<%@ Language=Script Language Runat=Location %>，一般放在程序的第 1 行，见例 6.4。

【例 6.4】标准指定法，直接在代码中声明脚本语言（L6-4.asp）。

```
<%@ Language="VBScript" %>
<HTML>
<HEAD><TITLE>在代码中声明脚本语言</TITLE>
</HEAD>
<BODY>
<%= "今天是" & date() %>
</BODY>
</HTML>
```

（2）拓展对象法

用 HTML 的<SCRIPT>标识声明（见例 6.5），例如：

```
<SCRIPT Language="VBScript" Runat=Server>
```

注：此处 Script 的属性值是否加引号，使用单引号还是双引号，运行效果相同，即 VBScript 等效于'VBScript'等效于"VBScript"

【例 6.5】拓展对象法，在 ASP 代码中包含 Script 脚本（L6-5.asp）。

```
<HTML>
<HEAD><TITLE>声明包含在 Script 脚本中</TITLE></HEAD>
<BODY>
<SCRIPT Language="VBScript" Runat="server">
   Sub MyBoys
      Response.Write("竹帘岂妨流水过，")
   End Sub
</SCRIPT>
<% MyBoys %>          <!-- 过程调用 -->
</BODY>
</HTML>
```

6.3 调试 ASP 程序

ASP 程序运行在服务器端，相对来说对它的调试要麻烦一些。本书使用的调试工具主要是 Visual Studio .NET 2003。调试程序是艰苦而繁重的工作，其任务不仅仅是运行一次脚本，输出正确结果，就交付使用了。通常要测试它的每一行代码，看看是否正确。作为 Web 开发人员，要顾及程序的运行速度，尽可能地加速所编写的 ASP 程序，避免造成服务器负担过重。除此以外，要考虑程序的运行环境，使其不仅仅在本地机上运行无误，还要考虑移植到网络服务器上后，是否具有同样的效果。

1. 常见错误的调试

通过 IE 浏览器报告错误，例如：

① 无法找到网页 HTTP 400 -请求无效。

② 本页无法显示 HTTP 500 -内部服务器错误。

③ 您没有权限查看该网页 HTTP 401.1 -未授权：登录失败。

特别要指出的是，当出现“HTTP 500 -内部服务器错误”报错时，绝大部分情况是用户的数据库方面有错，其中最有可能出错的原因是数据的类型、宽度，访问数据库的语句出错。

2. 脚本调试

① 使用 ERR 对象。如使用 VBScript 的 ERR 对象跟踪简单错误：

```
<%
 On Error Resume Next
 Time=Nowadays
 Response.Write(Time)
%>
```

由于 VBScript 未提供 Nowadays 函数，代码错误，产生 ERR 对象，而后继续执行，运行这段程序输出空白页。

② 运行代码自动记录产生的错误。

③ Script Debugger。

本书使用 Visual Studio .NET 2003 调试程序。

3. 防止错误

通过日常养成的良好编程习惯，避免错误的发生。需要注意的事项有：

① 显示声明变量。

② 使用有意义的变量命名约定。

③ 变量转换为合适的数据类型。

④ 代码的格式化和缩进编排。

⑤ 封装脚本。

⑥ 注意潜在的错误情况。

⑦ 适时测试程序。

6.3.1 Microsoft Visual Studio .NET 2003 简介

Visual Studio .Net 2003 集成开发环境（Integrated Development Environment，IDE）是向开发人员提供的最具效率的工具之一，主要用于为 Web 创建下一代应用程序。通过包括其他用于设计、指定和沟通应用程序结构及功能的能力，基于 VS.NET 企业开发而创建。它使软件设计师和高级开发人员能够提供结构指导并在整个开发小组内共享最佳做法。VS.NET 使设计师和高级开发人员可以为 XML Web 服务和应用程序明确定义应用程序功能和结构。其中，数据库的概念模型使数据库设计人员和分析人员能够捕获业务要求，并确保业务要求能够精确地反映数据库模型和数据库的物理设计。企业模板便于创建开发准则和策略、与经验较少的成员共享高级开发人员和设计师的知识、为他们的项目创建可重复使用的应用程序框架。基于统一模型语言（Unified Modeling Language，UML）的应用程序模型确保结构和功能在编码之前被清楚地记录和沟通。

运行 Visual Studio .NET 2003，打开的主窗口如图 6-7 所示，选择【文件】→【新建】→【文件】命令（见图 6-8），弹出“新建文件”对话框（见图 6-9）。在“新建文件”对话框的“常规”类别中我们可以选择建立各种不同的文件，如文本文件、HTML 文件、框架文件、样式文件、XML 文件、

XML 架构文件、XSLT 文件、位图文件、图标文件、光标文件、资源模板等。也可以选择“脚本”类别，建立诸如 Active Server Page、JScript、VBScript 以及 JScript.NET Web 窗体、Windows 脚本宿主文件等（见图 6-10）。

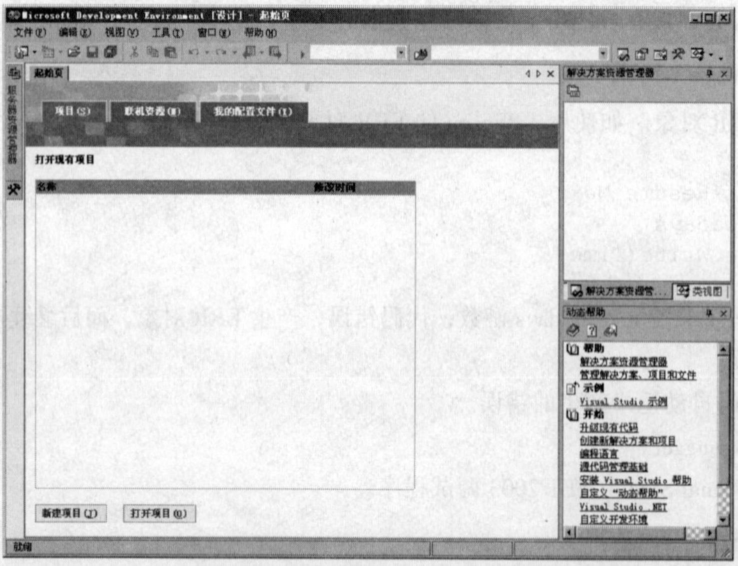

图 6-7 VS.NET 主窗口

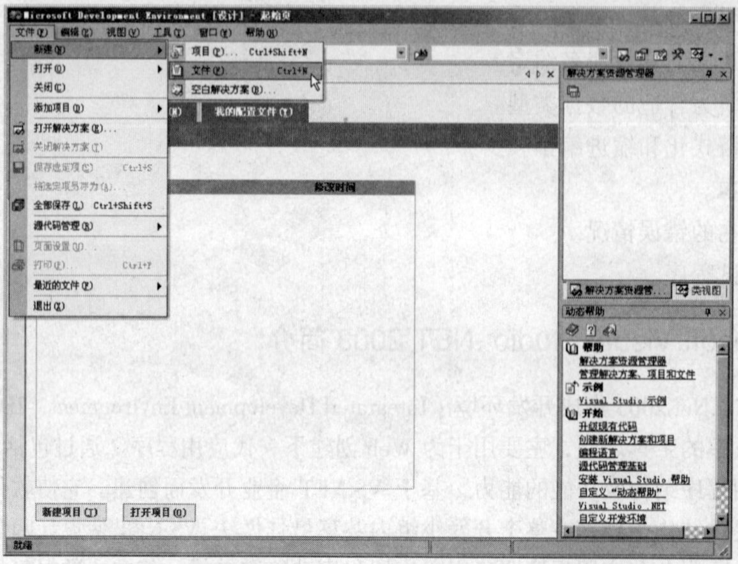

图 6-8 选择【文件】→【新建】→【文件】命令

6.3.2 创建 Web 页面

Visual Studio .NET 2003 功能强大，使用它可以建立多种不同的文档，这里仅介绍创建“HTML 页”文档和“Active Server Page”文档的简单过程。

1. 创建“HTML 页”文档

① 在图 6-9 中，双击【HTML 页】图标，或选择【HTML 页】，单击【打开】命令。

② 在图 6-11 的左下角选择设计视图，将鼠标放在左边的【工具箱】上，即可弹出工具箱菜单，可直接用鼠标选中并拖至窗口。

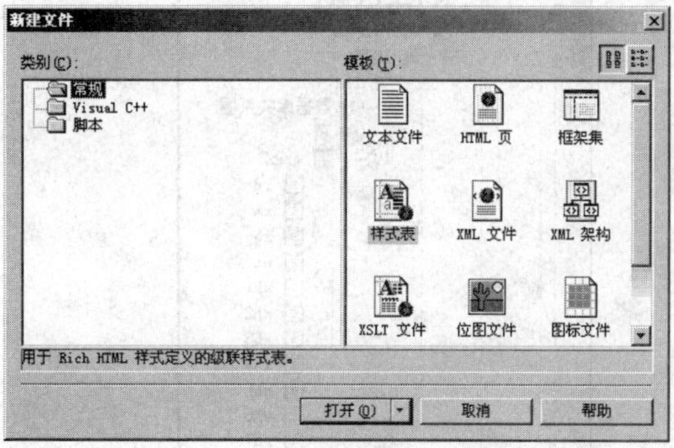

图 6-9　“新建文件”对话框

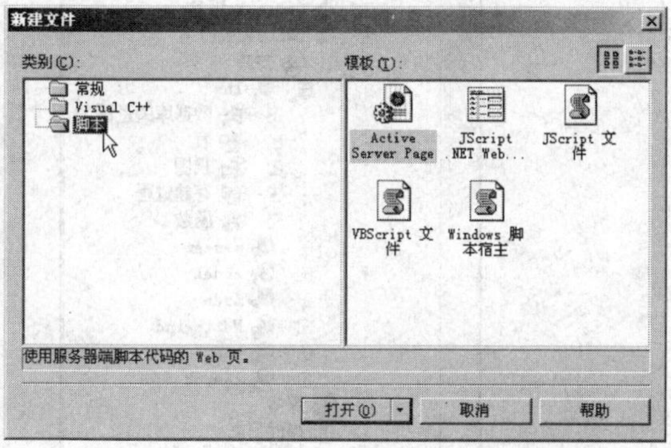

图 6-10　建立脚本文件

③ 输入文字并选择相应控件，建立如图 6-11 的表单。

④ 也可以在图 6-11 的左下角选择 HTML 视图，直接书写源代码。

2．创建“Active Server Page”文档

① 在图 6-10 中，双击【Active Server Page】图标，或选中该图标后单击【打开】命令。

② 在打开的【Active Server Page】HTML 视图（见图 6-12）中，可以直接书写源代码。

③ 也可以在图 6-12 中选择设计视图，用所见即所得的方式操作。

图 6-11　选择视图模式

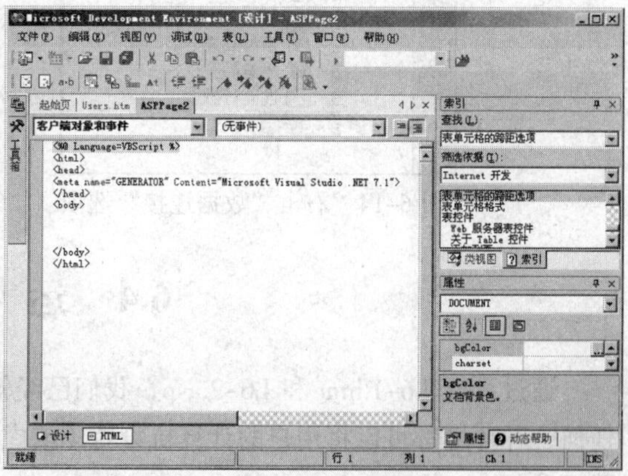

图 6-12　HTML 视图模式

6.3.3　连接数据库

在 SQL Server 2000 上建立数据库以后，可以使用 VS.NET 的“服务器资源管理器”（单击工具栏的“视图”获取），打开用户的数据库，如 lhx，如图 6-13 所示。对其中的表（grxx）进行修改、增删、添加数据等操作，或右击 表，创建新表并添加数据。在 SQL Server 数据库端，只要刷新数据库表就可以看见新建的数据库表。

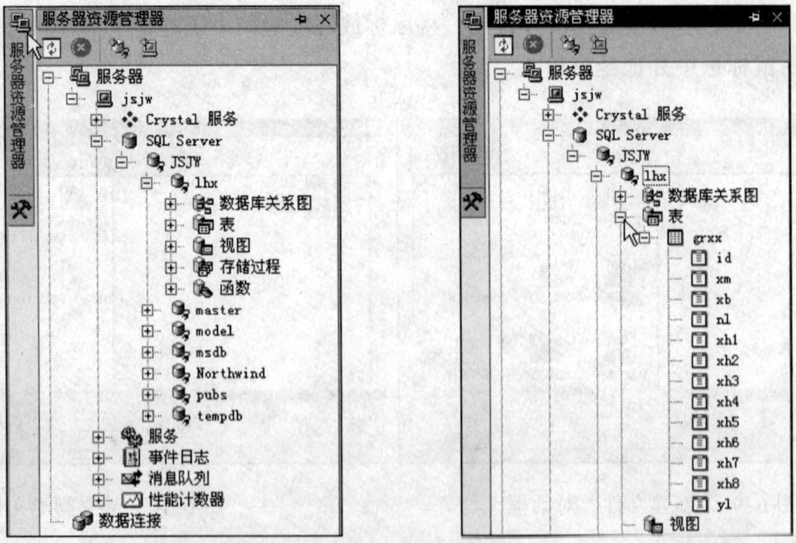

图 6-13　打开数据库 lhx 的表 grxx

还可以右击“服务器资源管理器”的“数据连接”选项，单击“添加连接”命令，连接网络上的其他数据库服务器，如图 6-14 和图 6-15 所示。

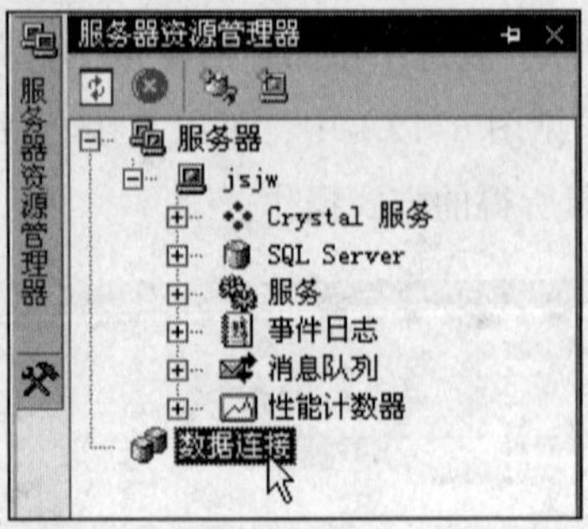

图 6-14　右击“数据连接”选项

图 6-15　准备连接其他的数据库

6.4　运 行 平 台

通过运行 L6-1.htm 和 L6-2.asp，我们已经知道 ASP 是运行在服务器端的程序。表 6-2 中的任何一种环境都可以将用户的计算机设置（或虚拟）为 Web 服务器，用来执行 ASP；其他软件配置可参阅 1.3 节。

表 6-2　ASP 的运行环境

窗口操作平台	Web 服务器
Windows Server 2003	IIS 6.0
Windows Server 2000	IIS 5.0（支持 ASP 3.0 版）
Windows NT 4.0 Workstation	PWS 4.0 （for NT 4.0 Workstation）
Windows NT 4.0 Server	IIS 4.0
Windows 98SE/95/98	PWS 4.0

注：

① Windows Server 2003 系统没有自动加载 Internet 信息服务器，必须要手工配置，也就是通过【管理工具】→【管理您的服务器】→【添加或删除角色】，进入“配置您的服务器向导”对话框，选择【自定义配置】选项，按需求选择“应用程序服务器”选项，单击【下一步】按钮后，系统将加装 IIS；完成配置后，还需开启对 ASP 的支持，由【管理工具】→【Internet 信息服务管理器】→【Web 服务器扩展】，选择【Active Server Pages】→【允许】即可。

② IIS 5.0 随 Windows 2000 Server 的安装而建立，而使用 Windows 2000 Professional 时，则需通过【控制面板】→【添加/删除程序】→【添加/删除 Windows 组件】，在“Windows 组件向导”对话框中的组件栏内选择“Internet 信息服务（IIS）”，按提示完成 IIS 5.0 的安装。

③ 若使用 Windows XP Professional，也需通过【控制面板】→【添加/删除程序】→【添加/删除 Windows 组件】→【Windows 组件向导】，选择“Internet 信息服务”选项安装 IIS。

④ 若用户使用的是 Windows XP Home Edition，则不能加装 IIS。

⑤ 若使用 Windows 98，则需从 Windows 98 光盘的 add-ons\pws\文件夹下找到 Setup.exe 安装 PWS 4.0，PWS 4.0 内含有 IIS 4.0。

借助第三方厂商提供的服务器扩展程序（如 iASP 等），可以在其他操作系统（如 Unix、Apache、Linux）上执行 ASP 程序。只要 Web 服务器内嵌了 ASP 解释程序，它就完全可以执行 ASP 编写的动态网页。也可以借助其他工具软件（如“ASP 小旋风”）运行 ASP 程序。

6.5 ASP 的对象模型

对象是基于特定模型的。在面向对象的编程中，对象指的是由作为完整实体的操作和数据组成的变量。用户通过一组方法或相关函数的接口访问对象的数据，使用对象的功能。

ActiveX 组件是建立基于 ASP 的 Web 应用程序的关键。ActiveX 组件也是包含执行某项或一组任务的代码。由于组件可以执行公共任务，诸如读取客户端传递的数据，向客户端输出数据等（就像在 C 语言中调用函数一样简单）。作为一般的程序员完全没有必要花时间去编写这样的源代码，只需掌握如何访问这些组件提供的对象就可以了。一般的初学者，也能在不了解组件运作方式的情况下编写脚本。使用组件的优点是，我们可以不用学习太多、太复杂的编程规范就能编写功能强大的脚本。

组件是包含可更改数据形式的代码，并符合 COM 协议规范的对象。在使用这种对象时，需创建对象实例（Object Instance），并给它配置变量名。对象实例实际上是一种功能强大的变量，它可以使用对象、集合、方法、属性等。例如使用 Server 对象的 CreateObject 方法创建对象实例，使用脚本语言的变量分配指令为对象实例命名。例如：

```
Set ObjFSO=Server.CreateObject("Scripting.FileSystemObject")
```

ObjFSO 变量是 ASP 程序创建的对文件、文件夹访问的对象实例（可参见第 8 章）。ASP 还提供了可以在脚本中使用的内置对象，使用这些对象用户更容易收集通过浏览器请求发送的信息，响应浏览器以及存储用户信息。与公共网关接口（Common Gateway Interface，CGI）相比，ASP 使得程序员大大降低了繁杂的工作强度。

ASP 3.0 提供了 7 个功能强大的内置对象（见表 6-3），我们使用得最多的、最主要的内置对象是 Request 和 Response。其他一些对象提供编写脚本程序的附加功能。利用这些对象所提供的集合、属性和方法以及其他内部组件和外部组件，我们可以编制出形态各异、丰富多彩的 ASP 应用程序。

表 6-3 ASP 对象模型（详细描述可参见附录 C）

名　称	基　本　功　能
Request	服务器从客户端取得信息
Response	服务器向客户端传送信息
Application	公共存储区，可以被不同的用户访问
Session	个人存储区，在当前状态下，只能被用户本人访问
Server	提供存取 Web 服务器的功能
ObjectContext	用来配合服务器进行分布式的事务处理
ASPError	用来返回 ASP 出错的详细信息（ASP 3.0 新增对象）

表 6-3 中前 5 个是常用的内置对象，在后续各章节中均要用到。ASP 的对象、集合、方法和属性等概念，与在第 5 章描述的脚本语言的对象等类似。

6.6 包含指令#include

#include 指令属于服务器端包含指令（Server-Side Include，SSI）中的一条。SSI 主要有 6 条指令，如表 6-4 所示。

表 6-4 服务器端包含指令及说明

指　令	说　明
#config	指定返回到客户端的 SSI 错误信息、日期等所使用的格式
#echo	把环境变量 HTTP 的值插入到 HTML 中
#exec	执行一个程序或一个服务器外壳命令
#flastmod	把指定文件的上一次修改日期插入到 HTML 中
#fsize	把指定文件的大小插入到 HTML 中
#include	把文件包含到 HTML 中

程序语言一般都能包含一个以上的函数，而这些函数可以被多个文件使用。用户可在 ASP 程序代码中插入另外一个“被包括”的文件。程序执行到此，将先执行此文件，然后再继续执行下一行的程序代码。ASP 就是通过#include 指令把另一个文件的内容插入到当前的 ASP 页面中（SSI 非常类似 C 语言中的文件包含处理）。一个 Include 文件可以包含 HTML 或是 ASP 脚本，该文件的扩展名一般使用.inc，但是从安全的角度考虑，建议使用.asp，也可以使用其他附加文件名称。例如：

```
<!-- #include file="/Myscripts/myinclude.inc" -->
```

#include 指令使用得非常广泛，它能最大限度地实现代码重用。当程序执行到该指令时，会把#include 指令所包含的内容插到当前 ASP 页内一起执行，这也就意味着诸如调用函数、过程等

可以由它来实现。#include 的语法如下：

```
<!-- #include VIRTUAL|FILE="filename" -->
```

- VIRTUAL：代表使用一个虚拟的相对或绝对路径，例如，一个文件名为 MyFile.inc，位于虚拟路径/MyDirectory 下：

```
<!-- #include VIRTUAL="/MyDirectory/MyFile.inc" -->
<!-- #include VIRTUAL="../../MyOtherDirectory/MyFile.inc" -->
```

- FILE：代表相对或全路径与文件名的组合，相对路径以一个目录开始并包含一个文件名：

```
<!-- #include FILE="Hostfile.inc" -->
```

使用 Include 文件的优点如下：

① 可以使网页有一个连贯一致的外观，如菜单。若在每一个网页上使用菜单，通常当菜单内容变化时，必须修改每一页。在 Include 文件里并没有 HTML 的起点或是终点标识，例如<HTML>或是<BODY>。这是因为当# include 语句被处理的时候，这个 Include 的文件内容会“融入”调用文件中，而成为它内容的一部分。一般来说，这部分的内容是在这个调用文件中间的某一段落中，所以没有起点或是终点的标识。运用 Include 文件，不论是菜单还是任何共同的 HTML 内容的变动，只需修改相关的 Include 文件即可，而不用去更改许多文件。

② Include 文件可以包括一组被大多数 ASP 文件所使用的函数。Include 文件是放置这些函数最理想的地方。例如，必须确认每个用户所输入的资料都是合法字符。在这种情况下，很多页面都需要使用到相同的判断合法字符的函数。但是利用 Include 文件，只需要把相同的程序包含在每个文件里就可以了。

被包含的 HTML 文件，可以包含任何 HTML 标识，例如图片与超链接。被包含的#include 文件，还可再包含其他的#include 文件。但是，这样的包含不应造成循环。例如，FileOne.asp 包含 FileTwo.inc，则 FileTwo.inc 不能再包含 FileOne.asp；一个文件也不能包含其本身，如果这样，程序将产生错误，并停止执行 ASP 文件。

ASP 包含文件会在执行脚本命令之前被载入，因此不能使用脚本去创建包含文件。例如，下述脚本的调用将失败：

```
<!-- 调用失败的脚本 -->
<% newfile=(first&".inc") %>
<!-- #include file="<% newfile %>"-->
```

在包含与被包含文件中，只能使用一次<%@ Language ="VBScript"%>，若在两个文件内都存在该语句，则报错。

6.7　实　训　题

【实例 6.1】用 VS.NET 2003 创建一个如图 6-16 所示的 HTML 文件（SL6-1.htm）。

操作步骤：

① 单击【开始】→【所有程序】→【Microsoft Visual Studio .NET 2003】命令。

② 在菜单栏中单击【文件】→【新建】→【文件】命令，在“类别”栏中选择【常规】选项，在“模板”栏中选择【HTML 页】选项，单击【打开】按钮，在菜单栏中单击。

③ 单击窗口左边的【工具箱】选项，打开【HTML】工具。

④ 选中【设计】标签，在所见即所得的环境下，按要求输入必要的文字。

⑤ 按要求从工具箱中选取相应的项目拖到设计窗口，完成练习。

【实例 6.2】调用函数和变量。运行结果如图 6-17（SL6-2.asp）所示。

程序代码：

```
<HTML>
<HEAD><TITLE>调用函数和变量</TITLE>
</HEAD>
<BODY>
   现在是早晨：<%=time%>，<! 调用时间函数 time >
   <%
      MyVar="同学们，早上好！"
      Response.Write(MyVar)         '使用 Response 对象输出变量
   %>
</BODY>
</HTML>
```

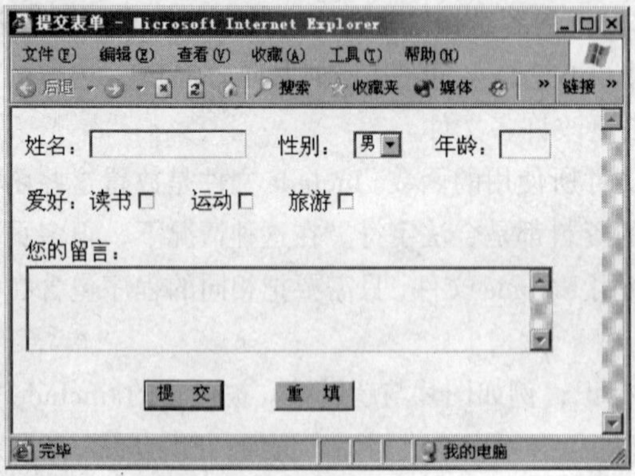

图 6-16 表单提交页面

图 6-17 调用 VBScript 的时间函数 time

说明：实例 6.2 使用了 ASP 的两种常用输出方法。<%= %>方法是 Response.Write 的简略形式，使用比较方便，而 Response.Write 方法在某些情况下处理问题更容易一些。

【实例 6.3】循环语句应用。运行结果如图 6-18 所示（SL6-3.asp）。

程序代码：

```
<HTML>
<HEAD><TITLE>Do…While 和 For…Next 语句</TITLE>
</HEAD>
<BODY>
<div align="center">                      <!定义文档块>
  <center>
  <table border="0">                      <!使用无边框表格>
    <tr>
      <td width="160" height="200">  <!设置表格的宽和高>
      <%
        Cnter=3
           Do While Cnter>=1
           Response.Write("女士们，先生们，<P>")
           Cnter=Cnter-1
        Loop
      %>
      </td>
```

```
      <td width="200" height="200">
      <%
        For I=1 to 6
      %>
        <Font Size=<%=I%>>
        早上好! <BR>
      <% Next %>
      </td>
    </tr>
  </table>
  </center>
</div>
</BODY>
</HTML>
```

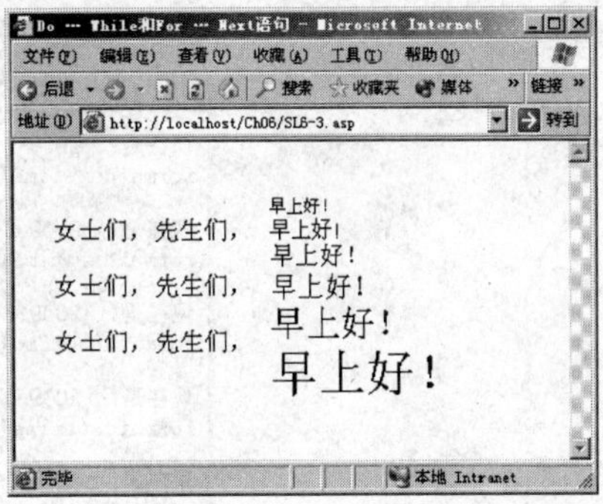

图 6-18　分别显示 3 行和 6 行问候语

【实例 6.4】用函数 Formatdatetime()格式化日期、时间（SL6-4.asp）。

程序代码：

```
<HTML>
<HEAD><TITLE>格式化日期、时间</TITLE>
</HEAD>
<BODY>
<%
For CountNo=0 to 4
DataCon=now()
Response.Write("现在是: ")
Response.Write(DataCon&"<BR>")
Select case CountNo
      Case 0
FormatData="vbgeneraldate"
      Case 1
FormatData="vblongdate"
      Case 2
FormatData="vbshortdate"
      Case 3
FormatData="vblongtime"
      Case 4
FormatData="vbshorttime"
End select
Response.Write("formatdatetime(now(),"&FormatData&")=")
Response.Write(formatdatetime(now(),CountNo)&"<P>")
%>
<% Next %>
</BODY>
</HTML>
```

说明：本例的运行结果如图 6-19 所示。其中 Formatdatetime()函数的语法为：

```
Formatdatetime(date,[数值])
```

数值为 0～4，也可以是本例中的符号常量

例如：currentdata=now

```
Formatdatetime(currentdata,0)    返回值: 09-3-20 下午 09:35:05"
Formatdatetime(currentdata,1)    返回值: 2009 年 3 月 20 日"
Formatdatetime(currentdata,2)    返回值: 09-3-20"
Formatdatetime(currentdata,3)    返回值: 下午 09:35:05"
Formatdatetime(currentdata,4)    返回值: 21:35"
```

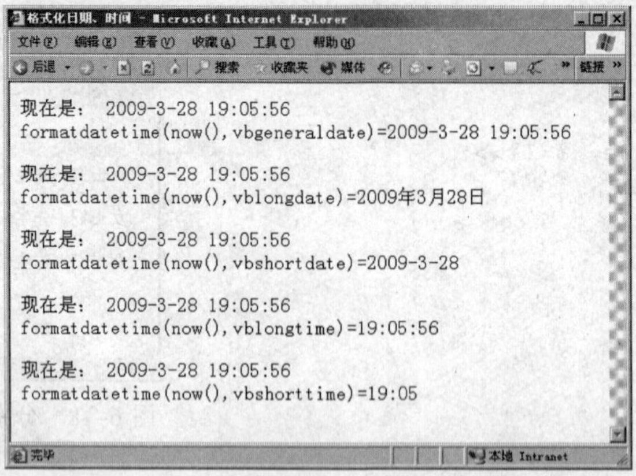

图 6-19　应用格式化日期、时间函数

注：由于系统时间、日期的设置不同，可能有不同的显示结果，如例 6.4。

【实例 6.5】用函数 FormatNumber()格式化数值（SL6-5.asp）。

程序代码：

```
<HTML>
<HEAD><TITLE>格式化数值</TITLE></HEAD>
<BODY>
<%
NumberDt=600.12345
Response.Write("原数值是: "&NumberDt&"<P>")
Response.Write("formatnumber(number,0)="&formatnumber(NumberDt,0)&"<BR>")
Response.Write("formatnumber(number,1)="&formatnumber(NumberDt,1)&"<BR>")
Response.Write("formatnumber(number,2)="&formatnumber(NumberDt,2)&"<BR>")
Response.Write("formatnumber(number,3)="&formatnumber(NumberDt,3)&"<BR>")
Response.Write("formatnumber(number,4)="&formatnumber(NumberDt,4)&"<BR>")
'保留四位小数，第五位四舍五入，不包含小数点前的零，如-.0135
Response.Write("formatnumber(number,4,0)="&formatnumber(NumberDt,4,0))
%>
</BODY>
</HTML>
```

说明：本例的运行结果如图 6-20 所示，其中 FormatNumber()函数的语法为：

```
FormatNumber(Expression[,NumDigitsAfterDecimal[,IncludeLeadingDigit]])
```

Expression：数值型表达式

NumDigitsAfterDecimal：数值型，保留小数位数

IncludeLeadingDigit：是否去除小数点前的零，0(去除，默认值)/-1(保留)

【实例 6.6】用 split()函数切分字符串，运行结果如图 6-21 所示（SL6-6.asp）。

程序代码：

```
<%@ Language="VBScript" %>
<HTML>
<HEAD><TITLE>切分字符串</TITLE>
</HEAD>
<BODY>
<%
   Public MyArray            '声明公共变量
```

```
    MyPoem="梅花 桂花 玫瑰花 春香秋香 "
    Response.Write("所对下联在此: "&MyPoem&"<P>")
    Response.Write("用空格切分后为: "&"<BR>")
    MyArray=split(MyPoem," ")
    MaxNo=ubound(MyArray)
    For i=0 to MaxNo-1
        Response.Write(MyArray(i)&"<BR>")
    Next
%>
</BODY>
</HTML>
```

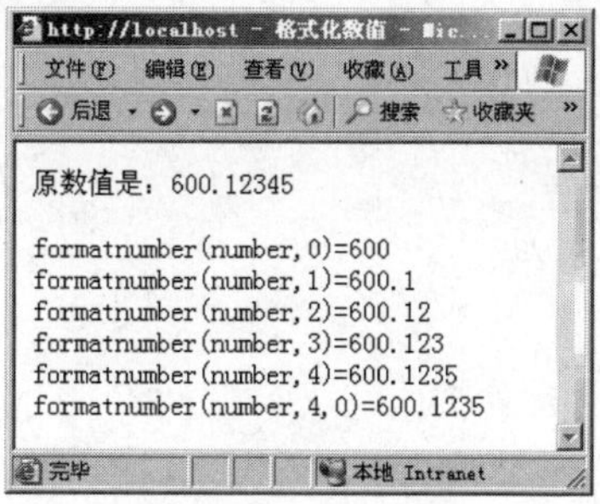

图 6-20　格式化数值

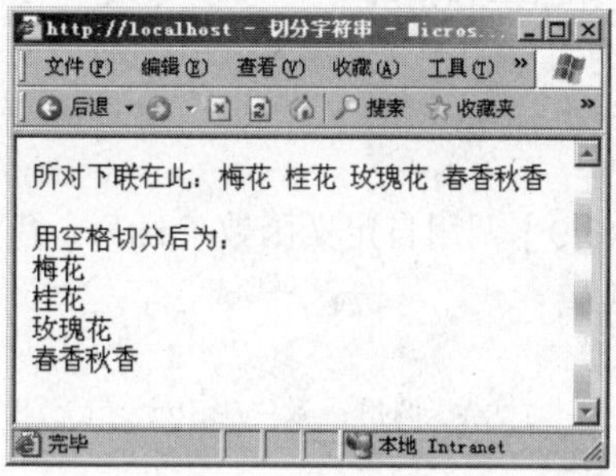

图 6-21　用 split()函数切分字符串

说明：该例是将一个字符串赋值给一个变量，split()函数的作用是将一个字符串切分成数个子字符串，并返回由这些子字符串组成的一维数组，本例以空格为切分字符串。注意汉、英切分字符串的区别。ubound( )函数是返回数组某一维的最大边界值。

【实例 6.7】使用数学函数 eval()（SL6-7.asp）。

程序代码：

```
<HTML>
<HEAD><TITLE>获取返回值</TITLE>
</HEAD>
<BODY>
<%
    MyRetunNum=575-15*5
    Response.Write("eval()函数的返回值是: ")
    Response.Write(eval(MyRetunNum))
%>
</BODY>
</HTML>
```

说明：使用的 eval()函数可以获得数值、日期、字符、货币、逻辑值等的返回值。例如：

```
MyRetunNum=575-15*5          返回值: 500
MyRetunNum="575-15*5"        返回值: 500
MyRetunNum="a=a"             返回值: True
MyRetunNum=#2009-03-24#      返回值: 2009-3-24
```

【实例 6.8】With 语句的使用。运行结果如图 6-22 所示（SL6-8.asp）。

程序代码：

```
<HTML>
<HEAD><TITLE>with 语句的使用</TITLE></HEAD>
<BODY>
<%
    With Response
```

```
      .Write "高山"
      .Write "哪碍"
      .Write "野云飞。"
   End With
%>
</BODY>
</HTML>
```

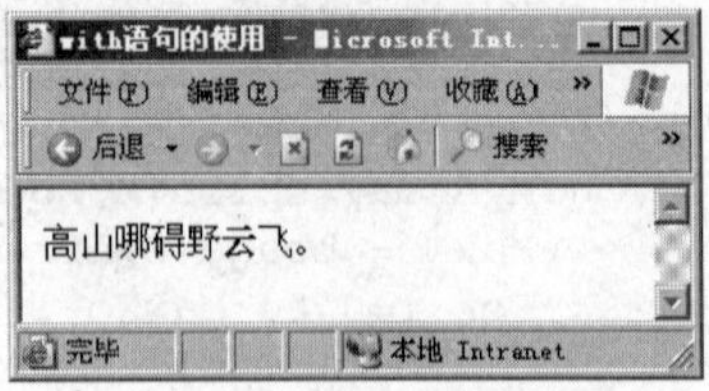

图 6-22 使用 with 语句

说明：with 语句的最大优点是可以优化代码，减少其他语句的重复使用次数。编写代码时应注意其分隔符小圆点“.”的位置，以下格式均为错误的：

- ```
  With Response .
  Write "高山"
  ```
- ```
  .With Response
  .Write "高山"
  ```

【实例 6.9】调用自定义函数 FirstFunc()（SL6-9.asp）。

程序代码：

```
<HTML>
<HEAD><TITLE>调用函数-VBScript</TITLE>
</HEAD>
<BODY>
<%
Call FirstFunc                         '调用 FirstFunc()函数
%>
</BODY>
</HTML>
<SCRIPT Runat=server Language="VBScript" >
   Function FirstFunc()
      Response.Write("这里调用的是 FirstFunc 函数。")
   End Function
</SCRIPT>
```

【实例 6.10】调用自定义函数 check2()，运行结果如图 6-23（SL6-10.asp）所示。

程序代码：

```
<TABLE border="0" width="514" cellspacing="0" cellpadding="0" height="135">
   <FORM method="post" action="SL6-10.asp" name="form0">
      <TR>
   <TD height="103">酒店名称：<input name="mc" size="23" style="color:#ff0000;
   font-weight:700" maxlength="40" > 星  级：<input type=
   "text" name="xj" size="9" maxlength="1"><P>
   电  话：<INPUT type="text" name="dh" size="25">  
    邮  编：<INPUT type="text" name="yb" size="16"></P>
   <P>详细地址：<INPUT type="text" name="xxdz" size="39"></P>
   </TD>
  </TR>
     <TR>
       <TD height="32" align="center">
          <input type="button" value=" 添 加 "onclick="check2()" style= "cursor:
             hand;">
       </TD>
     </TR>
   </FORM>
```

```
</TABLE>
<SCRIPT language="JavaScript"><!--
  function check2(){
     if(document.form0.mc.value==""){
        alert("酒店名称必须输入！");
        document.form0.mc.focus();
        return false;
        };
     if(document.form0.xj.value==""){
        alert("星级必须输入(0~5)！");
        document.form0.xj.focus();
        return false;
        };
     if(document.form0.xxdz.value.length>50){
        alert("地址名过长！应少于 50 个字符！");
        document.form0.xxdz.focus();
        return false;
        };
  form0.submit();
  }
//--></SCRIPT>
```

图 6-23　实例 6.10 的运行结果

从上面的例题中我们看到，ASP 中各种语句、函数的使用以及自定义函数的调用与它们在脚本语言中的应用几乎完全一样。用户可以将第 5 章所做过的例题换一个扩展名，在虚拟服务器上运行，从而验证程序的正确性并加深对 Web 程序的理解。

小　结

ASP 是一个基于 Script 的平台，能用来动态地产生 Web 页面的技术。由于它扩展性更好，功能更强大，使我们更容易开发动态交互页面。从基本形式上看，ASP 页面就是嵌有 ASP 语句体，能处理 HTTP 请求，由服务器方动态产生应答内容的 HTML 文件。它可以组合其他 ActiveX 为己所用，与 ADO 结合可以实现对数据库的操作。借助第三方厂商提供的服务器扩展程序，也可以在其他操作系统下执行 ASP 程序。

任何一个 Web 服务器，只要内嵌 ASP 解释程序，就可以支持 ASP 编写的动态网页。

任何一台装有 Windows 操作系统，并添加 IIS 的单机系统，都可以被虚拟为服务器。但是 Windows Server 2003 更稳定，性能更优良。

Microsoft Visual Studio .NET 2003 功能强、应用广，将它与 FrontPage 或 Dreamweaver 结合编程，取各自的长处，可以大大加快编辑 Web 页面的速度。

HTML 文件以<HTML></HTML>作始末标识，VBScript 用<SCRIPT></SCRIPT>作语言的始末标识，而 ASP 文件则以<% 和 %>作始末标识，用.asp 作为扩展名。

虽说 ASP 对编写格式要求不十分严格，但仍需按规则书写。例如空格的作用：

```
<%
   …
    Response.Write "<TABLE border="2" bgcolor="#FFAAAA" width=50%>"
   …
%>
```

下画线处用户的本意是设置表格的宽度尺寸为屏幕宽度的 50%，但由于百分号与右尖括号之间没有加上空格，导致出错。另一条语句：

```
<%@ Language="VBScript" % >
```

由于在下画线处的“%”号与“>”号之间多出一个空格，而导致程序出错。

#include 的扩展名可以使用.asp，它能最大限度地实现代码重用。使用#include 时，包含与被包含文件中，只能存在一条<%@ Language="VBScript" %>语句。

习　题

一、选择题（含多选）

1. ASP 文件不能在（　　）被解释执行。

   A．虚拟服务器　　B．浏览器　　C．服务器端　　D．客户端

2. 以下不属于动态网页技术的是（　　）。

   A．API　　B．CGI　　C．DHTML　　D．ASP

3. 交互页面的含义是（　　）。

   A．页面中有动画　　B．页面中有图片　　C．页面中有视频　　D．页面中有应答

4. 虚拟目录的含义是（　　）。

   A．不是实际的目录　　B．不存在的目录　　C．想象的目录　　D．虚幻的目录

二、填空题

1. 一个典型的 ASP 文件包括：标准 HTML 文件、________、________和________。
2. ASP 默认的脚本语言是________。
3. 最常见的支持 ASP 的脚本语言有________和________。
4. 指定 ASP 使用 VBScript 脚本语言的语句是：

```
<%@________________ Runat="Location" %>
```

三、简答题

1. 简述 ASP 的技术特点，它由哪几个部分组成？其文件的结构和组成怎样？
2. 除 Windows 环境以外，其他操作系统下是否也能运行 ASP？
3. 参见附录 C，简述 ASP 的内置对象和它们的基本功能。
4. Microsoft Visual Studio .NET 2003 的主要功能有哪些？
5. VS.NET 2003 的设计视图和 HTML 视图的主要作用是什么？

四、编程题

1. 在 VS.NET 2003 下，编写如图 6-11 所示的 ASP 页面。
2. 在 VS.NET 2003 下，编写 ASP 程序，要求输出一串由大到小纵向排列的字符“书山有路勤为径”。
3. 在 VS.NET 2003 下，编写 ASP 程序，利用 Response 对象的 Write 方法，向客户端浏览器输出一个 5 行 5 列，宽度为 8 的表格，各列名分别是学号、姓名、性别、年龄和宿舍号。
4. 在 VS.NET 2003 下，编写带控件的 ASP 网页（如插入日历等）。
5. 在 VS.NET 2003 下，以“乡村”为主题设计一个 ASP 网页，要求嵌入例 5.24 中的时钟程序段。

第 7 章 应用 ASP

7.1 认识交互页面

在例 6.1 和例 6.2 中我们已经了解到 ASP 的两个对象 Request 和 Response，可以使用这两个对象完成客户端与服务器端的交互。它们类似于高级语言中的输入/输出（这里由于 ASP 是运行在服务器端的，所以此处的输入/输出是指客户端与服务器端的交互），但是 Request 和 Response 对象则要复杂得多。

7.1.1 Request 对象

Request 对象用来取得客户端对 Web 服务器提出的各类请求信息。可以使用 Request 对象访问基于 HTTP 请求所传送的信息，包括 HTML 页面<FORM>表单所用的 post 方法（传递参数）或 get 方法（送出请求）、Cookie 和 Server Variable 等。Web 服务器对 Request 是“来者不拒”。Request 对象的集合（Collection）、属性（Property）、方法（Method）等详细描述可参见附录 C。

1. Request 对象的语法

```
Request[.collection|property|method](variable)
```

2. Request 对象的基本应用

下面我们以一对例题来了解 Request 和 Response 对象的应用，其中，Response 对象的说明可参见第 7.1.2 小节。

【例 7.1】应用表单提交用户数据，运行结果如图 7-1 所示（L7-1.asp）。

```
<HTML>
<HEAD><TITLE>提交用户数据</TITLE></HEAD>
<BODY>
<FORM action="L7-2.asp" method="post">
<INPUT type="hidden" name="uid" value="sqm">
<CENTER><B>用户意向表</B></CENTER>
<TABLE width="100%">
<TR><TD align="right">用户姓名: </TD>
<TD width="70%"><INPUT name="uname" maxlength="30"></TD></TR>
<TR><TD align="right">用户密码: </TD>
<TD><INPUT type="password" name="pword"></TD></TR>
```

```
12:<TR><TD align="right">用户性别: </TD>
13:<TD><INPUT type="radio" name="usex" value="男" checked>男
14:    <INPUT type="radio" name="usex" value="女">女
15:</TD></TR>
16:<TR><TD align="right">用户年龄: </TD>
17:<TD><SELECT name="uage" size="1">
18:   <OPTION value="-100" selected>--选择年龄--
19:   <OPTION value="0">小于 18 岁
20:   <OPTION value="1">18 - 30 岁
21:   <OPTION value="2">31 - 40 岁
22:   <OPTION value="3">41 - 50 岁
23:   <OPTION value="4">51 - 60 岁
24:   <OPTION value="5">61 - 70 岁
25:   <OPTION value="6">大于 70 岁
26:</SELECT>
27:</TD></TR>
28:<TR><TD align-"right">用户住址: </TD>
29:<TD><INPUT name="uaddr" maxlength="60"></TD></TR>
30:<TR><TD align="right">最想去的城市: </TD>
31:<TD><INPUT type="checkbox" name="ucity" value="北京">北京
32:    <INPUT type="checkbox" name="ucity" value="巴黎">巴黎
33:    <INPUT type="checkbox" name="ucity" value="纽约">纽约
34:    <INPUT type="checkbox" name="ucity" value="悉尼">悉尼
35:</TD></TR>
36:<TR><TD align="right" valign="top">用户留言: </TD>
37:<TD><textarea cols="20" rows="4" name="umessg"></textarea>
38:</TD></TR>
39:<TR><TD colspan="1" align="right">
40:<INPUT type="submit" name="submit" value="提交"></TD>
41:<TD colspan="2" align="left">
42:<INPUT type="reset" name="reset" value="重填">
43:</TD></TR>
44:</TABLE>
45:</FORM>
46:</BODY>
47:</HTML>
```

说明：

① 行号不是程序的组成部分，仅为解释方便而设置。

② Form 集合可以获取用 post 方法从浏览器传送来的值，这些值由 FORM 表单提交。FORM 表单一般含有文本框、密码框、隐藏框、复选框、单选按钮、下拉菜单和文本区域框等属性。第 4 行指出调用程序为 L7-2.asp，练习时应注意名称的统一。在每一个 FORM 表单的子标识内，都有一个 name 属性。例如，密码框 Password 的属性 name="pword"。在 ASP 文件中可用下面的语句获取 name 的值：Request.Form("pword")。终端用户单击【提交】按钮，将 FORM 表单所包含的数据从客户端传送到服务器。

③ 对于<INPUT type="hidden" name="uid" value="sqm">，它的值写在属性 value 上，那么 Request.Form("uid")所获得的值为 sqm。

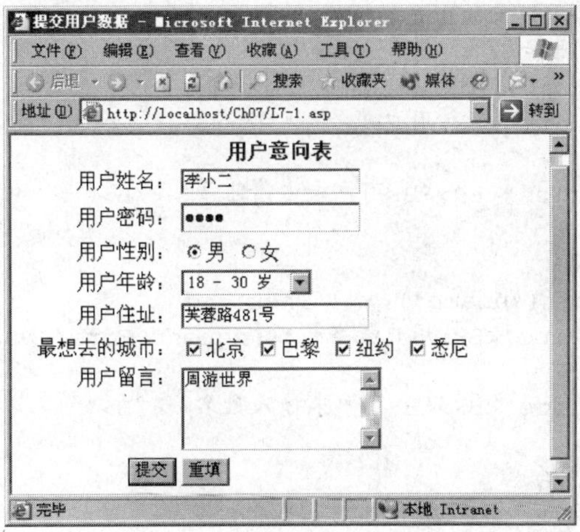

图 7-1　填入用户数据提交给服务器

④ 在 radio 选项内，同一组 radio 应当使用相同的名称，例如：

```
<INPUT type="radio" name="usex" value="男" checked>男
<INPUT type="radio" name="usex" value="女">女
```

浏览器会将最终选中的值传给 Request.Form("usex")。checked 属性为默认选项。

用户还可以通过表 7-1 了解例 7.1 中提交用户数据和在服务器端使用 Request.Form 获取数据的方法。

表 7-1　提交数据以及数据的获取方法列表

行　号	提交类型	Name 值	数据来源	数据获取方式
5	hidden	uid	sqm	Request.Form("uid")
9	text	uname	（输入值）	Request.Form("uname")
11	password	pword	（输入值）	Request.Form("pword")
13～14	radio	usex	男/女	单选框，默认值为“男”，用 Request.Form("usex")读取
17～26	select	uage	-100，0～6	下拉菜单，选取合适的年龄段，用 Request.Form("uage")读取
29	text	uaddr	（输入值）	Request.Form("uaddr")
31	checkbox	ucity	北京	Request.Form("ucity")
32	checkbox	ucity	巴黎	Request.Form("ucity")
33	checkbox	ucity	纽约	Request.Form("ucity")
34	checkbox	ucity	悉尼	Request.Form("ucity")
37	textarea	umessg	（输入值）	Request.Form("umessg")
40	submit	submit	提交	Request.Form("submit")
42	reset	reset	重输	Request.Form("reset")

【例 7.2】确认用户输入的数据并返回，运行结果如图 7-2 所示（L7-2.asp）。

```
<%@ Language=VBScript%>
<HTML>
<HEAD><TITLE>确认用户信息</TITLE></HEAD>
<BODY>
```

```
<CENTER>**从服务器返回的用户数据**</CENTER>
<%'显示并验证用户账号
 If Request.Form("uid")="sqm" Then
    Response.Write"<BR>用户账号: "&Request.Form("uid")
 Else
    Response.Write"<BR><B>用户未申请账号! </B>"
 End If
'显示并验证用户名
 If Request.Form("uname")<>"" Then
    Response.Write"<BR>用户姓名: "&Request.Form("uname")
  Else
    Response.Write"<BR><B>用户未输入姓名! </B>"
  End If
'显示并验证用户密码
 If Request.Form("pword")="1234" Then
    Response.Write"<BR>用户密码: " &Request.Form("pword")
 Else
    Response.Write"<BR><B>用户的密码不正确! </B>"
 End If
'显示性别
 Response.Write"<BR>用户性别: "&Request.Form("usex")
'显示年龄
 uage=""
 Select Case Request.Form("uage")
    Case 0: uage="不满 18 岁"
    Case 1: uage="18 - 30  岁"
    Case 2: uage="31 - 40  岁"
    Case 3: uage="41 - 50  岁"
    Case 4: uage="51 - 60  岁"
    Case 5: uage="61 - 70  岁"
    Case 6: uage="超过 70  岁"
    Case Else: uage="用户未选择年龄! "
 End Select
 Response.Write"<BR>用户年龄: "& uage
'显示并查验地址
 If Request.Form("uaddr")<> "" Then
    Response.Write"<BR>用户住址是: " &Request.Form("uaddr")
 Else
    Response.Write"<BR><B>用户未输入住址! </B>"
 End If
'选择去游览的城市
 Response.Write "<BR>用户想去: "
 For i=1 to Request.Form("ucity").count
   If Request.Form("ucity")(i)<>" "  Then
      Response.Write""&Request.Form("ucity")(i)
      Response.Write" "
   End If
 Next
'显示并查验留言
 If Request.Form("umessg")<>"" Then
    Response.Write"<BR>用户留言: "&Request.Form("umessg")
 Else
    Response.Write"<BR><B>用户没有留言! </B>"
```

```
58:  End If
59:%>
60:</BODY>
61:</HTML>
```

说明：第 5 行使用 Request.Form("uid")="sqm"来检查用户账号，以确认是否为已注册用户。所有客户端浏览器的传送值，均可使用 Request 对象的 Form 集合来得到。数据回送浏览器使用 Response 对象的 Write 方法，请参阅第 7.1.2 小节。

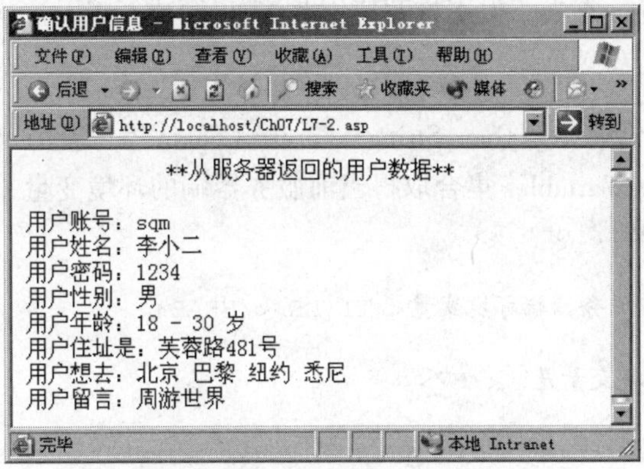

图 7-2 服务器返回给用户的数据

【例 7.3】使用 QueryString 集合传送数据的程序段。

```
<%
  Idnub=Request.QueryString("uid")
  Passnub=Request.QueryString("pword")
  Response.Write"<P>"&"用户账号: "&Idnub&"<P>"
  Response.Write"用户密码: "&Passnub
%>
```

说明：例 7.1 中表单使用 post 方法向 ASP 文件传送数据（见第 4 行），若换用 get 方法向 ASP 文件传送数据，则数据将保存在集合 QueryString 中。QueryString 集合用来检查 HTTP 字符串中变量的值，HTTP 查询字符串是由问号“？”后面给定的值来确定的，例如：

```
<A href="http://127.0.0.1/Ch06/L7-2.asp?uid=sqm&pword=1234">
```

可将例 7.3 的程序段插入到例 7.2 中（一般放在最后），在浏览器的地址栏内输入：

```
http://127.0.0.1/Ch06/L7-2.asp?uid=sqm&pword=1234
```

浏览器将通过 get 方法获得用户的账号和密码。

可以用 3 种方法在浏览器端产生 get 请求：

① 直接在浏览器地址栏内输入超链接（包含“?”后的参数），例如：

```
http://127.0.0.1/Ch06/L7-2.asp?uid=sqm&pword=1234
```

② 在程序中使用超链接，例如：

```
<A href="http://127.0.0.1/Ch06/L7-2.asp?uid=sqm&pword=1234">
```

③ 使用 FORM 表单，表单的属性 method=get，例如：

```
<FORM action="L7-2.asp" method="get">
  <INPUT name="uid" value="sqm">
  <INPUT type="password" name="pword" value="1234">
</FORM>
```

浏览器对这 3 种不同的方法，所产生的请求是相同的，均生成 QueryString 请求串：

```
http://127.0.0.1/Ch06/L7-2.asp?uid=sqm&pword=1234
```

get 方法的缺点是不能传送太长的数据信息，而且请求串常常会被浏览器直接显示在其地址栏内。get 方法的优点是可以方便地把信息放在请求串 QueryString 内传送给服务器。

如果将表单的 method 属性设为“get”，却用 Form 集合去获取表单数据，或将 method 属性设为“post”，而用 QueryString 去获取表单数据，均获得一空字符串。为了避免上述错误，可以将语句前的 QueryString 或 Form 省去（但不推荐使用此法），写成：

```
Request("uid")          '返回字符串 sqm
Request("pword")        '返回字符串 1234
```

此时，Request 的搜索顺序是 QueryString→Form→Cookie 等，若仍未找到，则返回空字符串。

【例 7.4】使用 Server Variables 集合取得当前服务器端的环境变量（L7-4.asp）。

```
<%@ Language="VBScript" %>
<HTML>
<HEAD><TITLE>获取服务器端环境变量</TITLE></HEAD>
<BODY>
  <H2>本服务器的环境变量是: </H2>
    <OL>
      <% For Each ValKey in Request.ServerVariables %>
    <LI><%= ValKey %>=<%= Request.Servervariables(ValKey) %><BR>
      <% Next %>
    </OL>
</BODY>
</HTML>
```

说明：Request 对象的 Server Variables 集合保存了随 HTTP 请求一起传送 HTTP 报头（HTTP Header，参见附录 C）的信息，通过它可以获取有关服务器端的信息与 HTTP 报头。也可根据不同的需要用 Server Variables 集合获取服务器端的环境变量。为节省篇幅，请用户自己上机运行例 7.4，运行的结果依不同的系统稍有不同。注意一定要在服务器或虚拟服务器端调用该程序。常见的服务器端环境变量如表 7-2 所示。

表 7-2 常见的服务器端环境变量

环境变量名	说　明
ALL_HTTP	返回所有 HTTP 报头（header）
ALL_RAW	返回所有 HTTP 报头，不作格式化，即变量前不加 HTTP_，且不全改为大写
Auth_Password	返回浏览者密码
Auth_Type	服务器端用来认证用户的类型
Auth_User	返回用户名称
Content_Length	返回内容长度
Content_Type	浏览器端的文件传送类型
Gateway_Interface	服务器端的 CGI 版本
HTTP_Accept	返回 Accept 报头的值
HTTP_Accept_Language	返回用户的地区语言代码，zh-cn 中国、en-us 美国等
HTTP_Connection	浏览器端与 Web 服务器所建立的联机类型

续表

环境变量名	说　　明
HTTP_Cookie	浏览器端所返回的 Cookie
HTTP_Host	浏览器端的主机名称
HTTP_Referer	返回网页导向之前的初始网页的网址
HTTP_User_Agent	返回用户端的浏览器版本、类型等相关信息
HTTPS	若以 SSL 方式传送数据，就返回 on，否则返回 off
Local_Addr	返回服务器的 IP 地址
Logon_User	登录 Windows 的用户账号
Path_Info	返回当前打开网页的虚拟路径
Path_Translated	返回当前打开网页的实际路径
Query_String	返回以 get 方式所得的表单数据
Remote_Addr	返回远程主机的 IP 地址
Remote_Host	返回远程主机的名称
Remote_User	返回远程用户的名称
Request_Method	用户请求传送信息的方式，如 get、post
Script_Name	返回所执行的 ASP 脚本文件的路径和文件名
Server_Name	返回服务器端的计算机名称或 IP 地址
Server_Port	返回服务器端的接口编号
Server_Protocol	返回服务器端的 HTTP 版本号
Server_Software	返回服务器端的服务器软件名称及版本
URL	返回当前网页的 URL

【例 7.5】利用 Server Variables 限制用户访问功能的程序段。

```
<%
    If Request.ServerVariables("REMOTE_HOST")<>"192.168.18.1" and _
     Request.ServerVariables("REMOTE_HOST")<>"" then
     Response.Redirect"bypass.asp"      '若用户来自非指定地址，则拒绝访问本页
    End if
%>
```

说明：网站的分级管理使一般用户、注册用户以及系统管理员有不同的权限，一般用户只能浏览网站内容，而系统管理员则可以修改网站的所有内容，并且可以拒绝某些不受欢迎的用户登录。利用 Request.ServerVariables("REMOTE_HOST")可以取得远程用户 IP 地址的特性，在页面的起始处增加例 7.5 的代码可以允许或拒绝某些用户访问页面。还可以用其他方法，如 Request.ServerVariables("HTTP_HOST")来限制非注册用户访问网页。

7.1.2　Response 对象

Response 对象用来取得创建和回送客户端浏览器的响应信息。它类似于 C 语言的 printf()函数，只不过 Response 对象的 Write 方法是将信息从 Web Server 输出到客户端浏览器。Web 服务器对

Response 是“有求必应”。Response 对象的集合（Collection）、属性（Property）、方法（Method）等的详细描述可参见附录 C。

1. Response 对象的语法

```
Response[.collection|property|method](variable)
```

2. Response 对象的基本应用

【例 7.6】使用 Write 方法，输出结果如图 7-3 所示（L7-6.asp）。

```
<%@ Language="VBScript" %>
<HTML>
<HEAD><TITLE>使用 Write 方法</TITLE></HEAD>
<BODY>
<%
    Dim monthV,dateV
    Response.Write"<B>同学，你好！</B>你能不能告诉我今天是几月几号？"
    monthV=month(date)
    dateV=day(date)
    Response.Write"<P>哦！老师，今天是 "&monthV&"月"&dateV&"日。"
%>
</BODY>
</HTML>
```

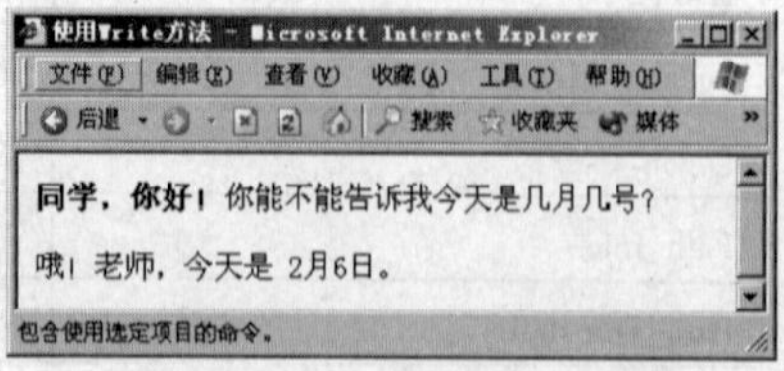

图 7-3 Write 方法的应用

说明：利用 Response 对象中最常用的 Write 方法可以将数据从 Web 服务器输出到用户端的浏览器。Response 对象的主要作用是决定何时或如何将输出由服务器端传送至客户端浏览器。例 7.6 中 Response.Write" "用来向浏览器写一段信息，可以在 Response.Write 里嵌入任何 HTML 标识。Month(date)和 day(date)是 VBScript 的函数，所获取的值分别赋给变量 monthV 和 dateV。还可以用不同的形式书写 Response.Write 语句：

```
(1)<%
   Response.Write"<INPUT id=sqm name=newone type=hidden>"
  %>

(2)<%
   Response.Write"<INPUT id=sqm "&"name=newone "&"type=hidden">
  %>

(3)<%
   str1="<INPUT id=sqm>"        '注意这些语句中的空格不能缺
   str2="<name=newone>"
   Response.Write str1&str2&"type=hidden"
  %>
```

经过 ASP 的解释，以上的 3 个代码段所产生 HTML 语句是相同的：

```
<INPUT id=sqm name=newone type=hidden>
```

【例 7.7】Write 方法的其他用法（L7-7.asp）。

```
<%
   '输出日期型变量
   Response.Write "<P>今天是公元："&date()
   '输出数值型变量
   w=987.654321
```

```
    Response.Write"<P>w的原值为: "&w
    '直接使用函数输出值
    Response.Write"<P>经由FormatNumber(w,0)处理,w值为"&FormatNumber(w,0)
    Response.Write"<P>经由FormatNumber(w,1)处理,w值为"&FormatNumber(w,1)
%>
```

说明：例 7.7 中使用 Write 方法直接将不同的变量写至网页，而无需进行类型转换。还可以用 Response.Write 的简略形式"<%= 变量 %>"来替代"<% Response.Write 变量 %>"输出数据，例如：

```
<% w=8 %>                        '将8赋给w
<INPUT name="mydata" value="<%= w %>">
```

执行此语句后，ASP 将其解释成：

```
<INPUT name="mydata" value="8">
```

需要注意的是<% w=8 %>与<%= w %>的不同。前者是给变量赋值，后者是输出变量。

【例 7.8】使用 Redirect 方法重定向网址，并允许用户选择（L7-8.asp）。

```
<HTML>
<HEAD><TITLE>重定向网址</TITLE></HEAD>
<BODY>
  <B>请您选择要链接的网站: </B><BR>
  <FORM action="L7-9.asp" method="get">
    <SELECT name="mydata">
      <OPTION value="gdjy" selected>去高等教育出版社网站
      <OPTION value="zgtd">去中国铁道出版社网站
      <OPTION value="zgdl">去中国电力出版社网站
    </SELECT>
    <INPUT type="submit" value="进入">
  </FORM>
</BODY>
</HTML>
```

说明：Response 对象的 Redirect 方法引导浏览器链接到指定的 URL 地址。在执行完一个 ASP 程序后，由该程序直接调用另一个 ASP 程序或页面，也可设置多个地址，从中选择一个链接。<SELECT></SELECT>给出一个下拉菜单，提供用户选择的站点。用户单击【进入】按钮，调用 Web 服务器端的 L7-9.asp 程序，选择的数据将由它来处理。运行结果如图 7-4 所示。

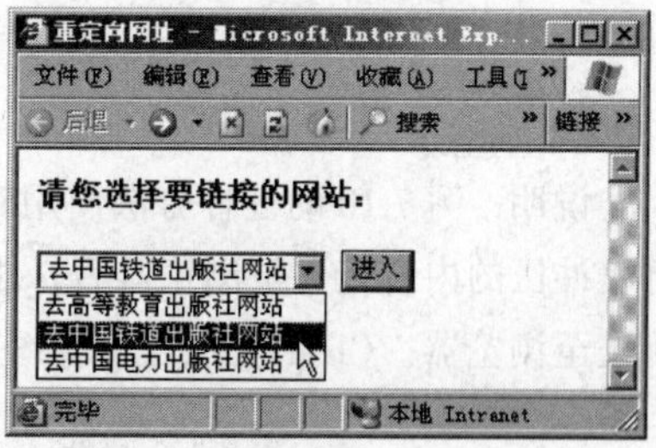

图 7-4　使用 Redirect 方法

【例 7.9】数据提交（L7-9.asp）。

```
<% Response.Buffer="True" %>
<HTML>
<HEAD><TITLE>定向网站</TITLE></HEAD>
<BODY>
<%
   Select case Request.QueryString("mydata")
     Case "gdjy":
         Response.Redirect"http://www.hep.edu.cn"
     Case "zgtd":
       Response.Redirect"http://www.tdpress.com"
     Case "zgdl"
```

```
        Response.Redirect"http://www.cepp.com.cn/"
    Case Else
        Response.Redirect"L7-8.asp"
  End Select
%>
</BODY>
</HTML>
```

说明： Response.Buffer 的属性值默认为 True（ASP 3.0 版以前的默认值为 False），设置成 True 指明要执行完例 7.9 的所有语句后，服务器才能将生成的网页返回给浏览器。而一般情况下，服务器是在生成部分网页后就开始返回给浏览器。若单击【进入】按钮后，服务器返回“标题错”提示信息，则有可能是 Response.Buffer 的属性值未设为 True。可以用 Request.QueryString("mydata")来取得浏览器传来的信息，mydata 是我们在例 7.8 中定义的下拉菜单名。使用 Select…Case 语句，使每一个选项都有一个确定的对应目标地址。Response.Redirect 执行后，程序不会返回原调用程序。

【例 7.10】使用 Flush、Clear、End 方法的区别（L7-10.asp）。

```
<%@ Language="VBScript" %>
<% Option Explicit %>
<% Response.Buffer="True" %>
<HTML>
<TITLE>Flush、Clear 与 End</TITLE>
<BODY>
    <% Response.Write "绿水本无忧"
       Response.Flush
       Response.Write "因风皱面"
       Response.Clear
       Response.Write "青山原未老"
       Response.End
       Response.Write "为雪白头"
    %>
</BODY>
</HTML>
```

说明： 例 7.10 的 3 种方法使用时应启用缓冲区，即设置 Response.Buffer = True。Flush 方法是将缓冲区的内容传送至浏览器后，刷新缓冲区。End 方法是在终止程序执行前，将缓冲区的内容传送至浏览器。Clear 方法是清除缓冲区的内容但并不传送给浏览器。请用户思考例 7.10 的运行结果。

例 7.10 的执行过程是：字符串“绿水本无忧”首先放入缓冲区，Flush 方法将其输出后，清空缓冲区；字符串“因风皱面”写入缓冲区，但 Clear 方法未将其输出，便清除缓冲区；字符串“青山原未老”写入缓冲区，End 方法将其输出后，结束了程序的运行。所以其结果是：“绿水本无忧青山原未老”。依据此例可将 Response.End 插入例 7.2 的第 22 行，即“<B>用户的密码不正确！</B>”后，试想一下，如果输入的密码不正确，那么运行后会怎样？

7.1.3 Application 对象

1．Application 对象的语法

```
Application[.collection|method|event][(variable)]
```

2. Application 对象的基本应用

ASP 的 Application 对象可用来存储“正在运行此应用程序”的所有用户的状态（即简单变量、对象、数组等，应用于在线人数、在线名单、意见调查的统计等），也可以说是用来记录整个网站的信息。Application 对象没有属性，其集合、方法和事件可参见附录 C。

我们用 Application 对象将应用程序的信息存于 Web 服务器。例如有值 Application("data")，甲已将其设为 D，乙再去读取该值 Application("data")时，这个值仍是 D。任何一个访问该网站的人都可以设置或获取该值，绝大部分的应用程序在整个程序中需要共享数据及功能，这一点类似于 C 语言中的全局变量。

【例 7.11】 应用 Lock 和 Unlock 方法，记录访问页面次数（L7-11.asp）。

```
<HTML>
<TITLE>最简单的计数器</TITLE>
<%
Dim Visitor
   Visitor=0
   Application.Lock                       '用 Lock 方法锁定 Application 对象
   Application("Visitor")=Application("Visitor")+1
   Application.Unlock                     '用 Unlock 方法解除锁定
%>
   [最简单的计数器]您是第<B><%= Application("Visitor") %></B>位访问者。
</HTML>
```

说明： 运行例 7.11，每刷新一次页面计数器就自动加 1。不足的是，当重新启动 Web 服务器后，该计数器被清零。改进的办法是将数据保存在文件或数据库中，参见例 7.12。由于网页在同一时间里可能同时会有多个访问者，用 Lock 方法来阻止其他用户在同一时间使用或修改 Application("Visitor") 变量，确保该变量在同一时间内只有一个访问者更改其内容。Application("Visitor")+1 是计数器。Unlock 方法用来释放锁定的变量。如果用户在程序中没有调用 Unlock 方法，则服务器将在 ASP 文件结束或超时后解除 Application 对象的锁定。注意：程序中一旦调用了 Lock 方法，结束时一定要调用 Unlock 方法。否则，Application 变量在某一时段内将无人可以操作。

【例 7.12】 可以保留数值的计数器（L7-12.asp）。

```
<%
  Function Visitor(Data)
    Dim ObjFSO,ObjTS
    Application.Lock                     '锁定 Application 对象
    Set ObjFSO=Server.CreateObject("Scripting.FileSystemObject")
    Set ObjTS=ObjFSO.OpenTextFile(Server.MapPath(Data),1,True)
    If Not ObjTS.AtEndOfStream Then      '检查是否到达文件结尾
       Visitor=CLng(ObjTS.ReadLine)
    End If
    Visitor=Visitor+1
    ObjTS.Close                          '关闭文件
    Set ObjTS=ObjFSO.OpenTextFile(Server.MapPath(Data),2,True)
    ObjTS.WriteLine(Visitor)
    ObjTS.Close                          '关闭文件
    Application.Unlock                   '解除锁定
  End Function
%>
```

```
<HTML>
<TITLE>可以保留数值的计数器</TITLE>
<BODY>
  [可以保留数值]您是第<B><%= Visitor("Visitor.txt") %></B>位访问者。
</BODY>
</HTML>
```

说明：程序中的 3 个 Set 语句的作用分别是：① 建立一个 FileSystemObject 对象实例。② 使用 FileSystemObject 对象的 OpenTextFile 方法打开文件（其返回值为 TextSteam 实例），文件的名称为 Data；参数 1 表示“只读”；参数 true 表示若文件不存在则建立该文件。③ 使用 FileSystemObject 对象的 OpenTextFile 方法打开文件（返回值为 TextSteam 实例），文件的名称为 Data；参数 2 表示“只写”；参数 true 的含义同②。其有关的详细描述可参见 8.2 节或附录 B。If 语句判断是否读到文件的尾部，如果没有，则读取文件内计数器的值，并使用 CLng()函数将其转换为长整型。ObjTS.WriteLine(Visitor)语句的作用是将新的计数器数值写入文件。最后的<%= Visitor ("Visitor.txt") %>语句是调用 Visitor()函数，从 Visitor.txt 文件中读取计数器的数值。其中的 Visitor.txt 作为实参传送给形参 Data。

【例 7.13】应用 OnStart 和 OnEnd 事件（L7-13.asp）。

```
<SCRIPT Language="VBScript" runat="Server">
  Sub Application_OnStart()
    Application("TotalUsers")=0
    Set Application("ObjConn")=Server.CreateObject("ADODB.Connection")
  End Sub

  Sub Application_OnEnd()
    Set Application("ObjConn")=Nothing
  End Sub

  Sub Session_OnStart()
    Session("UserName")=""
    Set Session("ObjFSO")=Server.CreateObject("Scripting.FileSystemObject")
  End Sub

  Sub Session_OnEnd()
    Set Session("ObjFSO")=Nothing
  End Sub
</SCRIPT>
```

说明：Application_OnStart 和 Application_OnEnd 事件常放在 Global.asa 文件中使用，利用 OnStart 事件的处理程序设置 Application 和 Session 变量的初值，或用 OnEnd 事件的处理程序清除 Application 和 Session 变量，这是 OnStart、OnEnd 事件的典型应用。这两个事件分别是在应用程序启动时和在应用程序终止时调用。<SCRIPT>标识的 runat 属性设置为"Server"，表示在服务器端执行脚本。使用 Application_OnStart 事件定义处理程序，设置 Application 变量 TotalUsers 的初始值等于 0。“ADODB.Connection”是创建一个 Connection 对象实例（参见第 8 章）。使用 Application_OnEnd 事件定义处理程序，释放 Application 变量 ObjConn 所占的空间。使用 Session_OnStart 事件定义处理程序，设置 Session 变量 UserName 的初始值为空字符串。“Scripting.FileSystemObject”是创建一个 FileSystemObject 对象实例。利用 Session_OnEnd 事件定义处理程序，释放 Session 变量 ObjFSO 所占的空间。运行本例浏览器没有数据显示。

7.1.4　Session 对象

1．Session 对象的语法

```
Session[.collection|property|method|event][(variable)]
```

2．Session 对象的基本应用

Session 对象是用来存储浏览器端的数据，或者存储特定用户的信息。与 Application 对象不同的是，Application 对象存储的是所有浏览器端共享的数据，而 Session 对象存储的是个别浏览器端专用的数据。当用户浏览 Web 站点时，使用 Session 对象可以为每一个用户保存指定的数据。任何存储在用户 Session 对象中的数据可以在用户调用下一个页面时取得。这一点类似于 C 语言的局部变量和函数之间的关系，一个 Session 对象的值对于同一个用户是相同的，对于不同的用户是不同的。使用 Session 对象也是 ASP 对 CGI 的一大优势。其集合、属性、方法和事件参见附录 C。

Web 服务器也可用 Session 对象保存网页信息。Session 对象与 Application 对象有所不同，对于同一个网页，不同的访问者将创建不同的 Session。例如，同样都是 Session("data")，若甲访问某页，将这个值设置为 A；乙来访问，将这个值设置为 B，若下次甲再来访问这个网页取出 Session("data")这个值时，它仍是 A（若 Session 未过期），而不是 B 或其他值。一个 Session 的值对于一个用户是相同的，对于不同的用户是不同的。Session 的这种特性类似于 C 语言中的局部变量。

作为基于请求/响应对话模式的 HTTP 协议是当一次对话结束，所有的数据都将不复存在，而 Session 对象则可以让我们继续使用以前的页面数据，并可以在 ASP 文件之间传递数值、字符串、数组和对象。当用户在应用程序的页间转移操作时，Session 对象中的存储变量不会释放。

【例 7.14】使用 Contents 集合获取 Session 的内容（L7-14.asp）。

```
<%
Dim siondata
For Each siondata in Session.Contents
  Response.Write(siondata&":"&Session.Contents(siondata))
  Response.Write("<BR>")
Next
%>
```

说明：例 7.14 用来取得指定 Session 的值。该例必须在例 7.15 去除 Session.Abandon 语句后运行，才能有输出显示，用户操作时应注意。

【例 7.15】执行 Session.Abandon 后，访问 Session 对象（L7-15.asp）。

```
<%
  Session("MyDa")="Web数据库是"
  Response.Write Session("MyDa")
  Session.Abandon
  Session("MyData")="电子商务的根基。"
  Response.Write Session("MyData")
%>
```

说明：调用 Abandon 方法使服务器处理完当前页时，结束当前用户会话并取消当前 Session 对象。但即使调用该方法以后，仍可访问该页中的当前会话的变量。这意味着在当前页里所有的脚本命令被执行完之前，Session 变量并不会被删除。可以在调用 Abandon 方法后，在同一页存取

Session 对象。若在其他页调用其变量，值均为空（运行例 7.16 便知，用户可删除 Session.Abandon 后再运行例 7.16 观看其结果）。因为这不是原来的 Session 对象，而是服务器另创建的一个新 Session 对象。Abandon 方法可以删除所有存储在 Session 对象中的对象并释放其占用的 Web 服务器资源。

【例 7.16】直接输出例 7.15 中的 Session 变量（L7-16.asp）。

```
<%
  Response.Write Session("MyDa")
  Response.Write Session("MyData")
%>
```

【例 7.17】输出用户的会话标识码（L7-17.asp）。

```
<%
  Response.Write Session.SessionID
%>
```

说明：SessionID 属性返回长整型数据类型的用户会话标识码，它是 ASP 中唯一不重复的 Session 标识码。在创建会话时，服务器将为每一个会话生成单独的标识码。客户端浏览器将把此 SessionID 存入到本地的 Cookie 中，并在下次访问服务器时提交给 Web 处理程序，Web 处理程序根据此 SessionID 找到以前储存在服务器中的信息并启用它。

【例 7.18】使用 Timeout 属性设置 Session 的过期时间为 30min（L7-18.asp）。

```
<%
  Session.Timeout=30
%>
```

说明：Timeout 属性用来为应用程序中的 Session 对象指定以 min 为单位的超时时限，默认值为 20min。若客户端浏览器在 Timeout 设置的时间段内未提出任何请求，Web 服务器将中断与该用户的连接。即用户在限时范围内不刷新或浏览网页，则本次会话将被终止。

【例 7.19】演示 Application 对象与 Session 对象的差异①（L7-19.asp）。

```
<% Application("Visitor")=Application("Visitor")+1 %>
<HTML>
<BODY><TITLE>Application 对象</TITLE>
  使用 Application 对象。这是第<B><%= Application("Visitor") %></B>位访问者。
</BODY>
</HTML>
```

【例 7.20】演示 Application 对象与 Session 对象的差异②（L7-20.asp）。

```
<% Session("Visitor1")=Session("Visitor1")+1 %>
<HTML>
<TITLE>Session 对象</TITLE>
<BODY>
   使用 Session 对象。这是第<B><%= Session("Visitor1") %></B>位访问者。
</BODY>
</HTML>
```

说明：

① 同时在桌面上打开两个浏览器窗口运行例 7.19（Application 对象），刷新第一个窗口使记录来访者为第 3 位；接着刷新第二个窗口，数字会变为多少？

② 另外再打开两个新窗口运行例 7.20（Session 对象），刷新第一个窗口使之为第 3 位；再刷新第二个窗口，数字会变为多少？请用户进行上机操作。结果①是 4，②是 2。

7.2　Cookies 的使用

Cookie 用来将信息存储在客户端，实际上是 Web 服务器在客户端开辟的一个存放信息的小区域。存储在客户端的 Cookie 对任何 Web 服务器都是开放的，所以用户写入的 Cookie 可能被其他网页读取或覆盖。读取 Cookie 的示意图如图 7-5 所示。

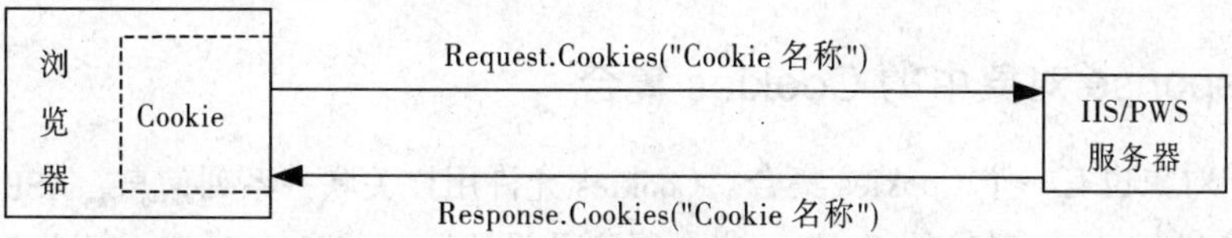

图 7-5　Cookie 的存储与访问

7.2.1　Request 对象中的 Cookies 集合

Cookie 是服务器通过浏览器存储在客户端系统上的文本记录，是一个唯一标记客户的标识。当访问一个 Web 站点时，它会在用户的硬盘上留下一个标记，下一次访问同一个站点时，页面会查找该标记。例如在访问一个需要密码的网站时，除了第一次需要输入账号、密码外，以后均不需要再输入密码，这里使用的就是 Cookie 技术。在第一次访问时，浏览器将服务器指定的相关信息已存到本地机上，以后浏览器会自动传送这个信息供服务器认证用。Request 对象提供的 Cookies 集合允许用户取得在 HTTP 请求中发送的 Cookie 值。这项功能经常在要求认证客户密码以及电子公告板、聊天室等 ASP 程序中使用。Cookie 的语法为：

```
Request.Cookies(Cookie)[(Key)|.Attribute]
```

- Cookie：指定要查询的值的 Cookie 名称。
- Key：可选参数，用于从 Cookie 字典（即多个内容的集合）中查询子关键字的值。
- Attribute：指定 Cookie 自身的有关信息。例如 HasKeys 为只读，用来指定 Cookie 是否包含关键字。

【例 7.21】Cookies 集合程序代码段（L7-21.asp）。

```
<%
 '显示完整的 Cookies 集合
 For Each CookieData in Request.Cookies
    If Not Request.Cookies("CookieData").HasKeys Then
 '如果不存在 Cookie 字典，则直接显示 Cookie
%>
<%= Cookie %>=<%= Request.Cookies("CookieData") %>
  <%
     Else
     '显示当前 Cookies 集合
     For Each ValKey in Request.Cookies("CookieData")
  %>
  <%= Cookie %><%= ValKey %>=<%= Request.Cookies("CookieData")(ValKey)&
     "<BR>" %>
  <%
        Next
```

```
        End If
    Next
%>
```

说明：使用循环来查询 Cookies 集合内的所有 Cookie，或者所有 Cookie 中的 ValKey 值。但在没有任何 ValKey 值的 Cookie 上不会有输出。可通过使用 Request.HasKeys 来避免这种情况。例 7.21 是读客户端对应的 Cookie，由于客户端暂无此 Cookie 值，所以程序运行后，浏览器无输出。Cookie 的读、写操作可参见例 7.22。若执行例 7.22 后，再运行本例则有 Cookie 值输出。

7.2.2 Response 对象中的 Cookies 集合

Response 对象也有一个 Cookies 集合。Cookies 允许用户关联一系列信息，ASP 脚本可以通过 Response 对象和 Request 对象的 Cookies 集合得到及设置这些信息。Cookies 语法为：

```
Response.Cookies(Cookie)[(Key)|.Attribute]=Value
```

- Cookie：指定的 Cookie 名称。
- Key：可选项，若指定 Key 值，则该 Cookie 就是一个字典，并且 Key 值被设置为 Value。
- Attribute：指定 Cookie 自身的有关信息。Attribute 的可选值如表 7-3 所示。

表 7-3 Attribute 属性

属性	说明
Domain	若指定，则 Cookie 将被送至对该区域的请求中。只写
Expires	指定 Cookie 的过期日期。若未设置，则关闭当前浏览器时，Cookie 将自动消除。只写
HasKeys	指定 Cookie 是否包含 Key 值。只读
Path	若指定，则仅发送对该路径的 Cookie 请求；若未设置，则使用应用程序的路径。只写
Secure	指定 Cookie 是否是安全的。只写

【例 7.22】向客户端 Cookie 写入数据（L7-22.asp）。

```
<%@ Language="VBScript" %>
<%
    Response.Cookies("CookieData")("用户 ID")="2468"
    Response.Cookies("CookieData")("用户名")="李小二"
    Response.Cookies("CookieData")("年龄")="22"
    Response.Cookies("CookieData")("访问时间")=Now()
    Response.Cookies("CookieData").Expires=#2009-12-31#
%>
<HTML>
<TITLE>向客户端写数据</TITLE>
<BODY></BODY>
</HTML>
```

【例 7.23】从客户端的 Cookie 中读取数据（L7-23.asp）。

```
<%@ Language="VBScript" %>
<%
    Dim ID,Name,Age,Last
    ID=Request.Cookies("CookieData")("用户 ID")          '读第 1 个 Cookie 值
    Name=Request.Cookies("CookieData")("用户名")         '读第 2 个 Cookie 值
    Age=Request.Cookies("CookieData")("年龄")           '读第 3 个 Cookie 值
    Last=Request.Cookies("CookieData")("访问时间")      '读第 4 个 Cookie 值
```

```
%>
<HTML>
<TITLE>从客户端读数据</TITLE>
<BODY>
<P><B><%=Name%></B>您好！您的 ID 是<B><%=ID%></B>,您的年龄是<B><%=Age%></B>岁。
</P>
   上次访问时间是：<B><%= Last %></B><BR>
   现在时间是：<B><%= Now() %></B><BR>
</BODY>
</HTML>
```

说明：运行例 7.22 后，数据被写入到客户端计算机的 Cookie 中，运行例 7.23，读取客户端计算机中的 Cookie 数据。读取 Cookie 也可以用 Request.Cookies 的集合来处理，如例 7.21。Cookie 不是特殊类型的文件，而是纯文本文件，可以用“记事本”读取 Cookie 文件。

7.3 Server 对象

ASP 的 Server 对象是专为处理服务器上的特定任务而设计的，特别适用于处理与服务器环境和活动有关的任务。Server 对象用其属性及方法来提供 Web 服务器端的相关信息。这些属性及方法就像应用函数一样供程序员适时调用。Server 对象的属性、方法详见附录 C。其语法如下：

```
Server.property|method[[=](variable)]
```

【例 7.24】使用 ScriptTimeout 属性（L7-24.asp）。

```
<%
   Server.ScriptTimeout=180             '指定时间 180，单位为 s
   Timeout=Server.ScriptTimeout         '获取当前 ScriptTimeout 属性值
%>
```

说明：利用 ScriptTimeout 属性设置 Web 服务器响应一个网页所需要的时间，例 7.24 设置时间为 3min。脚本必须在指定的时间内执行，超时则服务器将强制脚本结束，而不再执行未完成的脚本。若设置 Response.Buffer=True，即要求网页全部处理结束以后再向浏览器传送数据，则当响应超时后，该网页无法传到客户端浏览器，使用时应注意。

【例 7.25】使用 MapPath 方法（L7-25.asp）。

```
<%
   Server.MapPath("L7-25.asp")        '指定相对或虚拟路径或文件名，返回实际路径
   Server.MapPath("./L7-25.asp")
%>
```

说明：使用 Server 对象的 MapPath 方法，可以从一个有效虚拟路径下的任何文件上提取相应的实际物理路径。由于 ASP 要求在存取文件夹、文件或数据库数据时必须使用实际路径，所以使用 MapPath 方法，将指定的虚拟路径转换成实际路径。

【例 7.26】将指定的虚拟路径转换成实际路径（L7-26.asp）。

```
<HTML>
<HEAD><TITLE>获取文件夹、文件等的实际路径</TITLE></HEAD>
<BODY>
<H2>获取的文件夹、文件等的实际路径：</H2><P>
<%="返回文件的根目录："&Server.MapPath("/")%><P>
<%="返回文件的当前目录："&Server.MapPath("./")%><P>
<%="返回文件的上一级目录："&Server.MapPath("../")%><P> <!返回父目录的实际路径>
```

```
<%="返回文件的实际路径: "&Server.MapPath("L7-26.asp")%>
</BODY>
</HTML>
```

说明：MapPath 方法不检查返回的路径是否正确或在服务器上是否存在，即使是指定的文件名目录中不存在，程序也能给出正确的物理路径。可以重复使用“../”，但若超出盘符，则显示错误信息(若出现“ASP 0175”错误，则很有可能是 IIS 未启用父目录)。还可以使用服务器变量 PATH_INFO 映射当前文件的物理路径，如：

```
<%= Server.MapPath(Request.ServerVariables("PATH_INFO")) %>
```

ASP 内置对象的功能是有限的，若要扩展 ASP，可以使用服务器组件（Server Component），也称外挂对象。例如，要在服务器端读/写文件，我们可以先使用 CreateObject 方法建立一个 FileSystemObject 服务器组件的对象实例。例如：

```
Dim ObjFSO                                '声明一个名为 ObjFSO 的变量，用于存放对象实例
Set ObjFSO=Server.CreateObject("Scripting.FileSystemObject")
```

用 VBScript 的关键字 Set 创建对象实例，ObjFSO 是该对象实例的名称。习惯以 Obj 开头来命名对象实例，“Scripting.FileSystemObject”是 FileSystemObject 服务器组件注册在 Registry（注册表）的 ID（Identifier，唯一标识符）。服务器组件也有集合、属性或方法等，但无法直接存取，必须先建立一个对象实例，然后再通过此对象实例去存取该服务器组件的集合、属性或方法。由于服务器组件扩展了 Web 服务器的功能，我们才可以实现诸如文件访问、数据链接、广告显示、E-mail 发送、文件上传，以及 VBScript 等不能提供的至关重要的功能。

【例 7.27】使用 CreateObject 方法创建超文本文件，运行结果如图 7-6 所示（L7-27.asp）。

```
01:<HTML>
02:<HEAD><TITLE>创建文件 MyFile.htm</TITLE></HEAD>
03:<BODY>
04:<H3>创建超文本文件 MyFile.htm</H3>
05:<%
06:   CreatFile=Server.MapPath("MyFile.htm")
07:   Set ObjFs=Server.CreateObject("Scripting.FileSystemObject")
08:   Set FileOut=ObjFs.CreateTextFile(CreatFile,True,False)
09:   TitleMy="<HTML><HEAD><TITLE>这里是新文件</TITLE></HEAD>"
10:   FileOut.WriteLine TitleMy
11:   TitleMy="今天是公元: "&year(date)&"年"&month(date)&"月"&day(date)&"日"
12:   FileOut.WriteLine TitleMy
13:   TitleMy="</BODY></HTML>"
14:   FileOut.WriteLine TitleMy
15:   FileOut.close                 '关闭文件
16:   Set FileOut=Nothing           '释放对象
17:   Response.Write"<A href="&""""&"MyFile.htm"&""""&">请单击我一下! "&"</A>"
18:%><BR>
19:</BODY>
20:</HTML>
```

图 7-6 使用 CreateObject 方法创建超文本文件

说明：第 6～8 行表示在虚拟根目录的实际路径（此处是当前目录）下寻找 MyFile.htm，若没有则建立。使用 Server.CreateObject 方法产生 FileSystemObject 对象，并设置这个关键字来指定新的文件对象。使用 ObjFs.CreateTextFile 方法创建新文件。CreatFile 参数代表

文件名及其路径；参数 True 表示允许覆盖文件，若该路径中已有同名文件，则覆盖；参数 False 表示文件是一个 ASCII 文件，而不是 Unicode 文件。有关详情可参见 8.2 节。

【例 7.28a】使用 Execute 方法——主程序，运行结果如图 7-7 所示（L7-28a.asp）。

```
<HTML>
<TITLE>Execute 方法(主程序)</TITLE>
<BODY>
   <% Response.Write "1.Execute 方法，这里是主程序！" %>
   <% Server.Execute("L7-28b.asp") %>          <! 调用 L7-28b 后返回>
   <P><% Response.Write "3.**已返回主程序！**" %></P>
</BODY>
</HTML>
```

【例 7.28b】使用 Execute 方法——子程序（L7-28b.asp）。

```
<HTML>
<TITLE>Execute 方法(子程序)</TITLE>
<BODY>
   <P><% Response.Write "2.现在正在执行子程序……" %></P>
</BODY>
</HTML>
```

说明：Execute 方法是 IIS 5.0 新增的功能，需在 Windows 2000 以上的环境下运行，其作用类似函数调用。若所调用的 ASP 程序不在当前的路径下，则需指定相对或绝对路径。可以利用 Execute 方法的特点，把常用的函数等编写成 ASP 程序，在需要时利用 Server.Execute 调用。例 7.28a 作为主程序，使用 Server.Execute 调用作为子程序的例 7.28b；执行例 7.28b 后程序会返回到例 7.28a，并继续执行例 7.28a 的下一条语句。

【例 7.29a】使用 Transfer 方法——主程序，运行结果如图 7-8 所示（L7-29a.asp）。

```
<HTML>
<TITLE>Transfer 方法(主程序)</TITLE>
<BODY>
   <% Response.Write "1.Transfer 方法，这里是主程序！" %>
   <% Server.Transfer("L7-29b.asp") %>      '调用 L7-29b 后不返回
   <P><% Response.Write "3.**我想回到主程序！**" %></P>
</BODY>
</HTML>
```

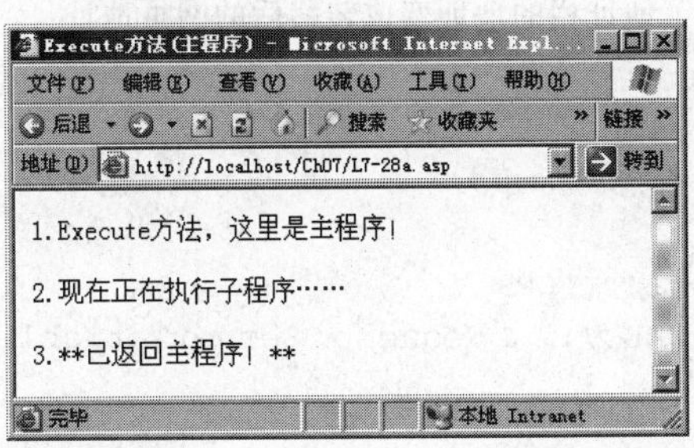

图 7-7　使用 Server.Execute 方法

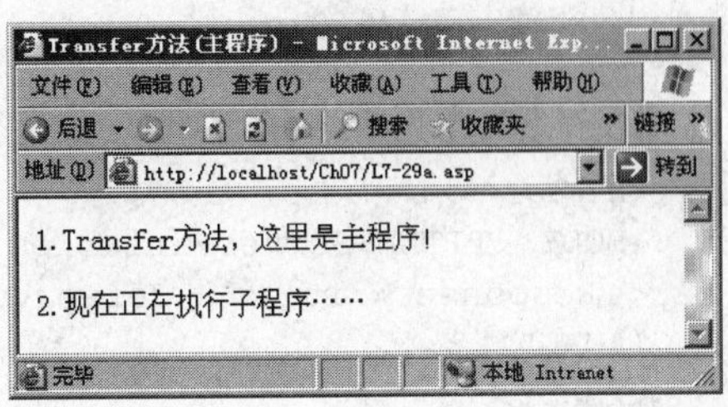

图 7-8　使用 Server.Transfer 方法

【例 7.29b】使用 Transfer 方法——子程序（L7-29b.asp）。

```
<HTML>
<TITLE>Transfer 方法(子程序)</TITLE>
<BODY>
```

```
    <P><% Response.Write "2.现在正在执行子程序……" %></P>
</BODY>
</HTML>
```

说明：Transfer 方法同属 IIS 5.0 的新增功能，需在 Windows 2000 以上环境中运行，其作用是将当前程序的控制权转移给指定的另一 ASP 程序，且该 ASP 程序执行完后，并不返回原来的程序。它类似于汇编语言中的无条件转移指令 JMP。若所调用的 ASP 程序不在当前路径下，需指定相对或绝对路径。

在网页导向上，初看起来 Server.Transfer 方法和 Response.Redirect 方法很容易混淆。实际上，两者的内部结构是不同的。使用 Server.Transfer 转移控制权，所有内置对象的值都将一起“转移”并保留至重新导向后的网页，例如 Request 对象的集合、Session 变量的值、Application 变量的值等；而使用 Response.Redirect 转移控制权，则不会“转移”内置对象的值。例 7.30a、例 7.30b 和例 7.30c 这组例题将帮助用户理解两者的区别。

【例 7.30a】用 Transfer 方法转移，运行结果如图 7-9（a）所示（L7-30a.asp）。

```
<HTML>
<TITLE>Transfer 方法 L7-30a.asp</TITLE>
<BODY><% Server.Transfer("L7-30c.asp") %></BODY>
</HTML>
```

【例 7.30b】用 Redirect 方法转移，运行结果如图 7-9（b）所示（L7-30b.asp）。

```
<% Response.Redirect("L7-30c.asp") %>
<HTML>
<TITLE>Redirect 方法 L7-30b.asp</TITLE>
<BODY></BODY>
</HTML>
```

（a）Transfer 仍保持原来的地址参数　　（b）地址栏的地址变成转移后的网页地址

图 7-9　运行结果

【例 7.30c】用 ServerVariables 集合获取 URL 的值（L7-30c.asp）。

```
<HTML>
<BODY><TITLE>ServerVariables 集合 L7-30c.asp</TITLE>
<% Response.Write"使用 ServerVariables 获取的 URL 为：" & Request. ServerVariables
("URL") %>
</BODY>
</HTML>
```

说明：例 7.30c 显示 Request 对象的 ServerVariables 集合 URL 的值，该值代表网页的虚拟路径；例 7.30a 使用 Server.Transfer 方法调用例 7.30c，例 7.30b 使用 Response.Redirect 方法调用例 7.30c。从例 7.30a 和例 7.30b 的运行结果图 7-9a 和图 7-9b 中可以看出，图 7-9a 与图 7-9b 地址栏中的值是不相同的，用户在使用 Server.Transfer 方法转移控制权时，内置对象的值将被保留下来，ServerVariables 集合的环境变量 URL 中仍存放着原网页的网址，即/Ch07/L7-30a.asp；而使用 Response.Redirect 方法转移控制权，并不保留内置对象的值，ServerVariables 集合的环境变量 URL 被转移后的新网页网址替代，即/Ch07/L7-30c.asp。由于使用 Server.Transfer 方法内置对象的值被保留下来，不必重新建立。所以，转移控制权的速度 Server.Transfer 方法比 Response.Redirect 方法快。

7.4 聊天室实例

7.4.1 概述

ASP 的 Application 和 Session 对象不是直接地与请求和响应的管理有关，而是更多地与 ASP 网页运行环境的管理有关。Application 和 Session 对象是建立聊天室不可缺少的对象，本节将具体进行介绍。

通过前面几节的学习，我们已经有了建立聊天室的基础，特别是从例 7.16 到例 7.18 和例 7.24 到例 7.26 两组例题上，我们已经见到了聊天室的缩影。图 7-10 是聊天室的登录界面。在这个界面上用户可以选择喜欢的颜色、喜欢的表情，同时输入自己的姓名（必须输入），就可以登录进入聊天室。

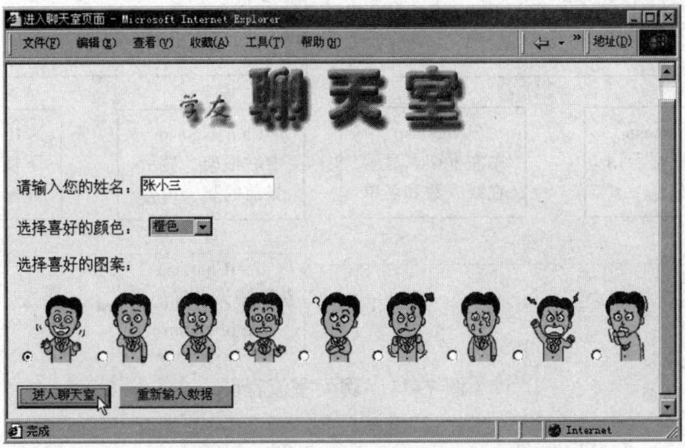

图 7-10 聊天室登录界面

文件清单中包括了本聊天室所有的.asp、.htm、.jpg、.gif 等文档，如表 7-4 所示。

表 7-4 各类文件和说明

文 件 名	说 明
MyLogin.htm	聊天室登录主界面，供用户输入姓名、喜爱的颜色、图案等，单击【进入聊天室】按钮调用 MyChat.asp 开始聊天
MyChat.asp	这是一个将屏幕分成上、中左、中右、下 4 个窗口的框架网页
UserInfo.asp	框架网页的上方框架，显示登录者的待言形象、姓名、进入的时间和【退出聊天室】按钮
Users.asp	框架网页的中左方框架，显示当前在线的人数和聊天者名单
ChatMsg.asp	框架网页的中右方框架，显示聊天者的发言，每 15 s 刷新一次
UserMsg.asp	框架网页的下方框架，聊天者输入发言的文本框

续表

UserChat.asp	获取用户输入的聊天内容、喜爱的颜色、图案等信息，存放至字符串变量 Application("Msg"&1)中
Global.asp	放在根目录中，用于存放聊天室的 20 个字符串变量 Application("Msg1")～Application ("Msg20")，其初始值为空
M01.gif～M09.gif	提供给用户选择的 9 个图案
Ltsfig.jpg	本例"聊天室"的题头图片
Exite.jpg	供用户退出时的按钮图片
Bye.gif	退出时的再见图片

7.4.2 框图

图 7-11 给出了聊天室的流程图。

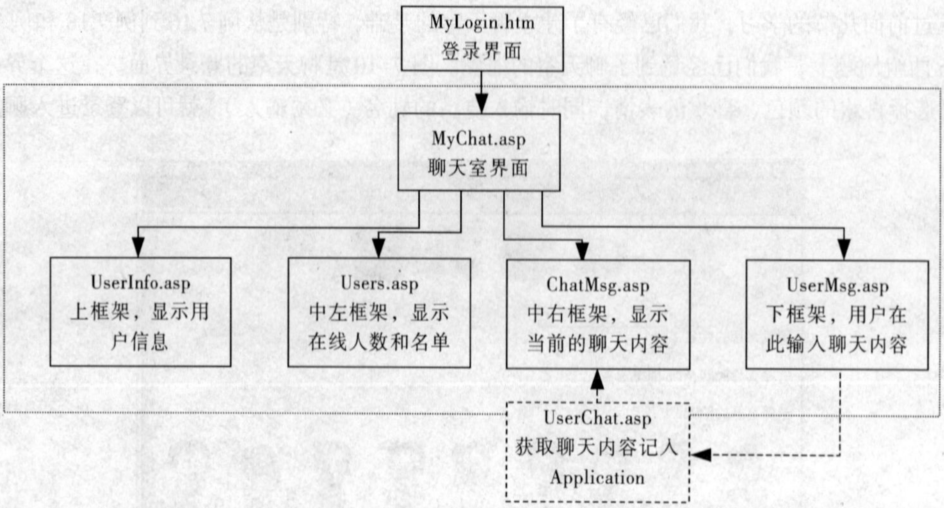

图 7-11 聊天室流程图

7.4.3 源代码

1. MyLogin.htm（聊天室登录主界面）

```
<HTML>                          <!-- 用 post 方式传送数据给表单处理程序 MyChat.asp -->
  <TITLE>进入聊天室页面</TITLE>
  <BODY bgcolor="ghostwhite">
    <CENTER><IMG src="Ltsfig.jpg"></CENTER>
    <FORM action="MyChat.asp" method="post">
      <P>请输入您的姓名：<INPUT type="text" name="UserName" size="18"></P>
      <P>选择喜好的颜色：
      <SELECT name="UserColor">
        <OPTION value="Orange" style="Background=Orange" selected>橙色</OPTION>
        <OPTION value="Brown" style="Background=Brown">棕色</OPTION>
        <OPTION value="Pink" style="Background=Pink">粉红色</OPTION>
        <OPTION value="Lime" style="Background=Lime">嫩绿色</OPTION>
        <OPTION value="Plum" style="Background=Plum">紫红色</OPTION>
        <OPTION value="Cyan" style="Background=Cyan">蔚蓝色</OPTION>
      </SELECT>
```

```
        <P>选择喜好的图案：<P>
        <INPUT type="Radio" name="UserImg" value="m01.gif" checked><IMG src=
          "m01.gif">
        <INPUT type="Radio" name="UserImg" value="m02.gif"><IMG src= "m02.gif">
        <INPUT type="Radio" name="UserImg" value="m03.gif"><IMG src= "m03.gif">
        <INPUT type="Radio" name="UserImg" value="m04.gif"><IMG src= "m04.gif">
        <INPUT type="Radio" name="UserImg" value="m05.gif"><IMG src= "m05.gif">
        <INPUT type="Radio" name="UserImg" value="m06.gif"><IMG src= "m06.gif">
        <INPUT type="Radio" name="UserImg" value="m06.gif"><IMG src= "m06.gif">
        <INPUT type="Radio" name="UserImg" value="m08.gif"><IMG src= "m08.gif">
        <INPUT type="Radio" name="UserImg" value="m09.gif"><IMG src= "m09.
          gif"></P>
        <INPUT type="submit" value="进入聊天室">
        <INPUT type="reset" value="重新输入数据">
      </FORM>
  </BODY>
</HTML>
```

2. MyChat.asp（4 个窗口的框架网页）

```
<%
  '读取浏览者在<MyLogin.asp>页面内所输入的名字、喜好的颜色及图案
  Session("UserName")=Request("UserName")
  Session("UserColor")=Request("UserColor")
  Session("UserImg")=Request("UserImg")

  '若聊天者未输入名字，则显示错误信息并结束
  If Session("UserName")="" Then
    Response.Write "<FONT color=red>"
    Response.Write "Sorry! "&"<FONT size=5>无名氏</FONT>"&",不能登录聊天室！"
    Response.Write "</FONT>"
    Response.End
  End If

  Application.Lock
  For I=20 To 2 Step -1
    J=I-1
    Application("Msg"&I)=Application("Msg"&J)
  Next
  IniHour=Hour(Time())                              '获取当前的时间
  If Len(IniHour)=1 then IniHour="0"&IniHour
  IniMinute=Minute(Time())
  If Len(IniMinute)=1 then IniMinute="0"&IniMinute
  IniTime="["&IniHour&":"&IniMinute&"] "

  '对初次进入聊天室者给出问候语，并存于 Application("Msg1")中
  IniTmp="<FONT color='"&Session("UserColor")&"'>"&"各位好！我是"&_
    Session("UserName")&"<IMG src='"&Session("UserImg")&_
    "'>" & "，请多关照！"&IniTime&"</FONT>"
  Application("Msg1")=IniTmp
  Application.Unlock
%>
<HTML>
  <HEAD>
    <TITLE>聊天室</TITLE>
```

```
  </HEAD>
  <FRAMESET rows=81,*,68" framespacing="0" frameborder="0">
    <FRAME name="Top" NORESIZE SCROLLING="No" src="UserInfo.asp?Logout=No">
    <FRAMESET COLS="150,*">
      <FRAME  name="LMiddle"  NORESIZE  src="Users.asp?UserName=<%=Session
        ("UserName") %>">
      <FRAME name="RMiddle" NORESIZE src="ChatMsg.asp">
    </FRAMESET>
    <FRAME name="Bottom" NORESIZE SCROLLING="No" src="UserMsg.asp">
  </FRAMESET>
</HTML>
```

3. ChatMsg.asp（显示聊天者的发言，每 15 s 将刷新一次的中右方框架）

```
<% RefreshTime=15 %>                    <! 设定用户交谈窗口每 15s 刷新一次 >
<HTML>
  <HEAD><TITLE>聊天室主窗口</TITLE>
    <META HTTP-EQUIV="Refresh" CONTENT="<%= RefreshTime %>,URL=ChatMsg.asp">
  </HEAD>
  <BODY bgcolor="Snow">
    <%
      For I=1 to 20
          Response.Write Application("Msg"&I)&"<BR>"
      Next
    %>
  </BODY>
</HTML>
```

4. UserInfo.asp（显示登录者的待言形象、姓名等的上方框架）

```
<%
  If Request("Logout")="Yes" Then                    '判断聊天者是否按退出键离开
      Application.Lock
  For I=20 To 2 Step -1
      J=I-1
      Application("Msg"&I)=Application("Msg"&J)
  Next
  IniHour=Hour(Time())
  If Len(IniHour)=1 Then IniHour="0"&IniHour
  IniMinute=Minute(Time())
  If Len(IniMinute)=1 Then IniMinute="0"&IniMinute
  IniTime="["&IniHour&":"&IniMinute&"]"
  IniTmp="<FONT COLOR='"&Session("UserColor")&"'>"&Session("UserName") & "
    说: "&_"<B>对不起!</B>" & "我要离开了, Bye! Bye! " & "<IMG src=Bye.gif >" &
    IniTime & "</FONT>"
  Application("Msg1")=IniTmp
  Application.Unlock
%>
<SCRIPT LANGUAGE="VBScript">
    Parent.Window.Close
</SCRIPT>
<% End If %>

<HTML>
  <BODY bgcolor="Snow" text="Silver">
```

```
    <IMG src='<%=Session("UserImg")%>' align="Left">
    <%=Session("UserName")%>——于<%= Now() %>进入聊天室。
    <A href="UserInfo.asp?Logout=Yes"><IMG src="Exite.jpg" BORDER="0" align=
       "Right"></A>
  </BODY>
</HTML>
```

5. Users.asp（显示当前在线人数和聊天者名单的中左方框架）

```
<%
Dim  RefreshTime,DelayTime,TotalUsers,OnlineUser(),Tmp(),Num,I,NewUser,User,
     UserName
   RefreshTime=15                                   '设置页面自动刷新时间为 15s
   DelayTime=RefreshTime*3                          '设置闲置时间为刷新时间的 3 倍
   NewUser=Request("UserName")                      '获取用户名
   Application.Lock

'OnlineUser 数组用于记录在线用户的名称，并将当前用户名存入数组的后面
If Application(NewUser&"LastAccessTime")=Empty Then
   If Application("TotalUsers")=Empty Then Application("TotalUsers")=0
   ReDim Tmp(Application("TotalUsers")+1)
   Num=0
   If Application("TotalUsers")>0 Then
       For I=LBOUND(Application("OnlineUser")) To UBOUND(Application ("Online
         User"))
         User=Application("OnlineUser")(I)
         If User<>NewUser AND User<>Session("UserName") Then
            Tmp(Num)=User
            Num=Num+1
         Else
           Application(User&"LastAccessTime")=Empty
         End If
       Next
   End If
   Session("UserName")=NewUser
   Tmp(Num)=Session("UserName")
   Application("TotalUsers")=Num+1
   ReDim Preserve Tmp(Application("TotalUsers"))
   Application("OnlineUser")=Tmp
End If

'获取用户最后一次的访问时间
Application(Session("UserName")&"LastAccessTime")=Timer

'测所有在线用户最后一次的访问时间，与当前时间相差 45s 以上，表示离线
ReDim Tmp(Application("TotalUsers"))
Num=0                                               '设 Num 表示在线人数，初始值为零
For I=0 To Application("TotalUsers")-1
  User=Application("OnlineUser")(I)
  If(Timer-Application(User&"LastAccessTime"))<DelayTime Then
    Tmp(Num)=User
    Num=Num+1
  Else
    Application(User&"LastAccessTime")=Empty
```

```
  End If
Next
'若 Num 与 Application("TotalUsers")不同，则表示有人离线
If Num<>Application("TotalUsers") Then
  ReDim Preserve Tmp(Num)
  Application("OnlineUser")=Tmp
  Application("TotalUsers")=Num
End If
Application.UnLock
%>
<HTML>
  <HEAD>
<META  HTTP-EQUIV="Refresh"  CONTENT="<%=  RefreshTime  %>,URL=<%=  Request.
ServerVariables("PATH_INFO") %>?UserName=<%= Request("UserName") %>">
  </HEAD>
  <BODY bgcolor="Snow" text="SkyBlue">
    在线人数：<%= Application("TotalUsers") %><BR>
    <OL type="1">
    <% For I=0 To (Application("TotalUsers")-1)
         Response.Write "<LI>"&Application("OnlineUser")(I)&"</LI>"
            Next %>
    </OL>
  </BODY>
</HTML>
```

Lbound()函数和 UBound()函数均返回一个长整型数据，其值分别指定数组的最小边界值和最大边界值。LBound()与 UBound()函数一起使用，分别用来确定数组某一维的下界和上界。对数组：Dim A(1 To 100,0 To 3,-3 To 4)，LBound()和 UBound()函数的返回值如表 7-5 所示。

表 7-5　LBound()和 UBound()函数的返回值

语　句	返 回 值	语　句	返 回 值
Lbound(A, 1)	1	Ubound(A, 1)	100
Lbound(A, 2)	0	UBound(A, 2)	3
Lbound(A, 3)	-3	UBound(A, 3)	4

6．UserChat.asp（获取用户输入的聊天内容、喜好颜色及图案等信息）

```
<%
  Application.Lock
  For I=20 To 2 Step -1
     J=I-1
     Application("Msg"&I)=Application("Msg"&J)
  Next

  IniHour=Hour(Time())
  If Len(IniHour)=1 Then IniHour="0"&IniHour
  IniMinute=Minute(Time())
  If Len(IniMinute)=1 Then IniMinute="0"&IniMinute
  IniTime="["&IniHour & ":"&IniMinute&"]"

  '初始化"再见"字符串，并存入Application("Msg1")元素中
  IniTmp="<FONT color='"&Session("UserColor")&"'>"&Session("UserName")&_
```

```
    "说: "&Request("ChatMsg")&IniTime&"</FONT>"
  Application("Msg1")=IniTmp
  Application.Unlock

  Response.Redirect "ChatMsg.asp"   '重新导入 ChatMsg.asp
%>
```

7. UserMsg.asp（聊天者在此输入发言的文本框，下方框架）

```
<HTML> <!-- 将用户输入的内容显示在窗口的下框架中 -->
  <BODY bgcolor="OldLace" text="Blue">
   <FORM action="UserChat.asp" target="RMiddle" method="post">
     请输入心里话:、<INPUT type="text" name="ChatMsg" size="50">
     <INPUT type="SUBMIT" value="发出">
     <INPUT type="RESET" value="重写">
   </FORM>
  </BODY>
</HTML>
```

8. Global.asp（放于根目录，存放聊天室的字符串变量等）

```
<SCRIPT LANGUAGE="VBScript" RUNAT="Server">
SUB Application_OnStart
   For I=1 to 20                   '设置 20 个字符串变量为空字符串，该文件必须放在
   Application("Msg"&I)=""         '虚拟服务器的根目录下，即 wwwroot 下
   Next
END SUB
</SCRIPT>
```

该例介绍了聊天室的基本功能，综合了 HTML、VBScript、框架网页、ASP 的 Request、Response、Application、Session 对象等多种技术，通过学习本例逐步领会、熟悉和掌握对这些技术的实际应用。

小　　结

1. Request 对象和 Response 对象

Request 和 Response 对象的集合、属性和方法比较多，为加深用户对它们的理解，在此对一些主要的集合、属性和方法进行总结：

① 读取表单数据的集合——Request.QueryString 和 Request.Form。

② 读取服务器端环境变量与 HTTP 报头的集合——Request.ServerVariables。

③ 读取 Cookie 文件的集合——Request.Cookies。

④ 输出数据至浏览器端的方法——Response.Write。

⑤ 从当前网页导向其他网页（重定向网址）——Response.Redirect。

⑥ 写入 Cookie 文件的集合——Response.Cookies。

⑦ 指定输出的 HTTP 内容类型的属性——Response.ContentType。

⑧ 结束程序执行的方法——Response.End。

⑨ 将数据加入站点活动日志的方法——Response.AppendToLog。

⑩ 自定义报头信息——Response.AddHeader。

⑪ 缓冲区处理属性——Response.Buffer。

⑫ 缓冲区处理方法——Response.Clear/Response.Flush。

⑬ 指定网页有效期（数值型）——Response.Expires。

⑭ 指定网页有效期（日期/时间型）——Response.ExpiresAbsolute。

⑮ 传递 HTTP 响应的状态属性——Response.Status。

为防止浏览器弹出出错信息“标题错”、“HTTP 标题已经写入到客户浏览器。任何 HTTP 标题的修改必须在写入页的内容之前。”等。Response.Buffer 或 Response.Cookie 等属性语句必须写在 ASP 文件中的第一个 HTML 标识之前。

2. Application 对象与 Session 对象

对比 Request 对象与 Response 对象，Application 对象和 Session 对象多了“事件”，但是 Application 对象没有属性。

Application 对象在不使用或退出时，最好将其释放或关闭。

Application 对象的 OnStart 事件发生在 Web 服务器开始执行时，OnEnd 事件发生在 Web 服务器终止服务时。而 Session 对象的 OnStart 事件发生在浏览器与服务器联机时，OnEnd 事件发生在浏览器与服务器脱机时或浏览者在 Session.Timeout 设置的事件之内没有存取网页时。

Application 对象的 OnEnd 事件处理程序仅能使用 Application 和 Server 2 个 ASP 的内置对象，而 Session 对象的 OnEnd 事件处理程序也只能使用 Application、Session 和 Server 3 个 ASP 的内置对象。

Application 对象的属性一旦被分配，它将持久地存在，直至 Web 服务器终止服务，Application 对象才失去作用。由于存储在 Application 对象中的数值能被应用程序的所有用户读取，所以在应用程序的用户之间传递信息也就自然采用用户自定义的 Application 属性。

使用 Session 变量有时会带来性能上的损失，依照 IIS 文档的说明，可以在 ASP 代码的第一行加上语句：<%@ EnableSessionState=False %>，告诉 IIS 用户的页面不需要使用任何 Session 变量。

Application 对象记录的是所有浏览器端共享的变量，而 Session 对象记录的则是个别浏览器端专用的变量，如图 7-12 所示。

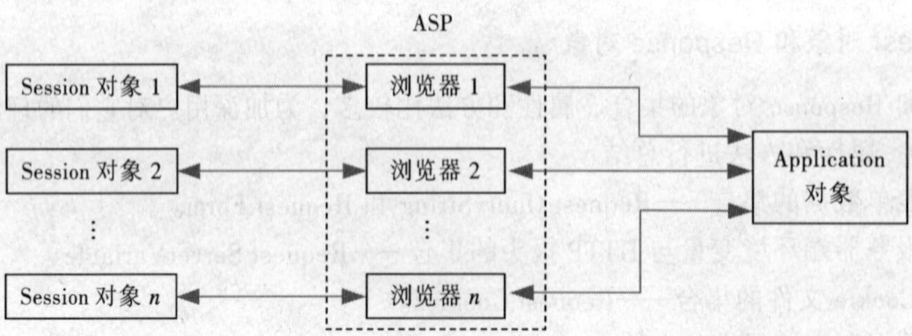

图 7-12 Application 对象与 Session 对象的差异

3. Server 对象

用户可使用 Server 对象提供的服务器端最基本的属性和方法访问 Web 服务器。Server 对象的大多数属性和方法作为实用程序的功能服务，用于格式化数据、管理网页和创建其他对象实例。其中，Server.CreateObject 是 ASP 中最实用、最强大的方法之一，用于创建一个 FileSystemObject 服务器组件或其他组件的对象实例（object instance）。

创建对象实例在 ASP 中使用最频繁，应用也最广泛。Server 对象常与其他对象一起搭配使用，详见第 7 章。

习　题

一、选择题

1．发出请求远程主机 IP 地址的服务器变量是（　　）。

A．Remote_Host　　B．Remote_Addr　　C．Path_Translated　　D．Server_Name

2．将存放在缓冲区的数据传送至浏览器端，并终止 ASP 程序，可以使用（　　）方法。

A．Write　　B．Flush　　C．End　　D．Clear

3．若要弹出网络系统密码输入框，正确的语句是（　　）。

A．Response. Status "401"　　B．Response. Status "401 未授权"

C．Response. Status "未授权"　　D．Response. Status "HTTP/1.0 401 未授权"

4．获取当前登录用户名正确的语句是（　　）。

A．Response. ServerVariables("LOGIN_USER")　　B．Response. ServerVariables("LOGON_USER")

C．Response. ServerVariables("LOGONUSER")　　D．Response. ServerVariables("AUTH_USER")

5．Session 会话变量的默认有效时间是（　　）。

A．10 min　　B．20 min　　C．30 min　　D．60 min

二、填空题

1．处理共享数据用________变量，处理专用数据用________变量。

2．Request 对象中 Server Variables 集合的服务器变量 HTTP_Host 返回________，Local_Addr 返回________，Path_Info 返回________，Server_Name 返回________，Server_Port 返回________。

3．Application 对象的属性一旦被分配，它将________存在，直至 Web 服务器________服务。

三、简答题

1．试述 Request 对象和 Response 对象的主要作用。

2．试述 Application 和 Session 对象的主要作用。

3．试述 Server 对象的主要作用。

4．试述 Cookie 的概念和主要作用。

5．试述 Form 集合与 QueryString 集合的主要作用和区别。

6．试述使用 Flush、Clear 与 End 方法的异同点并举例进行说明。

7．试述使用 Transfer 和 Redirect 方法的异同点。

8．试述使用 MapPath 和 CreateObject 方法的异同点并举例进行说明。

9．利用 Server Variables 服务器变量，编写一段显示系统信息的 ASP 代码。

四、编程题

1．编写一个调查表单程序，含有用户姓名、年龄、性别、喜欢的颜色、喜欢做的事情等内容。要求对输入后的信息进行判断，并能返回错误提示信息。（要求用包含文件）

2．改写本章的聊天室。要求能分别实现公共聊天和语音聊天。

3．编写一个能防止用户自我刷新的计数器。

第 8 章 应用内、外组件

ASP 提供了多个内置的服务器端组件（Server Side Component，SSC），常简称为服务器组件。通过使用这些组件，可以用非常简单的方式快速而高效地完成各种复杂的功能，这使得 ASP 技术成为当今开发交互式 Web 页面、Web 数据库的最佳技术之一。服务器组件实际上是运行在服务器端的一个动态链接库（Dynamic Link Library，DLL），它具有常规 DLL 的所有功能，也可以完成常规 DLL 不能完成的所有任务。而与 DLL 不同的是：SSC 由 ASP 页面调用，并以 Web 页面为交互对象，读取用户的输入（Web 页面上各输入域的值），经处理后将结果返回 Web 页面。我们还可以任意使用各种支持组件对象模型（Component Object Model，COM）技术的语言，如 VB、VC++、VFP 等，去编写服务器组件（这些组件常称为外置组件或第三方组件）。由于 SSC 可以利用服务器的任何资源，所以其功能仅仅受限于编程者的想象力。

8.1 对象实例的创建

可以使用两种方法创建脚本对象的实例，一种是由 ASP 的 Server 对象提供的 CreateObject 方法，例如：

```
<%
  Dim objInst
  Set objInst=Server.CreateObject("ADODB.Connection")
%>
```

另一种是使用<OBJECT>元素。使用 HTML 的<OBJECT>元素，通过增加 RUNAT 参数，并指定其值为“SERVER”，可在服务器上创建一个对象实例，例如：

```
<OBJECT ID="objInst" RUNAT="SERVER" PROGID="Inst.Object">
<PARAM NAME="pname1" VALUE="value1">
<PARAM NAME="pname2" VALUE="value2">
</OBJECT>
```

本书主要以 CreateObject 方法介绍对象实例的创建。

Server 对象的 CreateObject 方法与<OBJECT>元素的主要区别在于：CreateObject 可以立即创建一个实例；而<OBJECT>只有首次引用一个对象时才创建指定的对象实例。CreateObject 方法创建的对象实例可以用程序释放（如 Set objInst=Nothing），节省服务器资源；而使用<OBJECT>元素则无法节省服务器资源，释放对象实例。

8.2　应用 FileAccess 组件

8.2.1　概述

组件是包含在动态链接库（DLL）或可执行文件中的通过特定接口提供特定服务的可执行代码，它可提供一个或多个对象以及对象的方法和属性。被封装后用于完成应用程序的某些特定功能。例如，对文件夹、文件的操作，从数据库中查询、检索某些信息等。

ASP 内置组件功能非常强大，内容很丰富（与内置对象一样也有集合、属性和方法等），使用 Microsoft 的 IIS 和 ASP，就已包含了 ASP 的数个已安装和可安装的内置组件（因版本不同，含有的组件也可能不同）。表 8-1 是常用的 ASP 内置组件，表 8-2 是 ASP 的脚本组件，它们同属于 ASP 内置组件。ASP 的脚本组件通过调用系统下 scrrun.dll 文件里的脚本运行库来完成，其他的组件基本上是通过调用独立的动态链接库文件来完成。

表 8-1　常用的 ASP 内置组件

名　称	功　能
Ad Rotator	广告翻转器组件，可以交替地显示图像和文字，并可以通过图像链接到另一个 URL
Browser Capabilities	浏览器描述组件，可以检查所使用的浏览器，根据其特性以决定传送给浏览器的内容
Content Linker	内容连接组件，通过应用程序的 ASP 文件，提供逻辑导航的工具，而不需要文件中的 URL 参考。可以很方便地使用一个文档来管理超链接、上一页、下一页等链接功能
Content Rotator	内容翻转器组件，让 HTML 内容轮流显示在网页上
Counters	计数器组件，用于创建、存储、递增或检索任意数量的独立计数器，提供任何种类数据的统计
E-mail（CDONTS）	发送 E-mail 给用户，全称是 Collaboration Data Objects for Windows NT Server
Page Counter	访客计数器组件，记录来访者打开页面的次数
Permission Checker	允许检查组件，检查用户是否有权存取某个文件
ActiveX Data Objects	用 ASP 访问数据库的组件

表 8-2　ASP 的脚本组件

名　称	功　能
Dictionary	用内置函数来完成大量数据的存储和处理等基本任务，提供一种存储值的有效方式
FileAccess	文件存取组件，提供读/写服务器文件的功能。可取得并修改储存在文件中的信息

8.2.2　操作文件夹

操作文件夹、文件等，使用的是 FileAccess 服务器组件。FileAccess 组件是一个脚本组件（Scripting Components），包含了处理文件系统的所有基本方法。操作时我们不能直接访问 FileAccess 服务器组件的集合、属性和方法，而要用 Server 对象的 CreateObject 方法先创建一个 FileAccess 服务器组件的对象实例（Object Instance），然后再通过此对象实例，使用集合、属性、方法访问文件夹或文件。若要访问服务器端的文件夹或文件，必须使用 Server 对象的 MapPath 方法先将文件夹或文件的虚拟路径转换为实际路径。FileAccess 服务器组件的对象、集合等，请用户参见附录 B。

【例 8.1】创建 MyFolder1 的文件夹（L8-1.asp）。

```
<HTML>
<TITLE>创建文件夹</TITLE>
<BODY>
<%
  Dim objFSO                    '声明名为 objFSO 的变量，用于存放对象实例
  Set objFSO=Server.CreateObject("Scripting.FileSystemObject")
  If Not objFSO.FolderExists(Server.MapPath("\Ch08\MyFolder1")) Then
     objFSO.CreateFolder(Server.MapPath("\Ch08\MyFolder1"))
     Response.Write "<B>创建的新文件夹实际路径是：</B>" &_
       Server.MapPath("\Ch08\MyFolder1")
  Else
     Response.Write "MyFolder1 文件夹已经存在！"
  End If
  Set objFSO=Nothing            '释放 FileSystemObject 对象
%>
</BODY>
</HTML>
```

说明：使用 FileSystemObject 创建一个对象实例，并赋给变量 objFSO。使用 FolderExists 方法检查 MyFolder1 文件夹是否存在。由于 FolderExists 方法需要使用实际路径，所以在程序中必须使用 Server.MapPath 方法将虚拟路径转换为实际路径。使用 Set objFSO=Nothing 释放对象实例占用的服务器内存空间。使用 CreateFolder 方法建立一个 MyFolder1 文件夹，且必须是实际路径，所以仍使用 Server.MapPath 将虚拟路径转换为实际路径。若直接使用实际路径 E:\Ch08\MyFolder1 创建文件夹，将会产生错误信息提示“路径无效”；可以使用相对路径，如..\..\MyFolder1，但向上的父目录不得超出实际驱动器的根目录，否则会出现“找不到路径”的错误信息。参数的详细使用可参见附录 B。

【例 8.2】移动文件夹 MyFolder1，重命名为 MyFolder2（L8-2.asp）。

```
<HTML>
<TITLE>移动文件夹并重命名</TITLE>
<BODY>
<%
  Dim objFSO
  Set objFSO=Server.CreateObject("Scripting.FileSystemObject")
  If objFSO.FolderExists(Server.MapPath("\Ch08\MyFolder1")) Then
     objFSO.MoveFolder Server.MapPath("\Ch08\MyFolder1"),_
          Server.MapPath("..\MyFolder2")
     Response.Write "已将 MyFolder1 文件夹移走，并重命名为：MyFolder2！"
  Else
     Response.Write "该路径下没有 MyFolder1 文件夹！"
  End If
  Set objFSO=Nothing
%>
</BODY>
</HTML>
```

说明：使用 FileSystemObject 对象的 MoveFolder 方法将指定的文件夹移动到目标地址。移动文件夹之前必须确定文件夹的存在性，若移至的目录内有同名文件夹，则产生“文件已存在”的错误提示信息。使用相同文件夹名的结果是移动不换名。

【例 8.3】利用 Folder 对象的 Move 方法移动文件夹并重命名（L8-3.asp）。

```
<HTML>
<TITLE>用 Folder.Move 方法移动文件夹并重命名</TITLE>
<BODY>
<%
  Dim objFSO,objFolder
  Set objFSO=Server.CreateObject("Scripting.FileSystemObject")
  If objFSO.FolderExists(Server.MapPath("MyFolder1")) Then
    Set objFolder=objFSO.GetFolder(Server.MapPath("MyFolder1"))
    objFolder.Move(Server.MapPath("..\MyFolder2"))
    Response.Write "已将 MyFolder1 文件夹移走，并重命名为：MyFolder2！"
  Else
    Response.Write "该路径下没有 MyFolder1 文件夹！"
  End If
  Set objFolder=Nothing                      '释放 Folder 对象
  Set objFSO=Nothing                         '释放 FileSystemObject 对象
%>
</BODY>
</HTML>
```

说明：使用 FileSystemObject 的 FolderExists 方法检查源文件夹是否存在，用 GetFolder 方法创建源文件夹 MyFolder1 的 Folder 对象实例，并赋给对象变量 objFolder。使用 Folder 对象的 Move 方法将 MyFolder1 复制到其父文件夹内，并重命名为 MyFolder2。参数的详细使用可参见附录 B。

【例 8.4】删除指定的文件夹（L8-4.asp）。

```
<HTML>
<TITLE>删除文件夹</TITLE>
<BODY>
<%
  Dim objFSO
  Set objFSO=Server.CreateObject("Scripting.FileSystemObject")
  If objFSO.FolderExists(Server.MapPath("\Ch08\MyFolder1")) Then
     objFSO.DeleteFolder Server.MapPath("\Ch08\MyFolder1"), True
     Response.Write "您所指定的 MyFolder1 文件夹已被删除！"
  Else
     Response.Write "此路径下没有 MyFolder1 文件夹！"
  End If
  Set objFSO=Nothing
%>
</BODY>
</HTML>
```

说明：使用 FileSystemObject 的 DeleteFolder 方法删除指定的文件夹。参数 True 的作用是可以删除只读文件夹（默认值为 False）。但是在实际运行时，该参数值无论是 True 还是 False 均能删除只读文件夹，缺省时也能删除只读文件夹，用户使用时需谨慎。例 8.5 使用 Folder 对象的 Delete 方法也有同样的问题。参数的详细使用可参见附录 B。

【例 8.5】利用 Folder 对象的 Delete 方法删除指定的文件夹（L8-5.asp）。

```
<HTML>
<TITLE>用 Folder.Delete 删除文件夹</TITLE>
<BODY>
<%
  Dim objFSO,objFolder
```

```
   Set objFSO=Server.CreateObject("Scripting.FileSystemObject")
   If objFSO.FolderExists(Server.MapPath("MyFolder1")) Then
      Set objFolder=objFSO.GetFolder(Server.MapPath("MyFolder1"))
      objFolder.Delete(True)
      Response.Write "您所指定的 MyFolder1 文件夹已被删除！"
   Else
      Response.Write "此路径下没有 MyFolder1 文件夹！"
   End If
   Set objFolder=Nothing
   Set objFSO=Nothing
%>
</BODY>
</HTML>
```

【例 8.6】文件夹的复制（L8-6.asp）。

```
<HTML>
<TITLE>复制文件夹</TITLE>
<BODY>
<%
   Dim objFSO
   Set objFSO=Server.CreateObject("Scripting.FileSystemObject")
   If objFSO.FolderExists(Server.MapPath("\Ch08\MyFolder1")) Then
      objFSO.CopyFolder Server.MapPath("\Ch08\MyFolder1"),_
            Server.MapPath("..\MyFolder2"),True
       Response.Write "已将 MyFolder1 文件夹复制到指定目录，并换名为：MyFolder2"
   Else
       Response.Write "此路径下没有 MyFolder1 文件夹！"
   End If
   Set objFSO=Nothing
%>
</BODY>
</HTML>
```

说明：使用 FileSystemObject 对象的 CopyFolder 方法将指定的文件夹复制到目标地址。使用参数 True(默认值为 True)，表示仅复制新内容；若取 False 值，表示不覆盖。例 8.6 表示，若 MyFolder2 存在且内含文件或文件夹，运行程序后，不是将其全部覆盖，而是仅覆盖同名文件，叠加非同名文件，不覆盖文件夹。若取 False 值，目标文件夹已存在，则显示出错。参数的详细使用可参见附录 B。

【例 8.7】用 Folder 对象的 Copy 方法复制文件夹（L8-7.asp）。

```
<HTML>
<TITLE>用 Folder 对象的 Copy 方法复制文件夹</TITLE>
<BODY>
<%
   Dim objFSO,objFolder
   Set objFSO=Server.CreateObject("Scripting.FileSystemObject")
   If objFSO.FolderExists(Server.MapPath("\Ch08\MyFolder1")) Then
      Set objFolder=objFSO.GetFolder(Server.MapPath("\Ch08\MyFolder1"))
      objFolder.Copy Server.MapPath("..\MyFolder2")
      Response.Write "已将 MyFolder1 文件夹复制到指定目录，并换名为：MyFolder2"
   Else
      Response.Write "此路径下没有 MyFolder1 文件夹！"
   End If
```

```
   Set objFolder=Nothing              '释放 Folder 对象
   Set objFSO=Nothing                 '释放 FileSystemObject 对象
%>
</BODY>
</HTML>
```

说明： 使用 FileSystemObject 的 FolderExists 方法检查源文件夹是否存在，并用 GetFolder 方法创建源文件夹 MyFolder1 的 Folder 对象实例，赋给对象变量 objFolder。使用 Folder 对象的 Copy 方法将 MyFolder1 复制到其父文件夹内，并重命名为 MyFolder2。若目标路径下存在同名文件夹，要执行本程序，需在复制语句的后面加"，True"或默认，执行结果是将新的内容添加进去，而不是覆盖同名文件夹。有关参数的详细使用可参见附录 B。

利用 FileSystemObject 的方法还可以获得诸如：父文件夹路径（GetParentFolderName 方法）、特殊文件夹路径（GetSpecialFolder、WindowsFolder、SystemFolder、TemporaryFolder 方法等）。

【例 8.8】 获取指定文件夹的参数①，运行结果如图 8-1 所示（L8-8.asp）。

```
<HTML>
<TITLE>获取文件夹参数①</TITLE>
<BODY>
<%
   Dim objFSO
   Set objFSO=Server.CreateObject("Scripting.FileSystemObject")
   If objFSO.FolderExists(Server.MapPath("\Ch08")) Then
      Response.Write "父文件夹路径为: " & _
      objFSO.GetParentFolderName(Server.MapPath("\Ch08")) & "<BR>"
      Response.Write "特殊文件夹 SystemFolder 的路径为: " & _
      objFSO.GetSpecialFolder(SystemFolder) & "<BR>"
      Response.Write "特殊文件夹 WindowsFolder 的路径为: " & _
      objFSO.GetSpecialFolder(WindowsFolder) & "<BR>"
      Response.Write "特殊文件夹 TemporaryFolder 的路径为: " & _
      objFSO.GetSpecialFolder(TemporaryFolder) & "<BR>"
    Else
     Response.Write "所查找的文件夹不存在! "
   End If
   Set objFSO=Nothing
%>
</BODY>
</HTML>
```

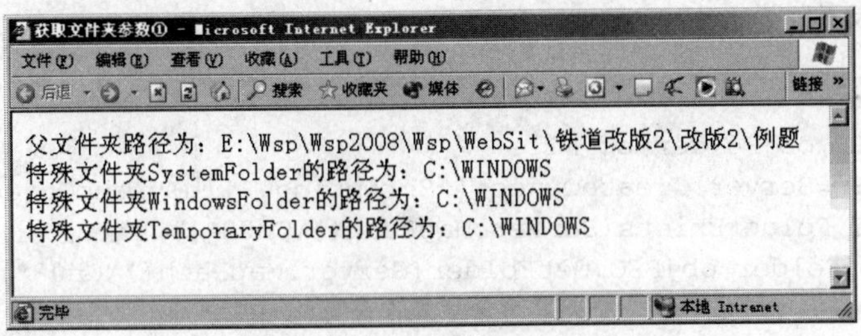

图 8-1　获取指定文件夹的参数①

说明： 利用 FileSystemObject 对象的 GetParentFolderName 方法和 GetSpecialFolder 方法分别获取\Ch08 文件夹的父文件夹和该文件夹的 3 个特殊文件夹（WindowsFolder、SystemFolder 和 TemporaryFolder）的路径。

【例 8.9】获取指定文件夹的参数②，运行结果如图 8-2 所示（L8-9.asp）。

```
<HTML>
<TITLE>获取文件夹参数②</TITLE>
<BODY>
<%
  Dim objFSO,objFolder
  Set objFSO=Server.CreateObject("Scripting.FileSystemObject")
  If objFSO.FolderExists(Server.MapPath("\Ch08")) Then
     Set objFolder=objFSO.GetFolder(Server.MapPath("\Ch08"))
     Response.Write "文件夹的名称为: " & objFolder.Name & "<BR>"
     Response.Write "文件夹的属性为: " & objFolder.Attributes & "<BR>"
     Response.Write "文件夹的大小为: " & objFolder.Size & "<BR>"
     Response.Write "文件夹的路径为: " & objFolder.Path & "<BR>"
     Response.Write "文件夹的建立日期为: " & objFolder.DateCreated & "<BR>"
  Else
     Response.Write "所查找的文件夹不存在! "
  End If
  Set objFolder=Nothing
  Set objFSO=Nothing
%>
</BODY>
</HTML>
```

说明：利用 Folder 对象的 Name、Attributes、Size、Path 和 DateCreated 属性取得文件夹的名称、属性、大小、路径和创建日期等。其详细用法和其他属性可参见附录 B。

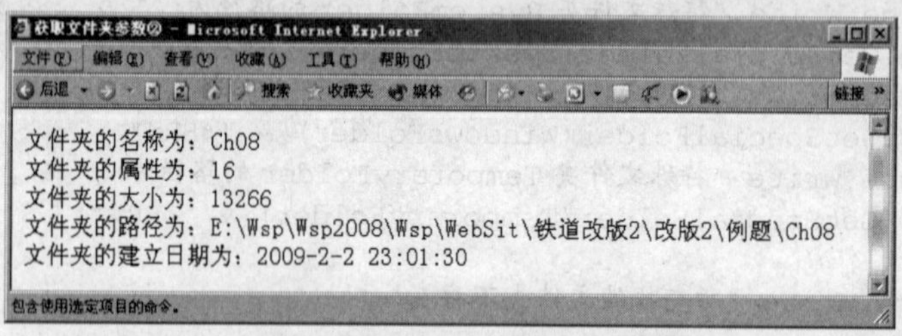

图 8-2 获取指定文件夹的参数②

【例 8.10】列出文件夹内的所有子文件夹和文件（L8-10.asp）。

```
<HTML>
<TITLE>列出文件夹和文件</TITLE>
<BODY>
<%
  Dim objFSO,objFolder,objFile
  Set objFSO=Server.CreateObject("Scripting.FileSystemObject")
  If objFSO.FolderExists(Server.MapPath("\Ch08")) Then
     Set objFolder=objFSO.GetFolder(Server.MapPath("\Ch08"))
     Response.Write "本文件夹下所含子文件夹有: <BR>"
     For Each objSubFolder in objFolder.SubFolders
         Response.Write objSubFolder.Name & "<BR>"
     Next
     Response.Write "<P>本文件夹下所含文件有: <BR>"
     For Each objFile in objFolder.Files
         Response.Write objFile.Name & "<BR>"
```

```
      Next
   Else
      Response.Write "所查找的文件夹不存在！"
   End If
   Set objFolder=Nothing
   Set objFSO=Nothing
%>
</BODY>
</HTML>
```

说明：利用 Folder 对象的 SubFolders 和 Files 属性获取文件夹内的所有子文件夹或文件。定义了 3 个对象变量 objFSO、objFolder 和 objFile。由于 Folder 对象的 SubFolders 属性和 Files 属性分别返回的是一个 Folders 集合和一个 Files 集合，可以使用 For Each...Next 循环语句将文件夹内的所有子文件夹和文件的名称列举出来。也可以用 File 对象提供的属性显示每个文件的名称、属性、大小、路径、创建日期、修改日期等信息，可参见附录 B。

8.2.3　操作文件

【例 8.11】创建 MyFile1.asp 文件（L8-11.asp）。

```
<HTML>
<TITLE>创建 MyFile1.asp 文件</TITLE>
<BODY>
<%
   Dim objFSO
   Set objFSO=Server.CreateObject("Scripting.FileSystemObject")
   If objFSO.FileExists (Server.MapPath("\Ch08\MyFile1.asp")) Then
      Response.Write "MyFile1.asp 文件已经存在！"
   Else
      objFSO.CreateTextFile (Server.MapPath("\Ch08\MyFile1.asp"))
      Response.Write "已在指定目录下创建 MyFile1.asp 文件！"
   End If
   Set objFSO=Nothing
%>
</BODY>
</HTML>
```

说明：利用 FileSystemObject 对象的 CreateTextFile 方法创建文本文件，并返回一个 TextStream 对象实例（此处暂未用到）。其他详细参数可参见附录 B。

【例 8.12】文件名的移动和重命名（L8-12.asp）。

```
<HTML>
<TITLE>移动和重命名</TITLE>
<BODY>
<%
  Dim objFSO
  Set objFSO=Server.CreateObject("Scripting.FileSystemObject")
  If objFSO.FileExists(Server.MapPath("\Ch08\MyFile1.asp")) Then
     If objFSO.FileExists(Server.MapPath("..\MyFile2.asp")) Then
        Response.Write "MyFile2.asp 文件已经存在！"
     Else
        objFSO.MoveFile Server.MapPath("\Ch08\MyFile1.asp"),_
```

```
12:             Server.MapPath("..\MyFile2.asp")
13:         Response.Write "已将 MyFile1.asp 文件移至指定目录，并换名为：MyFile2"
14:       End If
15:   Else
16:       Response.Write "此目录下没有 MyFile1.asp 文件！"
17:   End If
18:   Set objFSO=Nothing
19:%>
20:</BODY>
21:</HTML>
```

说明：利用 FileSystemObject 对象的 MoveFile 方法将文件移动到指定目录中。若目录中已含有 MyFile1.asp 文件，则产生错误信息，第 8～14 行的 If 语句将防止程序中断。

【例 8.13】利用 File 对象的 Copy 方法复制文件（L8-13.asp）。

```
01:<HTML>
02:<TITLE>复制文件</TITLE>
03:<BODY>
04:<%
05:   Dim objFSO,objFile
06:   Set objFSO=Server.CreateObject("Scripting.FileSystemObject")
07:   If objFSO.FileExists(Server.MapPath("\Ch08\MyFile1.asp")) Then
08:      Set objFile=objFSO.GetFile(Server.MapPath("\Ch08\MyFile1.asp"))
09:      objFile.Copy Server.MapPath("..\MyFile2.asp"),True
10:      Response.Write "已将 MyFile1 文件复制到指定目录，并换名为：MyFile2.asp"
11:   Else
12:      Response.Write "此目录下没有 MyFile1.asp 文件！"
13:   End If
14:   Set objFile=Nothing
15:   Set objFSO=Nothing
16:%>
17:</BODY>
18:</HTML>
```

说明：利用 File 对象的 Copy 方法将文件复制到指定的目录下，若有同名文件，则覆盖；加参数 False 则相反。参见附录 B。

还可以利用 File 对象的 Delete 方法删除文件，将例 8.13 的 If 语句（第 7～13 行）换成：

```
If objFSO.FileExists(Server.MapPath("\Ch08\MyFile1.asp")) Then
  Set objFile=objFSO.GetFile(Server.MapPath("\Ch08\MyFile1.asp"))
  objFile.Delete(True)
  Response.Write "MyFile1.asp 文件已被删除！
Else
  Response.Write "此目录下没有 MyFile1.asp 文件！"
End If
```

利用 File 对象的 Move 方法可以移动且对文件进行重命名，将例 8.13 的 If 语句换成：

```
If objFSO.FileExists(Server.MapPath("\Ch08\MyFile1.asp")) Then
  Set objFile=objFSO.GetFile(Server.MapPath("\Ch08\MyFile1.asp"))
  objFile.Move(Server.MapPath("..\MyFile2.asp"))
  Response.Write "已将 MyFile1.asp 文件复制到指定目录，并换名为：MyFile2"
Else
  Response.Write "此目录下没有 MyFile1.asp 文件！"
End If
```

【例 8.14】利用 File 对象的属性获取文件的各种参数，运行结果如图 8-3 所示（L8-14.asp）。

```
<HTML>
<TITLE>获取文件的各种参数</TITLE>
<BODY>
<%
  Dim objFSO,objFile
  Set objFSO=Server.CreateObject("Scripting.FileSystemObject")
  If objFSO.FileExists(Server.MapPath("\Ch08\MyFile1.asp")) Then
     Set objFile=objFSO.GetFile(Server.MapPath("\Ch08\MyFile1.asp"))
     Response.Write "返回文件的属性是: "&objFile.Attributes&"<BR>"
     Response.Write "返回文件的名称是: "&objFile.Name&"<BR>"
     Response.Write "返回文件的路径是: "&objFile.Path&"<BR>"
     Response.Write "返回文件的大小是: "&objFile.Size&"<BR>"
     Response.Write "返回文件的类型是: "&objFile.Type&"<BR>"
     Response.Write "返回文件的创建日期是: "&objFile.DateCreated&"<BR>"
  Else
     Response.Write "所访问的文件不存在，无法返回参数信息！"
  End If
  Set objFile=Nothing                   '释放File对象
  Set objFSO=Nothing                    '释放FileSystemObject对象
%>
</BODY>
</HTML>
```

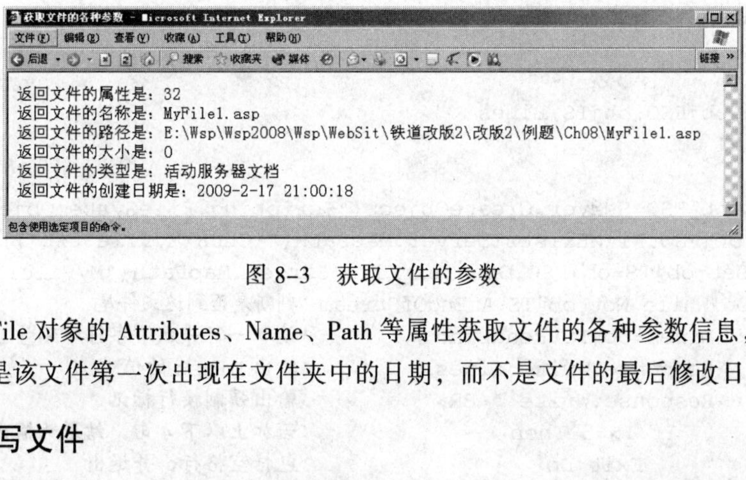

图 8-3　获取文件的参数

说明：用 File 对象的 Attributes、Name、Path 等属性获取文件的各种参数信息，程序中的"创建日期"指的是该文件第一次出现在文件夹中的日期，而不是文件的最后修改日期。

8.2.4　读、写文件

FileAccess 组件提供了对文件进行处理的多种对象、方法、属性等，通过它们的有机组合，我们可以选取一些方便、快捷的方案来处理我们所遇到的问题。

【例 8.15】从给定文件（MyFile.txt）中每次读取 n+1 个字符（L8-15.asp）。

```
<HTML>
<TITLE>读取字符①</TITLE>
<BODY>
<%
  Dim objFSO,objTS,Chars,n
  n=0
  Set objFSO=Server.CreateObject("Scripting.FileSystemObject")
```

```
   If objFSO.FileExists(Server.MapPath("\Ch08\MyFile.txt")) Then
      Set objTS=objFSO.OpenTextFile(Server.MapPath("MyFile.txt"),1)
      Do While Not objTS.AtEndOfStream   '判断是否到达文件尾
         Chars=objTS.Read(n)             '每次读取 n 个字符赋给字符串变量 Chars
         Response.Write Chars&"<BR>"     '输出 Chars 的值和强制换行标记
         n=n+1
      Loop
      objTS.Close                        '关闭打开的文件
   Else
      Response.Write "此目录下没有 MyFile.txt 文件！"
   End If
   Set objTS=Nothing    '释放 TextStream 对象实例，即关闭 TextStream 对象实例
   Set objFSO=Nothing                    '释放 FileSystemObject 对象实例
%>
</BODY>
</HTML>
```

说明：例 8.15 以只读模式打开 MyFile.txt 文件，并将返回的 TextStream 对象实例赋给 objTS 对象变量。利用 Do While 循环从打开的文件中每次增读一个字符，并赋给字符串变量 Chars；用 Write 方法输出 Chars 的值和强制换行标记，直至读到文件尾部（通过 Text Stream 对象的 AtEndOfStream 属性判断到达文件尾部时，终止循环），文件输出完毕。空格也算一个字符。

【例 8.16】从给定文件（MyFile.txt）中每次读取一行字符（L8-16.asp）。

```
<HTML>
<TITLE>读取字符②</TITLE>
<BODY>
<%
  Dim objFSO,objTS,Lines
  Dim I
  I=1
  Set objFSO=Server.CreateObject("Scripting.FileSystemObject")
  If objFSO.FileExists(Server.MapPath("\Ch08\MyFile.txt")) Then
    Set objTS=objFSO.OpenTextFile(Server.MapPath("MyFile.txt"),1)
    Do While Not objTS.AtEndOfStream '判断是否到达文件尾
      Lines=objTS.ReadLine           '读取一行并赋给字符串变量 Lines
      Response.Write Lines           '输出 Lines 的值
      Response.Write "<BR>"          '输出强制换行标记
'       If I>=5 Then                 '若加上以下 4 句，结果为输出 5 行
'         Exit Do                    '包括空格行，并退出
'       End If
'     I=I+1
   Loop
   objTS.Close                       '关闭打开的文件
  Else
   Response.Write "此目录下没有 MyFile.txt 文件！"
  End If
  Set objTS=Nothing                  '释放 TextStream 对象
  Set objFSO=Nothing                 '释放 FileSystemObject 对象
%>
</BODY>
</HTML>
```

文件 MyFile.txt 的内容如下：

渔　歌　子

张志和

西塞山前白鹭飞，桃花流水鳜鱼肥。

青箬笠，绿蓑衣，斜风细雨不须归。

[诗意]

西塞山前的水面上白鹭鸟飞上飞下，

岸边桃花红艳艳，水中鳜鱼肥又大。

戴着竹笠帽，披着绿蓑衣，

在斜风细雨中照样把鱼打。

说明：使用 TextStream 对象的 ReadLine 方法按行读取字符，若去除例 8.16 中的第 6 行～第 7 行和第 15～18 行的语句，输出效果如图 8-4 所示。

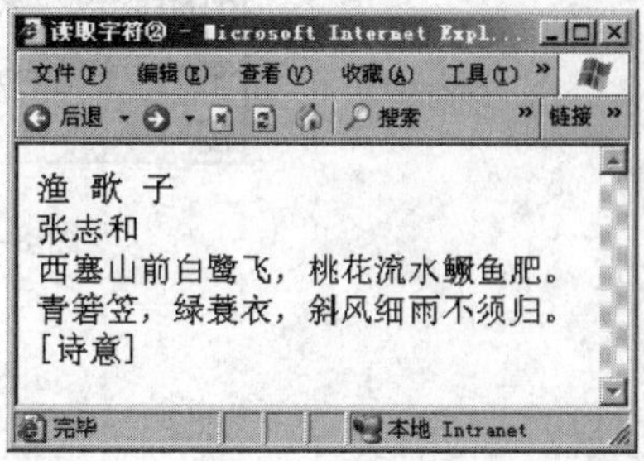

图 8-4　只输出包括空行的 5 行字符

还可以使用 TextStream 对象的 ReadAll 方法一次读取文档中的全部内容。只需将例 8.16 的第 5 句改为：

```
Dim objFSO,objTS,TotalFile,Result
```

将例 8.13 的循环语句第 11～19 行改为：

```
If Not objTS.AtEndOfStream Then
   TotalFile=objTS.ReadAll
   '读取文件内容赋给字符串变量 TotalFile
   Result=Replace(TotalFile,VbCrLf, "<BR>")
   Response.Write Result
End If
```

该程序段中的 If 语句在读取文档之前先判断是否已到文件尾；利用 Replace()函数将字符串变量“TotalFile”中的“VbCrLf”置换成“
”标记，并重新赋给 Result 变量（Replace 的功能是将字符串内的子字符串置换成指定的字符串）。MyFile.txt 文档的长度最好不超过一页。

【例 8.17】利用 TextStream 对象提供的 3 种方法 Write(string)、WriteLine(string)和 WriteBlankLines(n)将字符写入文件中（L8-17.asp）。

```
<HTML>
<TITLE>将字符写入文件</TITLE>
<BODY>
<%
  Dim objFSOs,objTSs
  Set objFSOs=Server.CreateObject("Scripting.FileSystemObject")
  Set objTSs=objFSOs.OpenTextFile(Server.MapPath("MyFile3.txt"),2, True)
  objTSs.Write("<CENTER>渔  歌  子</CENTER>")
  objTSs.WriteLine("<CENTER><B>张志和</B></CENTER>")
  objTSs.WriteBlankLines("1")
  objTSs.WriteLine("<CENTER>西塞山前白鹭飞，</CENTER>")
  objTSs.WriteLine("<CENTER>桃花流水鳜鱼肥。</CENTER>")
  objTSs.WriteLine("<CENTER>青箬笠， 绿蓑衣，</CENTER>")
  objTSs.WriteLine("<CENTER>斜风细雨不须归。</CENTER>")
  objTSs.Close                         '关闭已打开的文件
  Set objTSs=Nothing                   '释放 TextStream 对象
  Set objFSOs=Nothing                  '释放 FileSystemObject 对象
%>
```

```
19:◄———————————— <!-- #include file="L8-16a.asp" -->
20:</BODY>
21:</HTML>
```

说明：例 8.17 中没有输出语句，程序执行后浏览器输出空白页。OpenTextFile 方法以只写模式打开 MyFile3.txt。若文件不存在，则创建，结果将覆盖源文件的内容；若想保留源文件的内容，可将参数 2 换成 8，使写入的数据附加在源文件的后面。图 8-5 是用记事本打开例 8.17 的输出结果 MyFile3.txt 的显示。若在第 19 行插入 "<!-- #include file="L8-16a.asp" -->" 语句（L8-16a.asp 文件仅将例 8.16 的读取文件换成 MyFile3.txt），用户可思考一下，会有什么样的结果呢？重复执行，又会怎样？WriteBlankLines("1")方法是插入一个空白行。

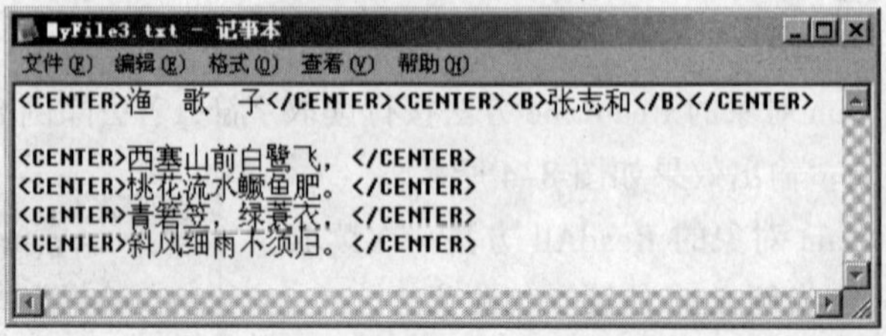

图 8-5 写入 MyFile3.txt 的字符信息

8.3 内置组件

ASP 内置组件的常用部分由 ASP/IIS 安装程序提供，其他的部分可由 Web 免费或有偿提供。服务器端组件通常在自己的 DLL 或可执行文件中实现，一旦服务器安装或注册了该 DLL 文件，其提供的对象等就可以在 ASP 所支持的任何脚本语言中使用。组件与 ASP 环境的关系如图 8-6 所示。

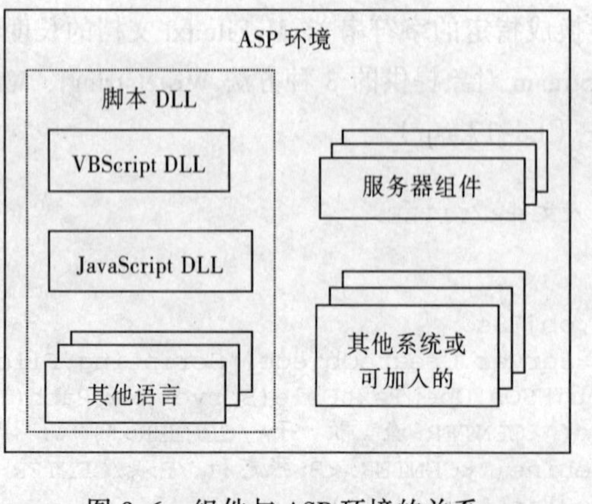

图 8-6 组件与 ASP 环境的关系

服务器组件在 ASP/IIS 标准安装后（一般在默认状态下是完全安装），在 IIS 文档中被描述为可安装组件（installable component），其他组件可以作为特定服务或服务器应用程序的一部分来安装。如用于邮件服务器和电子邮件消息的协作数据对象组件（Collaborative Data Objects for Windows NT Server，CDONTS）。在 Windows 2003 的\WINDOWS\system32\inetsrv\目录下可以看到 ASP 的可安装组件。

8.4 外 置 组 件

ASP 的内置对象和内置组件在安装了 ASP/IIS 或其他服务器软件后就可以直接使用。外置组件或称为第三方组件（the third components），是使用 VB、VC++、VFP 等支持组件对象模型（COM）技术的语言编写的供 ASP 调用的组件。应用语言编制 ASP 的外置组件，扩展了 ASP 的功能，使其几乎达到了无所不能的境界。

在广袤的 Internet 世界里，有许多优秀的 ASP 网站会提供一些免费或共享的源代码外置组件，所以一些标准功能的 ASP 外置组件用户无需自己开发。

通常从 Internet 下载的组件都要注册，注册以后就像使用 ASP 的内置组件一样方便，也有属性、方法等。注册的方法一般是先将动态链接库（如 AspMail.DLL）备份至服务器系统目录下（如 Windows 2003 的\WINDOWS\system32\），再输入以下命令：

```
regsvr32 AspMail.dll
```

完成操作后，便可以使用该组件了。

8.5 组 件 应 用

8.5.1 应用 Ad Rotator 组件

Ad Rotator 组件提供广告随机轮换选择功能，简化了按顺序显示每幅广告的任务，可以轻松自如地添加新广告。浏览者打开网页时，能随机地看到广告。程序员可以很容易地增加或更改广告的超链接，使浏览者单击广告便可进入广告客户的 Web 站点。构成一个广告随机轮换组件的文件通常含有 ADROT.DLL（通常位于\WINDOWS\system32\inetsrv 下）、超链接处理文件和广告数据库（文本文件）。

【例 8.18a】超链接处理文件①（L8-18a.asp）。

```
<HTML>
<TITLE>广告随机显示</TITLE>
<%
  Dim objRand
  Set objRand=Server.CreateObject("MSWC.AdRotator")
  Response.Write objRand.GetAdvertisement("Random.txt")
  Set objRand=Nothing
%>
</HTML>
```

说明： 利用 Server 对象的 CreateObject 方法创建 Ad Rotator 组件的对象实例 objRand，“MSWC.AdRotator”是 Ad Rotator 组件登录的名称，MSWC（Microsoft Web Class）是 ASP 的组件之一。Ad Rotator 组件的 GetAdvertisement 方法是根据流式文件，即广告数据库文本文件 Random.txt 内的指令创立广告横幅，并在浏览器上显示。

【例 8.18b】超链接处理文件②（L8-18b.asp）。

```
  <%
    MyURL=Request("URL")
    Response.Redirect MyURL
%>
```

说明：例 8.18b 作为网页重定向被例 8.18a 间接调用。

广告数据库即文本文件（Random.txt）：

```
REDIRECT L8-18b.asp
WIDTH 600
HEIGHT 70
BORDER 1
*
Phot1.jpg
File1.htm
祝贺上海申博成功!
1
Phot2.jpg
File2.htm
2010 相约上海!
1
Phot3.jpg
File3.htm
乘磁悬浮，到上海!
1
```

说明：此文件作为广告的流式文件称为广告信息文件，由 GetAdvertisement 方法调用。第 1 句用来指定处理广告超链接的程序（L8-18b.asp）；第 2～4 句设置广告图片的宽、高及边框线，若不需边框线，可设 BORDER 为 0；星号“*”无特殊意义，仅作分隔用。下面三组类似的语句分别指定不同的图片、链接的网页、图片的文本替代显示以及图片出现的频率加权。频率的加权值是图片出现的频率，依据程序中给出的数据 1、1、1，每张图片出现的频率为：

$$1/(1+1+1)=33\%$$

各图片显示的频率相同。也可设置不同频率的图片显示，如三张图片的取值为 3、2、1，则：

3/(1+2+3)=50%　　2/(1+2+3)=33%　　1/(1+2+3)=17%

各图片出现的频率不同。

8.5.2 应用 CDONTS 组件

内置组件 CDONTS（Collaboration Data Objects for Windows NT Server）主要用于处理电子邮件，而接收、发送 E-mail 是网站的基本功能之一。若用户感觉 CDONTS 不好用，完全可以采用功能更强的外置组件。

【例 8.19】发送 E-mail 邮件（L8-19.asp）。

```
<%
  Sub Sendmail(fromaddress,toaddress,title,body)
     Dim ObjMyMail
     Set ObjMyMail=Server.CreateObject("CDONTS.Newmail")
     ObjMyMail.From=fromaddress                  '发信人邮件地址
     ObjMyMail.To=toaddress                      '收信人邮件地址
     ObjMyMail.Subject=title                     '主题词
     ObjMyMail.Body=body                         '正文
     ObjMyMail.Send                              '用 CDONTS 的 Send 方法发送邮件
     Set ObjMyMail=nothing                       '释放对象
  End Sub
  Fromaddress=TRIM(Request.Form("fromaddress"))
```

```
    Toaddress=TRIM(Request.Form("toaddress"))
    Title=TRIM(Request.Form("title"))
    Body=TRIM(Request.Form("body"))
    If toaddress<>""  then
       Sendmail fromaddress,toaddress,title,body
    End  if
%>
<HTML>
<TITLE>发送 Email</TITLE>
<BODY>
<FORM method="post" action=<%= Request.ServerVariables("script_name") %>>
<P>
  收件人:<INPUT name="toaddress" type="text" size=25>
<P>
  发件人:<INPUT name="fromaddress" type="text" size=25>
<P>
  主题词:<INPUT name="title" type="text" size=25>
<P>
<TEXTAREA name="body" cols=40 rows=5></TEXTAREA>
<P>
<INPUT type="submit" value="发送">
</FORM>
</BODY>
</HTML>
```

说明：该组件在 Windows Server 2003 下运行必须先配置邮件服务器，也就是，① 必须已经安装好“SMTP”组件；② 由于 Windows Server 2003 设有 CDONTS.DLL，需将“CDONTS.DLL”拷贝至\WINDOWS\system32\下，然后注册该组件。否则，本程序运行将出错。

Send 方法的格式为：

```
objMyMail.Send([From][,To][,Subject][,Body][,Importance])
```

其中，Importance 表示邮件紧急程度，0 表示不重要，1 表示一般，2 表示重要。

若要粘贴附件可在子程序的过程中加上：

```
objMyMail.AttachFile "[盘符:][路径][文件名]"
```

8.5.3　其他组件简介

1. 应用 Browser Capabilities 组件

利用 Browser Capabilities 组件可以为 BrowserType 对象创建对象实例（如：objBInf），以此来获取客户端浏览器的各种功能信息（如：浏览器的名称、版本、平台等是否支持表格、框架、Cookies、背景音乐、VBScript、JavaScript 等），并将其返送服务器。

【例 8.20】截获客户端浏览器的各种信息（L8-20.asp）。

```
<%
  Dim objBInf
  Set objBInf=Server.CreateObject("MSWC.BrowserType")
%>
  <HTML>
  <TITLE>Browser Capabilities 组件</TITLE>
  <H2>客户端浏览器的数据：</H2>
  <BODY>
     客户端浏览器的名称：<%= objBInf.Browser %><BR>
     客户端浏览器的版本：<%= objBInf.Version %><BR>
```

```
    客户端浏览器的平台: <%= objBInf.Platform %><BR>
    客户端浏览器是否支持表格: <%= objBInf.Tables %><BR>
    客户端浏览器是否支持框架: <%= objBInf.Frames %><BR>
    客户端浏览器是否支持Cookies: <%= objBInf.Cookies %><BR>
    客户端浏览器是否支持背景音乐: <%= objBInf.BackgroundSounds %><BR>
    客户端浏览器是否支持VBScript: <%= objBInf.VBScript %><BR>
    客户端浏览器是否支持JavaScript: <%= objBInf.JavaScript %><BR>
    客户端浏览器是否支持JavaApplets: <%= objBInf.JavaApplets %><BR>
    客户端浏览器是否为BETA测试软件: <%= objBInf.Beta %><BR>
    客户端浏览器是否支持ActiveXControls: <%= objBInf.ActiveXControls %><BR>
<% Set objBInf=Nothing %>
</BODY>
</HTML>
```

2. 应用 Dictionary 组件

【例 8.21】利用 Dictionary 组件输出一组数据（L8-21.asp）。

```
<HTML>
<TITLE>应用Dictionary组件</TITLE>
<BODY>
<%
  Dim  Array(5),name1,name2,name3,name4,name5
  Set  name1=Server.CreateObject("Scripting.Dictionary")
  name1.Add"品名","主板"
  name1.Add"型号","P35 NE02-FR"
  name1.Add"价格","1099元"
  name1.Add"生产日期","2008/10/10"
  Set name2=Server.CreateObject("Scripting.Dictionary")
  name2.Add"品名","主板"
  name2.Add"型号","G965M-F"
  name2.Add"价格","1190元"
  name2.Add"生产日期","2008/12/02"
  Set name3=Server.CreateObject("Scripting.Dictionary")
  name3.Add"品名","主板"
  name3.Add"型号","945-NU"
  name3.Add"价格","520元"
  name3.Add"生产日期","2008/06/02"
  Set  name4=Server.CreateObject("Scripting.Dictionary")
  name4.Add"品名","显示卡"
  name4.Add"型号","NX8800GTS"
  name4.Add"价格","4999元"
  name4.Add"生产日期","2008/02/03"
  Set  name5=Server.CreateObject("Scripting.Dictionary")
  name5.Add"品名","显示卡"
  name5.Add"型号","GS6"
  name5.Add"价格","599元"
  name5.Add"生产日期","2008/10/02"
  For Each whatever in name4
     Response.Write(whatever&":")
     Response.Write(name4.item(whatever))&"<P>"
  Next
%>
```

```
</BODY>
</HTML>
```

说明：可以改变程序中 For 循环内的值 name4 或以其他方式输出数据。Dictionary 组件是一个脚本组件，使用内建的函数完成存储和处理数据等基本任务。该组件提供的属性和方法有：

- 属性：CompareMode、Count、Item(key)和 Key(key)
- 方法：Add(key, item)、Exists(key)、Items()、Key()、Remove(key)和 RemoveAll()

3. Content Linking 组件

提供功能完整的网络导航，有 8 种方法供使用，对象实例的建立如下：

```
<%
   Set objNextLink=Server.CreateObject("MSWC.NextLink")
%>
```

4. Content Rotator 组件

类似于一个简化的 Ad Rotator 组件，可以随机自动显示一个含有文本段和 HTML 代码段的文本文件。提供 2 个方法，对象实例的建立如下：

```
<%
   Set objContent=Server.CreateObject("MSWC.ContentRotator")
%>
```

5. Counters 组件

用于创建、存储、递增和检索每个计数器的值，能支持任何种类的数据统计。提供 4 种方法，对象实例的建立如下：

```
<%
   Set objCount=Server.CreateObject("MSWC.Counters")
%>
```

6. Page Counter 组件

用于统计每个网页被访问的次数，并定期把统计的数据存到服务器磁盘上的一个文本文件中，使得即使停机或出现错误后，当前数据也不会丢失。提供 3 种方法，对象实例的建立如下：

```
<%
   Set objPageCount=Server.CreateObject("MSWC.PageCounter")
%>
```

7. Permission Checker 组件

用于检查用户是否有访问某个 Web 页面的权限，可用该组件设置仅包含当前用户允许访问的数据。只有 1 种方法，对象实例的建立如下：

```
<%
   Set objPermit=Server.CreateObject("MSWC.PermissionChecker")
%>
```

8.6 实 训 题

【实例 8.1】显示服务器驱动器表列，运行结果如图 8-7 所示（SL8-1.asp）。

程序代码：

```
<HTML>
```

```
<TITLE>驱动器表列</TITLE>
<BODY>
<%
   Dim objFSO                            '声明名为 objFSO 的变量,用于存放对象实例
   Set objFSO=Server.CreateObject("Scripting.FileSystemObject")
   For Each serverD in objFSO.Drives
%>
   <BR>驱动器号: <%= serverD.DriveLetter %>
   <BR>驱动器总容量: <%= serverD.TotalSize %>
   <BR>驱动器空闲容量: <%= serverD.AvailableSpace %>
<HR>
<% Next %>
<% Set objFSO=Nothing
</BODY>
</HTML>
```

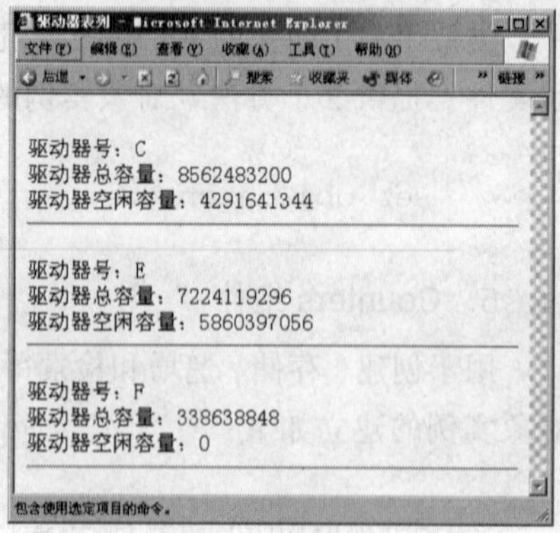

图 8-7　显示服务器驱动器表列

【实例 8.2】使用 Content Linking 组件创建 URL 表列，运行结果如图 8-8 所示（SL8-2.asp）。

程序代码：

```
<!-- #include file="SL8-2a.inc" -->
<!本语句必须被 page1～6.asp 包含>
<HTML>
<TITLE>Content Linking 组件应用</TITLE>
<BODY>
<P>文件链接表列</P>
<%
   Dim pathname
   pathname="SL8-2b.txt"
   Set objLink=Server.CreateObject("MSWC.
NextLink")
   count=objLink.GetListCount(pathname)           '获取文本中项目的数量
%>
   <OL>
   <% For I=1 to count %>
   <LI><A href="<%= objLink.GetNthURL(pathname,I) %>">  <!给出第 n 页的 URL>
   <%= objLink.GetNthDescription(pathname,I) %> <!给出第 n 页的描述>
   </A>
   <% Next %>
   </OL>
<BODY>
</HTML>
```

【实例 8.2a】实例 8.2 用到的导航文件（SL8-2a.inc）。

程序代码：

```
<%
   Set objLink=Server.CreateObject("MSWC.NextLink")
   count=objLink.GetListCount("SL8-2b.txt")
   current=objLink.GetListIndex("SL8-2b.txt")    '获取文本当前页的索引号
   If current>1 Then
%>
   <A href="<%= objLink.GetPreviousURL("SL8-2b.txt") %>">上一页</A>
<% End If                                         '上一句是返回前一页面的 URL
   If current<count Then
```

```
%>
  <A href="<%= objLink.GetNextURL("SL8-2b.txt") %>">下一页</A>
<% End If %> <!上一句是返回下一页面的 URL>
```

【实例 8.2b】实例 8.2 用到的 SL8-2b.txt 文本文件。注意，文件中两部分之间不可以用空格，应以 Tab 制表键隔开。下列每一个文件中必须包含实例 8.2 的第 1 条语句。本组程序的运行效果如图 8-8 和图 8-9 所示（SL8-2b.txt）。

程序代码：

```
page1.asp	第一乐章
page2.asp	第二乐章
page3.asp	第三乐章
page4.asp	第四乐章
page5.asp	第五乐章
page6.asp	第六乐章
```

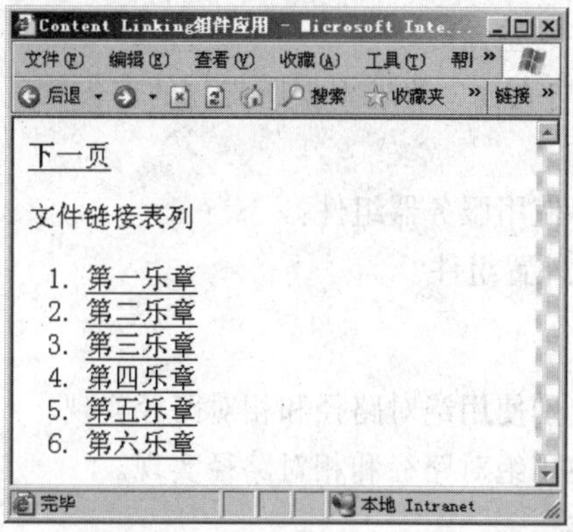

图 8-8　Content Linking 组件应用

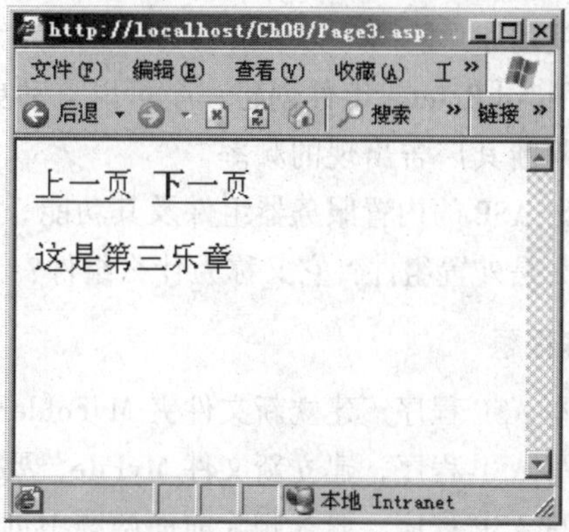

图 8-9　第 3 页显示效果

小　结

VBScript 脚本语言为了安全，没有设置对文件等的操作。若要对服务器端或网络（映射）磁盘驱动器的文件、文件夹等进行操作（包括移动、复制、删除等），需要使用 FileSystemObject 对象和 TextStream 对象提供的属性和方法。

FileSystemObject 和 TextStream 对象是一对关系极为密切的对象。可以创建对应于系统内任何文件的 TextStream 对象，并通过该对象对文件进行读、写等操作。

由于 Windows Server 2003 关闭了许多“服务”，运行相关组件时应注意配置。

除了微软提供的 ASP 组件以外，其他厂商或公司等也会根据需要创建组件，这种被称做外置组件或第三方组件的工具，为程序的开发提供了非常开阔的视野。

习　题

一、选择题

1．下列不属于 ASP 的可安装组件是（　　）。

A．Dictionary　　B．Data Access　　C．CDONTS　　D．Ad Rotator

2．下列不属于 FileSystemObject 对象的是（　　）。

A．FileExists　　B．OpenTextFile　　C．WriteLine　　D．CreateTextFile

3．在操作系统中注册名为 Myasp.dll 的组件，使用正确的语句是（　　）。

A．regedit Myasp.dll　　B．regsvr32 Myasp.dll　　C．regsvr Myasp.dll　　D．regsvr32 Myasp.dll/u

二、填空题

1．使用________组件获取客户端浏览器的功能信息，使用________组件控制计算机的文件系统，网络导航使用________组件，提供对广告的随机轮换选择使用________组件。

2．构成一个广告随机轮换组件的文件通常含有：________、________和________。

3．ASP 的内置组件 CDONTS 的主要功能是____________。

三、简答题

1．从使用和功能两个方面描述 ASP 内置、外置组件的差异。

2．使用 Ad Rotator 组件创建一个可以自动更换的广告页面，要求根据所支付的广告款项的多少来判断其广告出现的频率。

3．写出 ASP 的内置服务器组件及其功能，为什么要使用服务器组件？

4．什么是外置组件？它又称为什么组件？怎样获得外置组件？

四、编程题

1．编写 ASP 程序，建立新文件夹 MyFolder，要求分别使用绝对路径和相对路径实现。

2．编写 ASP 程序，建立新文件 MyFile，要求分别使用绝对路径和相对路径实现。

3．编写 ASP 程序，要求删除前面两题中创建的内容。

4．编写 ASP 程序，打开并读取一个自建纯文本文件.txt 中的一行文字，将其写入到另一个新的纯文本文件.txt 中。

5．编写 ASP 程序，取得当前父文件夹路径、类型、大小、属性和日期信息，并在浏览器中显示。

6．编写一个完整的邮件发送程序。

第 9 章 应用 ADO

ASP 的另一个非常重要的内置组件是 ADO，它的主要作用是提供用户访问数据存储的功能，能否最终完成对 Web 数据库的访问，其根本就在于对 ADO 的掌握，ADO 主要由 3 个对象 Connection、Command 和 Recordset 构成。

9.1 概　　述

ASP 内置组件中一个非常重要的组件是 ActiveX 数据对象（ActiveX Data Object，ADO），习惯称 ADO 组件（但它并非仅供 ASP 使用），它的主要作用是提供用户访问数据存储的功能。这能使数据存储与用户之间建立一种非常“友善”的“交往”，即只要基于某些或某类数据，我们就可以建立一个网页或一种完全交互的电子商务系统。

在 ADO 组件模型中定义了 3 个对象：Connection、Command 和 Recordset，如图 9-1 所示。这是我们使用最多的 3 个主要对象。通过它们以及其他对象与集合等，用户可以很方便地建立数据库连接，执行 SQL 查询以及完成数据访问等操作。

Connection 对象是其他对象与集合的基础，图 9-1 也使我们认识到这一点。Connection 对象包含的 Errors 集合和 Error 对象，用来记录连接过程中所发生的错误信息；Command 对象包含的 Parameters 集合和 Parameter 对象，用来传递 Command 对象所需的命令参数；Recordset 对象包含的 Fields 集合和 Field 对象，用来记录 Recordset 对象中各个字段的相关属性。对于 Connection、Command、Recordset 对象来说又都包含一个 Properties 集合和一个 Property 对象，它们是专为 ADO 对象提供某种特性而设置的。

ADO 各对象之间的相互关系如图 9-2 所示，这里有两个非常重要的关系：

• 使用 Execute 方法，Connection 和 Command 对象可分别产生一个 Recordset 对象。

• 使用 ActiveConnection 属性，Recordset 和 Command 对象均可产生一个 Connection 对象。

图 9-1 和图 9-2 反映了 ADO 的总体架构以及 ADO 各对象之间的相互关系，是我们学习 ADO 的基础，掌握、熟记这些结构特点与相互关系可以帮助我们加深对后续内容的理解。表 9-1 和表 9-2 是 ADO 的对象和 ADO 的集合，其详细使用方法将在后面的章节中介绍。

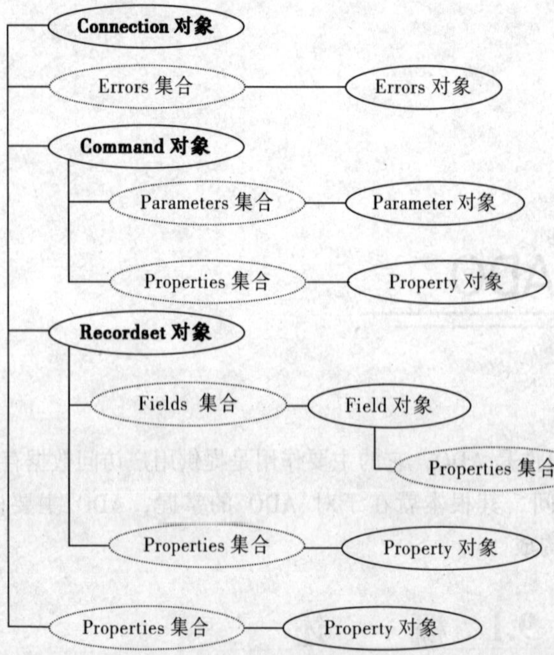

图 9-1 ADO 模型

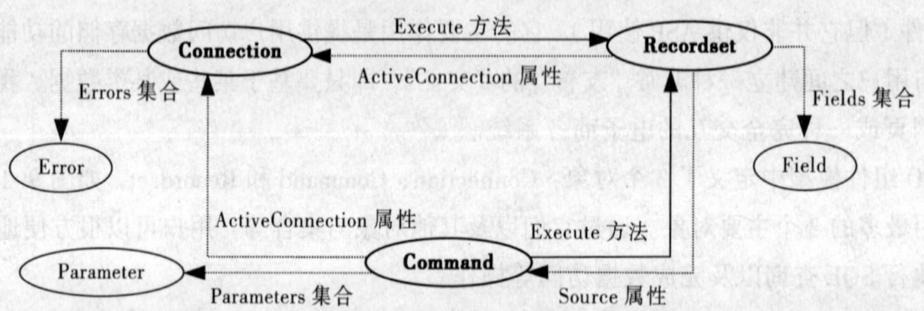

注：ADO2.5 增加的对象 Record 和 Stream 图中未画出。本章各图和表中的斜体字表示增加的对象。

图 9-2 ADO 各对象之间的相互关系图

表 9-1 ADO 对象的名称及说明

对象	说明
Command	用来嵌入 SQL 查询，执行对数据源的操作，包括对存储过程的调用
Connection	用来建立数据源和 ADO 程序之间的连接
Error	用来返回有关数据访问过程中所发生的错误或警告信息
Field	用来代表普通的数据类型内不同字段的值
Parameter	用来传递参数给 SQL 查询或用于存储过程
Property	用来代表 ADO 对象的具体属性
Record	用来代表文件系统或者 Web 中的一个文件或一条目录或记录集内的一条记录
Recordset	用来浏览和操作（包括增加、修改、删除）数据库内的数据
Stream	用来代表文本或二进制数据流

表 9-2 ADO 集合的名称及说明

集　合	说　明
Fields	所有的 Field 对象集合。该集合关联着一个 Recordset 对象的所有 Field 数据字段对象
Errors	所有的 Error 对象集合。该集合用来响应一个连接（Connection）上的单一错误
Parameters	所有的 Parameter 对象集合。该集合关联着一个 Command 对象
Properties	所有的 Property 对象集合。该集合关联着一个 Connection、Command、Recordset 或者 Field 对象

ADO 并不是一种新技术，而是采用现有的数据库访问技术，并把这些不同的数据库访问技术融合在一起，形成一种适应现在和未来需要的新方法。ASP 通过利用 ADO 的对象，调用 ODBC（Open DataBase Connectivity）或 OLE DB（Object Linking and Embedding DataBase）驱动程序，完成对数据库的操作，但 ADO 并不只是 ASP 的“专利”，其他应用程序也可以通过它调用数据库。例 9.1 使用 Access 2003，给出了一个对网络数据库操作的样例，通过 ODBC 建立连接并打开数据库，利用 Command 对象的属性和方法获取数据，最后由 Response 对象将数据输出至浏览器。例 9.1 的执行结果如图 9-3 所示，数据库的表结构如表 9-3 所示，表中的记录如表 9-4 所示（其他对象的解释请参阅后续章节）。

表 9-3 StTable 表的结构

字段名	类　型	宽　度	说　明
Num	文本/数字	8	学号
Name	文本	10	姓名
Sex	逻辑	1	性别
Birthday	日期/时间		出生日期
Grade	数字	4	总分
Tele	文本/数字	15	电话号码
Address	文本	20	家庭住址

表 9-4 StTable 表中的记录（其中：True=男，False=女）

学　号 Num	姓　名 Name	性　别 Sex	出生日期 Birthday	总　分 Grade	电话号码 Tele	家庭住址 Address
20090101	张大毛	True	1990/10/11	602	85681305	芙蓉路 481 号
20090102	李小亮	True	1991/11/17	585	85681304	中山东路 8 号
20090103	王小楚	False	1989/09/16	553	28201272	解放西路 6 号
20090104	赵大川	True	1992/12/31	572	53079254	淮海路 145 号
20090105	钱小东	True	1993/12/05	613	28408166	青园路 258 号
20090106	孙小洁	False	1991/06/22	601	88200828	韶山路 498 号

6 条记录组成一个表

7 个字段组成一条记录

【例 9.1】利用 ADO 的 Connection 和 Command 对象连接数据库输出数据（L9-1.asp）。

```
<HTML>
```

```
<TITLE>学生花名册</TITLE>
<BODY>
<%
  Const adCmdText=1                                         '定义符号常量
  Set ObjConn=Server.CreateObject("ADODB.Connection")      '创建对象实例
  ObjConn.Open "Driver={Microsoft Access Driver (*.mdb)};" &_
     "DBQ=" & Server.MapPath("StList.mdb")'建立与指定数据库的连接
  Set ObjComm=Server.CreateObject("ADODB.Command")         '创建对象实例
  ObjComm.ActiveConnection=ObjConn                        '产生一个 Connection 对象
  ObjComm.CommandText="SELECT * FROM StTable"             '给出对数据库操作的命令文本
  ObjComm.CommandType= adCmdText
  Set ObjRS=ObjComm.Execute    '使用 Command 的 Execute 产生一个 Recordset 对象

  Response.Write "学生花名册" & "<P>"
  For I=0 To ObjRS.Fields.Count-1                         '输出字段的名称
     Response.Write  ObjRS(I).Name & "    "
  Next
  Response.Write "<P>"
  Do While Not ObjRS.Eof
    For I=0 To ObjRS.Fields.Count-1                       '利用 Fields 集合输出数据
       Response.Write ObjRS(I).Value & "  "
    Next
    Response.Write "<BR>"
    ObjRS.MoveNext                                        '向下移动记录指针
  Loop

  ObjConn.Close                                           '关闭与数据库的连接
  Set ObjConn=Nothing                                     '释放 Connection 对象
  Set ObjComm=Nothing                                     '释放 Command 对象
%>
</BODY>
</HTML>
```

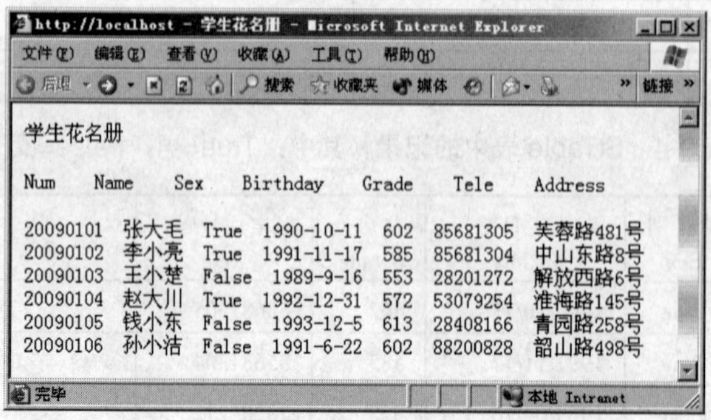

图 9-3 利用 ADO 连接数据库输出数据

9.2 SQL 语句的应用

9.2.1 SELECT 语句的功能

在 SQL 语句中 SELECT 语句是功能最强也最为复杂的 SQL 语句之一，它的语法非常冗长，初学者不易掌握，在保证 SELECT 语句精髓的基础上，本书给出一种基本的语法结构：

```
SELECT 列#1,列#2,…列#n
       [FROM 表#1,表#2,…表#n]
       [WHERE 条件]
       [GROUP BY 列#1,列#2,…列#n]
       [HAVE 条件]
       [ORDER BY 列#1,列#2,…列#n]
```

在实际应用中，还可进一步将 SELECT 语句的语法结构简化为：

```
SELECT fields(列/字段) FROM table(表)
       [WHERE condition(条件)]
       [ORDRE BY expr(列/表达式)[ASC|DESC]]
```

说明：

① 字段名列表：fields。多个字段名之间用逗号分隔，可用*号选择所有字段。

例如：

- 从 table 表中选取 fields1、fields2 和 fields3 三个字段：

```
SELECT fields1,fields2,fields3 FROM table
```

- 从 table 表中选取所有记录：

```
SELECT * FROM table
```

② 条件语句：WHERE condition。

例如：

- 请求返回 table 表中 grade（总分）介于 580～610 之间的记录：

```
SELECT * FROM table WHERE grade>=580 AND grade<=610
```

- 检索 table 表中 name（姓名）字段中包含“大”字的记录：

```
SELECT * FROM table WHERE name LIKE '%大%'  (%号为通配符)
```

③ 将查询结果按照表达式 expr 进行排序输出：ORDER BY expr[ASC|DESC]。可选项 ASC 和 DESC 分别表示升序排列（默认为升序）和降序排列。

例如：检索 name 字段中含“小”字的记录，并将检索结果按 grade 降序排列：

```
SELECT * FROM table WHERE name LIKE '%小%' ORDER BY grade DESC
```

例 9.1 的第 11 句就是 SQL 语句的具体应用，它给出的是对数据库表中的数据具体操作的命令文本。用户只需改动该句，就可完成对以上说明中例句的验证。

9.2.2　常用操作符

各种操作符是应用 SQL 语句必不可少的基本符号，以下列出的是常用的操作符及其基本应用。

1. 算术操作符

加（+），减（-），乘（*），除（/）及取模（%）运算，例如：36%7=1，18%6=0。

2. 比较操作符

等于（=）、不等于（<>或!=）、小于（<）、小于等于（<=）、大于（>）、大于等于（>=）。

3. 字符操作符

有两种字符操作符，用于模糊查询的 LIKE 和用于字符连接的（+）。

（1）字符操作符 LIKE

在实现模糊查询时使用 LIKE 操作符，有两种通配符：%和_（下画线），可以在表达式中使用。%表示若干默认字符；_（下画线）表示一个默认字符。读者应该注意的是，Access 的查询中使用的通配符应该相应地换成*和?，否则将会出错。SQL Server 2000 仍用%和_。

例如：利用查询语句的条件进行检索，① 姓名中含有“赵”字，② 以“赵”字开头即姓赵，③ 姓名中最后一个字为“赵”，④ 以“赵”字开头且只有两个字的名字。它们分别是：

```
SELECT * FROM StTable WHERE name LIKE '%赵%'
SELECT * FROM StTable WHERE name LIKE '赵%'
SELECT * FROM StTable WHERE name LIKE '%赵'
SELECT * FROM StTable WHERE name LIKE '赵_'
```

（2）字符连接符（＋）

使用“＋”连接符可实现两个字符串的连接。

例如：查询学生“赵大川”的姓名、总分和所有学生中含有“大”字的学生姓名、总分。

```
SELECT name,grade FROM StTable WHERE name='赵'+'大'+'川'
SELECT name,grade FROM StTable WHERE name LIKE '%'+'大%'
```

4. 逻辑操作符

在 SQL 中可以使用三种逻辑操作符：与（And），或（Or），非（Not）。

例如：查询所有学生名字中含有“小”字，且总分大于或不大于 600 的学生姓名、总分。

- `SELECT name,grade FROM StTable WHERE name LIKE'%小%'AND grade>600`
- `SELECT name,grade FROM StTable WHERE NOT(name LIKE '%小%'AND grade>600)`

5. 其他操作符

（1）IN 操作符

使用 IN 操作符可以简化某些操作。例如，想在 StTable 表中查找姓名为“'赵大川'”和“'钱小东'”两学生的情况，可以使用下述语句，其运行结果相同，如图 9-4 所示。

- `SELECT * FROM StTable WHERE name='赵大川'or name='钱小东'`
- `SELECT * FROM StTable WHERE name IN('赵大川','钱小东')`

（2）BETWEEN 操作符

也可以使用 BETWEEN 操作符来简化一些操作。例如，在 StTable 表中查找总分在 580～610 之间的学生（含 580 和 610），可以使用下述语句，它们的运行结果相同，如图 9-5 所示。

- `SELECT * FROM StTable WHERE grade>=580 AND grade<=610`
- `SELECT * FROM StTable WHERE grade BETWEEN 580 AND 610`

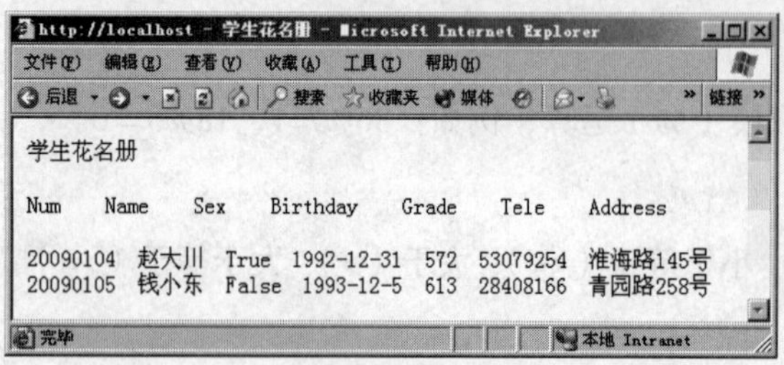

图 9-4 使用 IN 操作符的运行结果

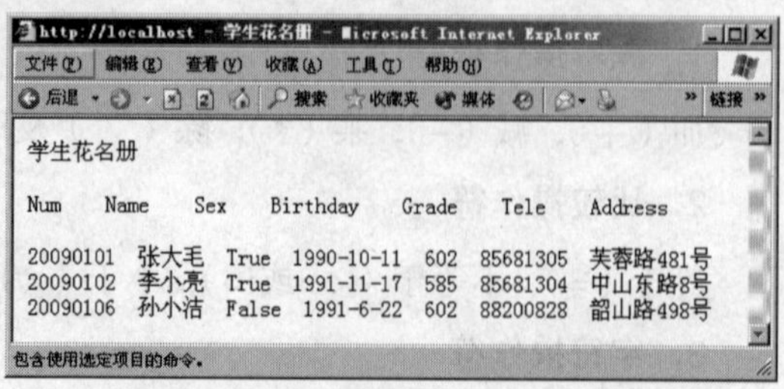

图 9-5 使用 BETWEEN 操作符的运行结果

（3）分号（;）操作符

分号（;）操作符通知 SQL 解释器结束一个 SQL 查询语句。

9.2.3　数据表的创建和修改

使用下列语句替换例 9.1 的第 11 句，并删除第 15～26 行，分别创建新表 StTable2（表中含有字段：num、name、grade）和在 StTable2 中追加新字段（comment）或将 StTable2 表中的 name 字段宽度修改为 14（也可修改例 9.1，一次完成创建和修改数据表，见例 9.2）。

```
CREATE TABLE StTable2(num CHAR(10),name CHAR(12),grade NUMBER);
ALTER TABLE StTable2 ADD comment CHAR(60);
ALTER TABLE StTable2 ALTER name CHAR(14);
```

【例 9.2】创建和修改数据表（L9-2.asp）。

```
01:<HTML>
02:<TITLE>创建并修改数据表</TITLE>
03:<BODY>
04:<%
05:  Const adCmdText=1                                    '定义符号常量
06:  Set ObjConn=Server.CreateObject("ADODB.Connection")
07:  ObjConn.Open "Driver={Microsoft Access Driver(*.mdb)};" &_
08:       "DBQ=" & Server.MapPath("StList.mdb")           '建立与数据库的连接
09:
10:  ObjConn.Execute "CREATE TABLE StTable2(num CHAR(10),name CHAR(12), grade
NUMBER)"
11:  ObjConn.Execute "ALTER TABLE StTable2 ADD comment CHAR(60)"
12:  ObjConn.Execute "ALTER TABLE StTable2 ALTER name CHAR(14)"
13:  Response.Write "已创建并修改指定的数据表"
14:  ObjConn.Close                                        '关闭与数据库的连接
15:  Set ObjConn=Nothing                                  '释放Connection对象
16:  Set ObjComm=Nothing                                  '释放Command对象
17:%>
18:</BODY>
19:</HTML>
```

说明：第 8 行是利用 Server 对象的 MapPath 方法获取 StList.mdb 数据库的实际路径。若在数据库中已生成 StTable2 数据表，再次运行本程序将出错。第 10～12 行为连续执行的 3 条 SQL 语句。

1．CREATE TABLE 语法格式

```
CREATE TABLE table_name
(field1 datatype[NOT NULL],
field2 datatype[NOT NULL],
field3 datatype[NOT NULL]…)
```

参数说明：

① table_name 为创建的数据表名。

② field1，field2，field3…分别为字段名。

③ datatype 表示字段类型（宽度）。

④ 可选项 NOT NULL 表示该列不能为空值（NULL）。

2. ALTER TABLE 语法格式

```
ALTER TABLE table_name
<ADD column_name data_type;|
ALTER column_name data_type;>
```

参数说明：

① column_name 表示字段名。

② data_type 表示数据类型（宽度）。

9.2.4 数据表中记录的插入、删除和更新

例 9.3 可对数据表 StTable 中的记录进行改动，将 StTable 表中的数据按需求填入新表 StTable3。向表 StTable 中插入一条记录，其中，num 字段为 20090116，字符型；name 字段为'刘大虎'，字符型；grade 字段为 590，数值型。删除 StTable3 表中 grade 小于 580 的记录。选择 StTable3 表中 grade 大于等于 600 的记录，并将 luqu 字段内的值更新为“录取”。完成上述功能的语句分别是：

- `INSERT INTO StTable3(num,name,grade) SELECT num,name,grade FROM StTable`
- `INSERT INTO StTable3(num,name,grade) VALUES('20090116','刘大虎',620)`
- `DELETE FROM StTable3 WHERE grade<600`
- `UPDATE StTable3 SET luqu='录取'WHERE grade>=600`

【例 9.3】插入、删除、更新数据表中的记录（L9-3.asp）。

```
<HTML>
<TITLE>插入、删除、更新数据表记录</TITLE>
<BODY>
<%
 Const adCmdText=1                                      '定义符号常量
 Set ObjConn=Server.CreateObject("ADODB.Connection")
 ObjConn.Open "Driver={Microsoft Access Driver(*.mdb)};" &_
     "DBQ=" & Server.MapPath("StList.mdb")              '建立与数据库的连接
 Set ObjComm=Server.CreateObject("ADODB.Command")
 ObjComm.ActiveConnection=ObjConn
 ObjComm.CommandText="CREATE TABLE StTable3 (num CHAR(10),name CHAR(12),grade NUMBER)"
 ObjComm.CommandType= adCmdText
 ObjComm.Execute
 '增加 luqu 字段
 ObjComm.CommandText="ALTER TABLE StTable3 ADD luqu CHAR(6);"
 ObjComm.Execute
 ObjComm.CommandText="INSERT INTO StTable3(num,name,grade) SELECT num,name,grade FROM StTable"
 ObjComm.Execute
 ObjComm.CommandText="INSERT INTO StTable3(num,name,grade) VALUES('20090116','刘大虎',620)"
 ObjComm.Execute
 ObjComm.CommandText="DELETE FROM StTable3 WHERE grade<600"
 ObjComm.Execute
 ObjComm.CommandText="UPDATE StTable3 SET luqu='录取' WHERE grade>=600"
 ObjComm.Execute

```

```
26: Response.Write "已插入、删除或更新指定的数据表记录"
27: ObjConn.Close                                    '关闭与数据库的连接
28: Set ObjConn=Nothing                              '释放 Connection 对象
29: Set ObjComm=Nothing                              '释放 Command 对象
30:%>
31:</BODY>
32:</HTML>
```

说明：若数据库中已生成数据表，程序将再次出错。应注意程序中字段名与数据表中字段名的匹配。本例使用了 Command 对象使得第 17～24 行的程序代码冗长、累赘，较好的方法是通过创建一个存储过程来代替这段程序，但是 Access 2003 尚不支持存储过程，不过可以使用 Access 的“查询”来简化语句。可以使用 SQL Server 的存储过程来改变这段程序。可以使用例 9.2 的方法，将第 9～24 行删掉，换成如下形式：

```
ObjConn.Execute "CREATE TABLE StTable3(num CHAR(10),name CHAR(12),grade
   NUMBER)"
ObjConn.Execute "ALTER TABLE StTable3 ADD luqu CHAR(6)" '增加 luqu 字段
ObjConn.Execute "INSERT INTO StTable3(num,name,grade) SELECT num,name,grade
   FROM StTable"
ObjConn.Execute "INSERT INTO StTable3(num,name,grade) VALUES('20090116',
   '刘大虎',620)"
ObjConn.Execute "DELETE FROM StTable3 WHERE grade<600"
ObjConn.Execute "UPDATE StTable3 SET luqu='录取' WHERE grade>=600"
```

1. INSERT 语法格式

（1）向数据库追加多条记录的 INSERT...SELECT 语句

语法格式：

```
INSERT INTO table_namea(cola1,cola2…)
SELECT colb1,colb2…
    FROM table_nameb
WHERE search_condition
```

参数说明：

① table_namea 为目标数据表。

② cola1，cola2...为目标数据表中的各字段名。

③ SELECT 中的 colb1，colb2，……为源数据表中的各字段。

④ FROM 中的 table_nameb 为源数据表。

⑤ search_condition 为条件。

（2）向数据库追加单条记录的 INSERT...VALUES 语句

语法格式：

```
INSERT INTO table_name(col1,col2…)
VALUES(value1,value2…)
```

参数说明：

① table_name 表示数据表。

② col1，col2 ... 表示各个字段。

③ value1，value2 ... 表示相应的数据。

2. DELETE 语法格式

```
DELETE FROM table_name
WHERE condition
```

参数说明：

① table_name 为数据表名。

② condition 表示删除记录的条件。

3. UPDATE 语法格式

```
UPDATE table_name
SET columnname1=value1|
  [,columnname2=value2]…
WHERE search_condition
```

参数说明：

① table_name 表示数据表。

② columnname1，columnname2…表示待更新的字段名。

③ value1，value2…表示对应各字段的新值。

④ search_condition 表示更新条件。

9.3 ADO 常量的作用

ADO 常量又称符号常量，它反衬出 ADO 所具有的功能，如定义和锁定光标类型常量、命令类型常量、连接选择常量等（参见附录 E）。依据常量的名称，用户可以大致推断出它的作用，在程序的使用过程中较易把握。在 ASP 中常有两种使用 ADO 常量的方法：

1. 使用#include 包含指令

在 ASP 文件中使用#include 包含指令，例如：

```
<!-- #include file="adovbs.inc" -->
```

指令中的 adovbs.inc 文件包含了用于 VBScript 的 ADO 常量，若使用 JavaScript 则要包含 adojavas.inc 文件，它们的默认路径是：C:\Program Files\Common Files\System\ado。包含指令将 ADO 的所有常量（实际上其中的大部分是不需要使用的常量）均包含在 ASP 文件内，导致了 ASP 代码过长。用户可以通过创建自己的常量文件，来压缩程序的实际长度。不过若过多地使用 ADO 功能，将会发现你要不断地编辑、维护你的常量文件。可以用记事本浏览 adovbs.inc 文件，如图 9-6 所示。同样，也可以用记事本浏览 adojavas.inc 文件。

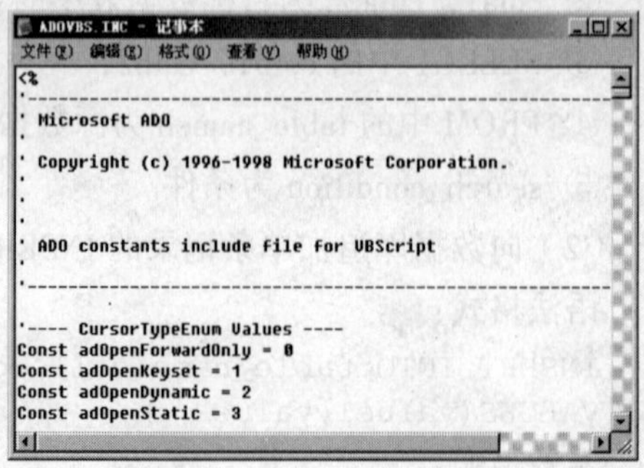

图 9-6 浏览 adovbs.inc 文件中的预定义常量

2. 创建一个对类库的引用

有一种不需要将常量文件包含在 ASP 文件内，而直接引用常量的方法，就是在需要使用 ADO 常量的 ASP 文件中包含 METADATA 语句，例如：

```
<!--METADATA TYPE="typelib" FILE="C:\Program Files\Common Files\System\ado\
msado15.dll"-->
```

上述语句中给出的目录是 msado15.dll 的默认路径，这是一种较好的解决方案。还可以在需要的时候把它放入 Global.asa 文件内，使得 Web 页面的每个 ASP 程序都可以引用这些常量。

下面将给出一个引用 msado15.dll 的实例，实际应用中常用这种方法。为了加强用户对 ADO 常量这一概念的认识，绝大多数例题中使用了常量包含文件 adovbs.inc，有时也使用自定义符号常量。

【例 9.4】ADO 常量的一种使用方法，创建对类库 msado15.dll 的引用（L9-4.asp）。

```
<!-- METADATA type="typelib" file="C:\Program Files\Common Files\System\ado\
msado15.dll" -->
<HTML>
<HEAD><TITLE>对类库的调用</TITLE></HEAD>
<BODY>
<%
'使用 Connection 对象打开 Access 数据库的 StBook.mdb
  Dim ObjConn
  Set ObjConn=Server.CreateObject("ADODB.Connection")
  ObjConn.ConnectionString="Driver={Microsoft Access Driver (*.mdb)};" &_
      "DBQ=" & Server.MapPath("StBook.mdb")
  ObjConn.Open

'创建 ObjRS 对象实例，读取数据库表的记录，并存放到 Recordset 对象中
  Dim ObjRS
  Set ObjRS=Server.CreateObject("ADODB.Recordset")
  ObjRS.Open "BkList",ObjConn,adOpenKeyset,adLockOptimistic,adCmdTable

'输出当前指针位置的记录
  If Not ObjRS.EOF Then
      Response.Write "书名: "&ObjRS("书名")&"<BR>"
      Response.Write "作者: "&ObjRS("作者")&"<BR>"
      Response.Write "出版: "&ObjRS("出版")&"<BR>"
      Response.Write "价格: "&ObjRS("价格")&"元"
  Else
      Response.Write "当前指针已在数据库底部，无法显示记录。"
  End If

'关闭数据库连接并释放对象
  ObjRS.Close
  Set ObjRS=Nothing
  ObjConn.Close
  Set ObjConn=Nothing
%>
</BODY>
</HTML>
```

说明：本例采取调用类库 msado15.dll 的方法引用 ADO 常量，其作用与包含 adovbs.inc 文件相同，图 9-7 是该例的执行结果，显示数据库表“计算机图书目录”中一条记录内容。特别要注意的是，程序中下画线处的空格决不能少。

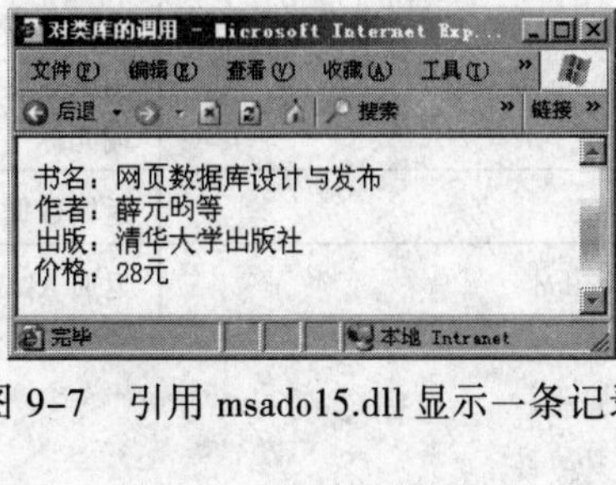

图 9-7 引用 msado15.dll 显示一条记录

9.4 Connection 对象

Connection 对象如同它的名字一样，搭建了一座数据库与外界的“桥梁”，负责数据库的连接，是 Web 数据库与外界联系的唯一通道。只要建立了一个 Connection 对象，就可以重复地使用它对数据库进行查询、检索等操作。ADO 的一个重要特点就是共享机制。例如，几个不同的 Command 对象可以共享一个 Connection 对象，几个不同的 Web 页也可以共享一个 Connection 对象。

9.4.1 Connection 对象的创建和对象释放

1. 使用 Server 的 CreateObject 方法创建 Connection 对象

语法：Set ObjConn=Server.CreateObject("ADODB.Connection")

说明：ObjConn 是为 Connection 对象所创建的对象实例。

2. 释放对象

语法：Set ObjConn=Nothing

说明：ObjConn 是对应的 Connection 对象实例的名称，其他对象的释放也一样。

例如：

```
<%
  Set ObjConn=Server.CreateObject("ADODB.Connection")
  …
  Set ObjConn=Nothing
%>
```

9.4.2 Connection 对象的属性和方法

Connection 对象的主要用途是打开和关闭与数据库的连接，为数据库与外界的联系提供一条通道，要完成这种操作 ADO 提供了许多属性和方法，表 9-5 和表 9-6 给出了 Connection 对象的常用属性和方法。

表 9-5 Connection 对象的常用属性

属　　性	说　　　　明
CommandTimeOut	设置执行 Execute 方法的超时时间，以 s 为单位，默认值为 30s，也可以调整，如 ObjConn.CommandTimeOut=60
ConnectionString	描述数据库的连接方式
ConnectionTimeOut	设置 Connection 对象连接数据库的逾期时间，以秒为单位，默认值为 15s，默认情况下，若 Connection 对象无法连接数据库，返回失败
CursorLocation	设置或返回光标提供者的位置，若 CursorLocation 的值设为 2（adUseServer），表示使用服务器端光标（默认）；若 CursorLocation 的值设为 3（adUseClient），表示使用浏览器端光标
State	返回数据库的连接状态，是打开还是关闭
Version	返回 ADO 函数（Library）的版本号

表 9-6　Connection 对象的方法

方　　法	说　　　　明
BeginTrans	初始化一个存取操作
Close	关闭一个数据库连接
CommitTrans	将存取操作（transaction）所做出的改变存储至数据库
Execute	对表进行 SQL 查询等操作
Open	打开一个数据库连接
RollbackTrans	复原存取操作（transaction）所做出的改变

9.4.3　数据源名的创建

创建（配置）数据源名（Data Source Name，DSN）是实现数据库与外部连接，完成 ADO 对数据库操作的首要任务之一（本书主要介绍与 Microsoft Access 2003 的连接，当然也可以采用未配置数据源名的方法连接数据库）。

调用 ODBC 驱动程序对已有的数据库进行配置的过程称为“配置 DSN”，ODBC 是一种访问数据库的方法，只要计算机系统中有相应的 ODBC 驱动程序，任何一种程序都可以通过 ODBC 操纵或访问数据库，而不需要启动数据库本身。例如，我们的系统含有 Access 的 ODBC 驱动程序，通过 ODBC 我们不需要启动 Access 软件，可以直接访问 Access 数据库中的任何一组数据。配置 DSN 后，我们要做的只是编写 SQL 语句，其他事情 ODBC 将自动完成，我们也无需指明数据库的实际存放位置，在配置 DSN 时我们已经完成了这项工作。

配置 DSN 时，我们必须给 DSN 选定一个名字，该名字是我们访问数据库时唯一传递给应用程序的标记，对于数据库的实际名称和所处位置我们并不关心。若数据库的实际位置发生了变化，我们只需修改 DSN 配置，而不用改变源程序文件。

我们设表 9-3 为数据库的库结构，数据库的实际名称定为 StList.mdb，将表 9-4 定为数据库中的一个表 StTable，且数据库中只有一个表 StTable，创建一个 Access 2003 数据库的数据源名。

① 在 Windows Server 2003 下，选择【开始】→【管理工具】→【数据源 ODBC】命令；在弹出的【ODBC 数据源管理器】对话框（见图 9-8）中选择【系统 DSN】标签。

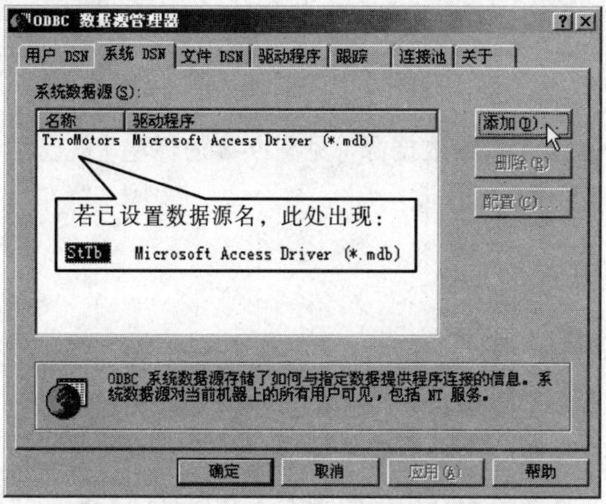

图 9-8 【ODBC 数据源管理器】对话框

② 在【系统 DSN】标签页中单击【添加】按钮，在弹出【创建新数据源】对话框（见图 9-9）中选中【Microsoft Access Driver（*.mdb）】项，单击【完成】按钮。

图 9-9 【创建新数据源】对话框

③ 在弹出的【ODBC Microsoft Access 安装】对话框（见图 9-10）中填写各栏所需的数据。【数据源名】一栏为必填项（此处填 StTb），所填数据将成为 ADO 所连接的数据源名，ADO 就是通过该名对数据库进行操作。【说明】栏可以缺省。在【数据库】一栏中，单击【选择】按钮，打开【选择数据库】对话框（见图 9-11），在目录中选取要访问的数据库。该数据库既可以位于本地机，也可以位于网络的共享目录中。选定数据库后再返回【ODBC Microsoft Access 安装】对话框，【数据库】栏目中会显示所选择数据库的详细路径。连续单击【确定】按钮，依次关闭各对话框，完成对数据源名的配置。

图 9-10 【ODBC Microsoft Access 安装】对话框

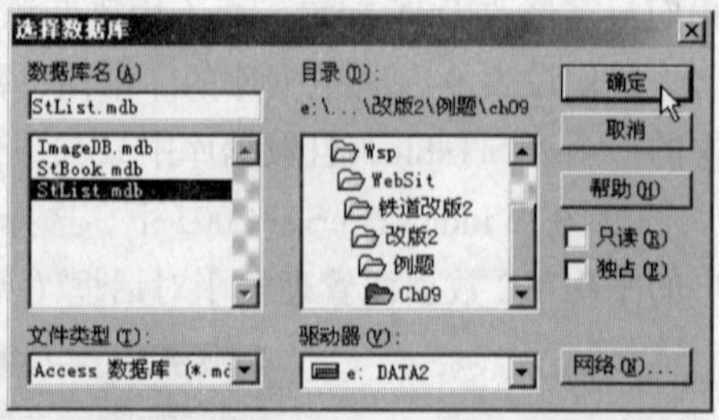

图 9-11 在【选择数据库】中选取操作的数据库

经过上述操作，一个名为 StTb 的数据源（见图 9-8 的标注）就已配置好了，该数据源连接着一个 Access 2003 的数据库 StList.mdb。

9.4.4 数据库的连接方式

1. 配置数据源名的连接

虽说在上一节已经配置好了数据源名，但还未使用 ADO 对象与数据库建立连接关系，我们可以使用 Open 方法建立 ASP 程序与指定数据库的连接关系。

使用上一节配置好的数据源名 StTb（该数据源的状况是：Access 2003 数据库 StList.mdb，其中只含有一个表 StTable，数据源名为 StTb，用户名和密码都未设置），建立 ADO 与数据源 StTb

的连接有三种方法：

方法一：

```
<%
  Set ObjConn=Server.CreateObject("ADODB.Connection")
  ObjConn.ConnectionString="DSN=StTb;UID=;PWD="
  ObjConn.Open
  …
  ObjConn.Close
  Set ObjConn=Nothing                    '释放 Connection 对象实例
%>
```

说明：其中，第一句为创建一个名为 ObjConn 的连接对象实例，第二句是建立与数据源连接的信息，第三、四句分别是打开和关闭与数据源的连接。

方法二：

```
<%
  Set ObjConn=Server.CreateObject("ADODB.Connection")
  ObjConn.Open ="DSN=StTb;UID=;PWD="
  …
  ObjConn.Close
  Set ObjConn=Nothing                    '释放 Connection 对象实例
%>
```

说明：方法二是方法一的简化形式。

方法三：

```
<%
  Set ObjConn=Server.CreateObject("ADODB.Connection")
  ObjConn.Open"StTb"                     '打开与 StTb 数据源的连接
  …
  ObjConn.Close
  Set ObjConn=Nothing                    '释放 Connection 对象实例
%>
```

说明：使用这三种方法的前提条件是必须配置好了 DSN。三种连接方法相比较，方法一较为规范，方法二、方法三的语句简单，在实例中我们采用了较为规范的方法一。

2. 未配置数据源（DSN-less）的连接

① 不配置 DSN 是否可以连接数据库呢？答案是肯定的，如例 9.1、例 9.4 就没有配置数据源名。而是直接指定 ODBC 驱动程序名称（常用数据库的 ODBC 驱动程序名称见表 9-7）来实现与数据库的连接，所使用格式是：

```
Driver={ODBC 驱动程序名称}
```

表 9-7　常用数据库的 ODBC 驱动程序名称

ODBC 驱动程序名	对应的数据库类型
SQL Server	SQL Server
Microsoft Access Driver (*.mdb)	Microsoft Access
Microsoft ODBC for Oracle	Oracle DataBase Server
Microsoft Visual FoxPro Driver	Visual FoxPro
Microsoft FoxPro Driver (*.dbf)	FoxPro

例 9.4 就是利用表 9-7 的数据，在未配置 DSN 的情况下，使用 Access 2003 的 ODBC 驱动程序，直接连接 Access 2003 的数据库 StBook.mdb。

【例 9.5】配置数据源名（DSN）StBk，连接 Access 2003 数据库 StBook.mdb。

```
<%
  Dim ObjConn
  Set ObjConn=Server.CreateObject("ADODB.Connection")
  ObjConn.ConnectionString="DSN=StBk;UID=;PWD="
  ObjConn.Open
  …
  ObjConn.Close                '关闭数据库
  Set ObjConn=Nothing          '释放 Connection 对象实例
%>
```

说明：本例使用配置 DSN 的方法连接数据库，在配置好 DSN 后，只需将例 9.4 中的连接语句换成本例的连接语句即可。下面的例 9.6 与之类似。

② OLE DB 驱动程序是比 ODBC 驱动程序更先进的驱动程序，执行效率也更高，我们可以用不同数据库的 OLE DB 驱动程序替代 ODBC 驱动程序，实现与数据库的连接（请与例 9.4 数据库的连接进行比较）。

【例 9.6】利用 OLE DB 驱动程序实现与 Access 数据库的连接。

```
<%
  Dim ObjConn
  Set ObjConn=Server.CreateObject("ADODB.Connection")
  ObjConn.ConnectionString="Provider=Microsoft.Jet.OLEDB.4.0;"& _
       "Data Source="&Server.MapPath("StBook.mdb")
  ObjConn.Open
  …
  ObjConn.Close                '关闭数据库
  Set ObjConn=Nothing          '释放 Connection 对象实例
%>
```

以上各例中，无论是配置 DSN，还是未配置 DSN 的数据库连接，它们都是使用 ADO 的 Connection 对象中的 Open 方法，这是一种常用的与数据库连接的方法。从图 9-2 ADO 的关系图中我们得知，除了使用 ADO 的 Connection 对象建立与数据库的连接以外，我们还可以利用 Recordset 对象或 Command 对象的 ActiveConnection 属性产生一个 Connection 对象，建立与数据库的连接。实际连接语句请见例 9.11。

ODBC 和 OLE DB 是用来提供访问各类数据资源的应用程序接口（Application Programming Interfaces，APIs）。ODBC 主要提供访问多平台环境下的 SQL 数据；OLE DB 提供访问基于 OLE 组件模型（Component Object Model，COM）的所有类型的数据，它既包括被定义在 ODBC 中的 SQL 功能，也包括了定义适合获取非 SQL 数据访问的接口。

9.4.5 Connection 对象应用

利用数据源名访问数据库，仍然使用例 9.1 的数据库 StList.mdb，数据库表名为 StLable，所创建的数据源名定为 StTb。据此，给出一组程序（例 9.7、例 9.8、例 9.9）建立对数据库的连接，对数据的增、删等相应操作。

【例 9.7】建立一个学生注册管理系统（L9-7.asp）。

```
<HTML>
<HEAD><TITLE>学生注册管理系统</TITLE></HEAD>
<BODY>
<CENTER><H1>学生注册管理系统</H1></CENTER>
<FORM method="POST" action="L9-8.asp">
  <P><FONT size="5" face="黑体"><B>学生注册登记</B></FONT></P>
  <P>学号: <INPUT type="text" name="znum" size="16"><BR>
    姓名: <INPUT type="text" name="zname" size="16"><BR>
    性别: <SELECT size="1" name="zsex">
           <OPTION SELECTED>男</OPTION>
           <OPTION>女</OPTION>
         </SELECT><BR>
    出生日期: <INPUT type="text" name="zbirs" size="20">格式: ****/**/**<BR>
    总分: <INPUT type="text" name="zgrade" size="4"><BR>
    电话号码: <INPUT type="text" name="ztel" size="20"><BR>
    家庭住址: <INPUT type="text" name="zaddrs" size="36"><BR></P>
  <P><FONT face="楷体_GB2312">注: 请按要求填写正确后提交。</FONT></P>
  <P><INPUT type="submit" value="提交" name="B1">    
      
    <INPUT type="reset" value="重填" name="B2"></P>
</FORM>
<HR>
<FORM method="POST" action="L9-9.asp">
  <P><FONT size="5" face="黑体"><B>删除学生记录</B></FONT></P>
  <P>学号: <INPUT type="text" name="dnum" size="16"><BR>
    姓名: <INPUT type="text" name="dname" size="16"></P>
  <P><FONT face="楷体_GB2312">注: 请输入正确学生学号和姓名! </FONT></P>
  <P><INPUT type="submit" value="提交" name="B1">    
      
    <INPUT type="reset" value="重填" name="B2"></P>
</FORM>
</BODY>
</HTML>
```

【例 9.8】向数据库表 StLable 中追加记录（L9-8.asp）。

```
<HTML>
<TITLE>追加记录</TITLE>
<BODY>
<!-- #include File="adovbs.inc" -->
<%
 Dim ObjConn,ObjRS
 Dim Str1,Str2,Str3,Str4,Str5,Str6,Str7
 Set ObjConn=Server.CreateObject("ADODB.Connection")
 ObjConn.ConnectionString="DSN=StTb; UID=; PWD=;"
 ObjConn.Open                                        '打开与数据库的连接
 Str1=Request.Form("znum")
 Str2=Request.Form("zname")
 Str3=Request.Form("zsex")
 Str4=CDate(Request.Form("zbirs"))
 Str5=Request.Form("zgrade")
 Str6=Request.Form("ztel")
 Str7=Request.Form("zaddrs")
```

```
18:    If Str3="男" Then
19:       Str3=True
20:    Else
21:       Str3=False
22:    End If
23:  Set ObjRS=Server.CreateObject("ADODB.Recordset")
24:  ObjRS.Open"StTable",ObjConn,adOpenKeyset,adLockOptimistic,adCmdTable
25: '第 26 行是一条语句，注意尽可能不断行
26:  ObjRS.AddNewArray("Num","Name","Sex","Birthday","Grade","Tele",
"Address"),Array(Str1,Str2,Str3,Str4,Str5,Str6,Str7)
27:  ObjRS.Update
28:  ObjRS.Close                                    '关闭数据库连接
29:  Set ObjRS=Nothing                              '释放 Recordset 对象
30:  ObjConn.Close                                  '关闭与数据库的连接
31:  Set ObjConn=Nothing                            '释放 Connection 对象
32:  Response.Write "<CENTER>学生状况已登记入库！</CENTER>"
33:%>
34:</BODY>
35:</HTML>
```

说明：例 9.8 中分别调用了 Connection 和 Recordset 两个对象，建立了对数据库的链接以及对记录数据的操作。第 24 行中的 adOpenKeyset、adLockOptimistic、adCmdTable 是 ADO 常量，可参见附录 E。第 25 行使用了 Recordset 对象的 AddNew 方法，用于创建一条新记录。

【例 9.9】删除数据库表 StLable 中符合条件的记录（L9-9.asp）。

```
01:<HTML>
02:<TITLE>删除记录</TITLE>
03:<BODY>
04:<%
05:  Dim ObjConn
06:  Dim Str1,Str2
07:  Set  ObjConn=Server.CreateObject("ADODB.Connection")
08:  ObjConn.ConnectionString="DSN=StTb;UID=;PWD=;"
09:  ObjConn.Open                                    '打开与数据库的连接
10:  Str1=Request.Form("dnum")
11:  Str2=Request.Form("dname")
12:  CommandText="DELETE FROM StTable WHERE Num='" & Str1 & "' AND Name='" &
Str2 & "'"
13:  ObjConn.Execute CommandText
14:  ObjConn.Close                                   '关闭与数据库的连接
15:  Set ObjConn=Nothing                             '释放 Connection 对象
16:  Response.Write "<CENTER>该学生状况已从库中删除！</CENTER>"
17:%>
18:</BODY>
19:</HTML>
```

说明：第 12 句提供给 Connection 对象 Execute 方法的一个指定文本字符串。需要特别注意的是句中的单、双引号的使用，双引号指定 CommandText 的字符串，“&”是它的连接符；单引号指定 DELETE 语句中所需的字符串。由于 Str1 和 Str2 不是字符串，而是字符串变量，所以要用“&”把它们隔离开，或者用“&”把它们与其他字符连接起来形成 CommandText 的字符串。

9.5 Command 对象

虽说 Connection 对象能执行数据存储命令，但 Command 对象是专为处理命令的各方面问题而创建的。在运行 Connection 对象的命令时，实际上已经隐含地创建了一个 Command 对象。Command 对象还可返回一个符合 SQL 的 Recordset 对象实例，用以建立数据表、获取数据集等。

9.5.1 Command 对象的创建

使用 Server 的 CreateObject 方法创建一个 Command 对象。

语法：Set ObjComm=Server.CreateObject("ADODB.Command")

说明：ObjComm 为所创建的 Command 对象实例的名称。所创建的 Command 对象并不能立即使用，还需要与 Connection 对象建立连接。通常用两种方法实现 Command 与 Connection 对象的连接。

① 直接使用字符串建立连接。

```
<%
  Set ObjComm=Server.CreateObject("ADODB.Command")
  ObjComm.ActiveConnection="DSN=StTb;UID=;PWD="
  …
  Set ObjComm=Nothing
%>
```

说明：由于可以使用 ActiveConnection 属性产生一个 Connection 对象，我们先创建一个 Command 的对象实例 ObjComm，再将字符串"DSN=StTb；UID=；PWD="指定给 Command 对象的 Active Connection 属性。最后的语句是释放对象实例所占据的空间。

② 创建 Connection 对象的对象实例 ObjConn，并将该对象实例指定给 Command 对象的 ActiveConnection 属性。

```
<%
  Set ObjConn=Server.CreateObject("ADODB.Connection")
  ObjConn.Open "DSN=StTb;UID=;PWD="

  Set ObjComm=Server.CreateObject("ADODB.Command")
  ObjComm.ActiveConnection=ObjConn
  …
  ObjConn.Close                              '关闭与数据库的连接
  Set ObjConn=Nothing
  Set ObjComm=Nothing
%>
```

说明：用 Open 方法打开预先创建的 Connection 对象的对象实例 ObjConn，其次再创建一个 Command 的对象实例 ObjComm；将 Connection 的对象实例 ObjConn 指定给 Command 对象的 ActiveConnection 属性。最后的语句是释放两个对象实例所占据的空间。

9.5.2 Command 对象的属性和方法

Command 对象的属性和方法提供了该对象对数据的控制操作能力，表 9-8 和表 9-9 列出了 Command 对象的属性和方法。

表 9-8　Command 对象的属性

属　性	说　明
ActiveConnection	指明用来进行 SQL 语句的数据库连接
CommandText	指明表的名称或 SQL 语句
CommandType	指明 Command 对象的类型，若 CommandText 为表名，则该属性必须设置为 adCmdTable，否则不用设置

表 9-9　Command 对象的方法

方　法	说　明
Execute	执行由 CommandText 属性指定的 SQL 语句、存储过程、查询等

9.5.3 Command 对象的应用

使用 Command 对象，实际上就是执行指定给 CommandText 属性的文本字符串，用得最多的是利用 Command 对象的 Execute 方法来执行。Execute 方法可以执行查询、追加、删除、修改、索引等几乎所有的 SQL 命令，只不过要把这样的命令作为字符串，指定给 CommandText 属性。

【例 9.10】将数据库表 StTable，按总分（Grade）降序列出录取学生的名单（L9–10.asp）。

```
<HTML>
<TITLE>输出新生名单</TITLE>
<BODY>
<%
Const adCmdText=1                                    '定义符号常量
Set ObjConn=Server.CreateObject("ADODB.Connection")
ObjConn.Open"DSN=StTb;UID=;PWD=;"                    '用数据库源名打开与数据库的连接
Set ObjComm=Server.CreateObject("ADODB.Command")
ObjComm.ActiveConnection=ObjConn
'增加 Luqu(录取)字段
ObjComm.CommandText="ALTER TABLE StTable ADD Luqu CHAR(6);"
ObjComm.Execute
ObjComm.CommandText="UPDATE StTable SET luqu='录取' WHERE grade>=580"
ObjComm.Execute
ObjComm.CommandText="SELECT * FROM StTable WHERE luqu='录取' ORDER BY Grade DESC"
ObjComm.CommandType=adCmdText
Set ObjRS=ObjComm.Execute

Response.Write "已录取的新生名单"&"<P>"
Response.Write "<TABLE border=1>"
Response.Write "<TR>"                                '输出字段名称
For I=0 To ObjRS.Fields.Count-1
Response.Write "<TH>"&ObjRS(I).Name&"</TH>"
Next
Response.Write "</TR>"
Do While Not ObjRS.Eof                               '输出数据
   Response.Write "<TR>"
   For I=0 To ObjRS.Fields.Count-1
       Response.Write "<TD>" & ObjRS(I).Value & "</TD>"
```

```
30:   Next
31:   Response.Write "</TR>"
32:   ObjRS.MoveNext                                        '向下移动记录指针
33:Loop
34:Response.Write "</TABLE>"
35:ObjConn.Close                                           '关闭与数据库的连接
36:Set ObjConn=Nothing                                     '释放 Connection 对象
37:Set ObjComm=Nothing                                     '释放 Command 对象
38:%>
39:</BODY>
40:</HTML>
```

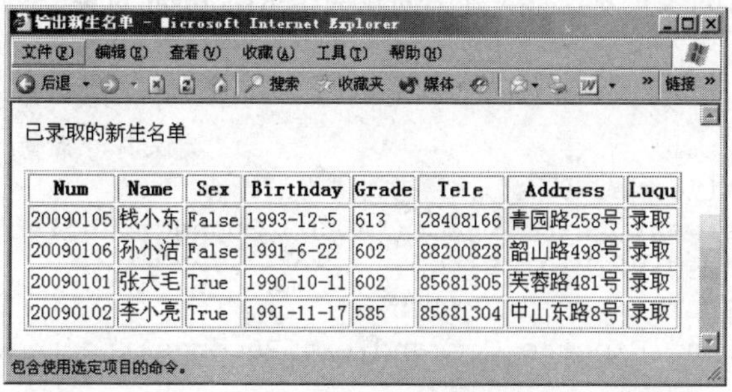

图 9-12　按总分（Grade）降序列出被录取的新生名单

说明：例 9.10 仍采用配置数据源名的方法打开与数据库的连接，建立了 Connection 和 Command 对象的两个对象实例 ObjConn 和 ObjComm，并将 Connection 的对象实例 ObjConn 指定给 Command 对象的 ActiveConnection 属性。第 11 行是在数据表中增加 Luqu（录取）字段，第 13 行是按总分（Grade）大于 580 的条件录取新生，并将 Luqu 字段内填入“录取”字符，第 15 行是列出被录取的新生名单。本例的运行结果如图 9-12 所示。可以仿照例 9.3 简化本例。但使用 Command 对象的好处是可以避免 SQL 查询引起的合并字符串和表格变量之间混淆的问题。如：在同一条语句中，同时使用单引号、双引号时，产生系统辨析不清的问题。注意，本例执行完后不可以再次刷新执行，其原因是数据库表中已经建立了“录取”字段，不可以重复创建。

9.6　Recordset 对象

Recordset 是 ADO 中一个非常重要的对象，也是使用最为普遍的对象。它所包含的方法、属性，可以对数据库中的数据进行浏览、追加、更新、删除、分页显示记录、在线编辑 Web 页中的记录等非常实用而通俗的操作，无论是在页面中处理数据，还是利用远程数据服务（RDS）远程访问数据，Recordset 都是不可缺少的重要对象。

9.6.1　Recordset 对象的创建

可以用多种方法来创建 Recordset 对象实例或者说使用 Recordset 对象。此处给出常用的两种方法：

① 利用 Server 对象的 CreateObject 方法创建一个 Recordset 对象实例。

语法：Set ObjRS=Server.CreateObject("ADODB.Recordset")

说明：ObjRS 为所创建的 Recordset 对象的对象实例名称。

例如：

```
<%
  Source="StTable"                                    '指定所用的数据库表
  ActiveConnection="DSN=StTb;UID=;PWD="
  Set ObjRS=Server.CreateObject("ADODB.Recordset")
  ObjRS.Open Source,ActiveConnection                  '打开与数据库的连接
  CommandText="SELECT * FROM StTable"                 '指定要执行的 SQL 语句
%>
```

说明：第 2 行是利用 Recordset 的 ActiveConnection 属性建立与数据库表 StTable 的连接；第 3 行是创建 Recordset 对象实例 ObjRS。

② 利用 Connection 对象的 Execute 方法创建一个 Recordset 对象。

例如：

```
<%
  Const adCmdText=1                                   '定义符号常量
  Const RecordsAffected=0
  Set ObjConn=Server.CreateObject("ADODB.Connection")
  ObjConn.Open "DSN=StTb;UID=;PWD="
  CommandText="SELECT * FROM StTable"
  Set ObjRS=ObjConn.Execute CommandText,RecordsAffected,adCmdText
%>
```

说明：例中第 3 行、第 4 行是创建一个 Connection 对象，并建立与数据库的连接；第 5 行、第 6 行是指定要执行的 SQL 命令，并执行。RecordsAffected 参数指出在执行命令时受影响的记录数。

9.6.2 Recordset 对象的属性和方法

表 9-10、表 9-11 列出了 Recordset 对象常用的属性和方法，从表中我们可以看出它们已经包括了对数据库操作的方方面面。其他详细内容可参见附录 D。

表 9-10 Recordset 对象的属性

属 性	说 明
AbsolutePage	当 Recordset 对象设有分页时，返回当前的页码
AbsolutePosition	当前指针的绝对位置
ActiveConnection	指明用来进行 SQL 语句的数据库连接
BOF	若指针位于第一条记录之前，返回 True，否则返回 False
Bookmark	将指针设置在某一条记录，类似书签的功能
CursorLocation	设置或返回光标提供者的位置，若 CursorLocation 的值设为 2（adUseServer），表示使用服务器端光标（默认）；若 CursorLocation 的值设为 3（adUseClient），表示使用浏览器端光标
CursorType	指出 Recordset 对象中使用的光标类型
EditMode	返回 Recordset 对象当前的编辑模式
EOF	若指针位于最后一条记录之后，返回 True，否则返回 False
Filter	从 Recordset 对象中筛选记录
LockType	指定编辑过程中对记录的锁定类型
MaxRecords	可以返回的最多记录条数

续表

属性	说明
PageCount	返回 Recordset 对象的分页总数
PageSize	Recordset 对象设有分页时，PageSize 为分页的记录条数
RecordCount	返回 Recordset 对象内的记录条数
Source	设置用来建立 Recordset 对象的 SQL 来源
State	返回 Recordset 对象的状态：1（adStateOpen）表示打开的状态；2（adStateClosed）表示关闭的状态
Status	返回对记录的处理是否成功：1（adStatusOK） 表示成功；2（adStatusErrorsOccurred）表示产生错误

表 9-11 Recordset 对象的方法

方法	说明
AddNew	为可更新的 Recordset 对象创建一个新记录
CancelBatch	取消批次更新
CancelUpdate	取消对当前 Recordset 对象中某条记录的任何改变，这个方法只有在我们修改记录之后，且记录尚未写入数据库之前（即尚未调用 Update 方法完成更新），能够取消更新，使记录恢复原来的数据
Clone	复制某个已存在的 Recordset 对象
Delete	删除 Recordset 对象中当前指针所指向的记录
MoveFirst	将当前指针移到 Recordset 对象中的第一条记录
MoveLast	将当前指针移到 Recordset 对象中的最后一条记录
MoveNext	移到 Recordset 对象中当前指针所指的下一条记录
Move	移动 Recordset 对象中当前指针到第 *n* 条记录
MovePrevious	移到 Recordset 对象中当前指针所指的上一条记录
Open	打开一个 Recordset 对象
Update	保存对当前 Recordset 对象记录的更新

9.6.3 Recordset 对象的应用

Web 服务器在响应了客户端的数据查询请求以后，会送出相应的数据给客户端，而客户端所得到的数据就是记录于服务器端的 Recordset 对象。Recordset 对象代表着一个执行过的 Command 对象所返回的完整记录集合，它可以精确地操作数据库中的资料。以下是一组（例 9.11、例 9.12 和例 9.13）按单条记录显示数据库数据的程序。

【例 9.11】利用 Recordset 对象的 ActiveConnection 属性产生一个与数据库的连接访问记录，执行后的初始界面如图 9-13 所示（L9-11.asp）。

```
<HTML>
<TITLE>选择输出单条记录(主程序)</TITLE>
<BODY>
<%
  Const adOpenStatic=3                           '常量含义打开一个静态类型的光标
  Const adLockReadOnly=1                         '常量含义数据不允许修改
  Set ObjRS=Server.CreateObject("ADODB.Recordset") '设置 Recordset 对象实例
  Set Session("ObjRS")=ObjRS                     '设置 Session 对象实例
```

```
  ActiveConnection="DSN=StTb;UID=;PWD="                '建立与数据库的连接
  Session("ObjRS").Open "StTable",ActiveConnection,adOpenStatic,adLockReadOnly

  Response.Write "<TABLE border=1>"                    '输出第一条记录名单表格
  Response.Write "<TR>"
  For I=0 To Session("ObjRS").Fields.Count-1
     Response.Write "<TH>"&Session("ObjRS")(I).Name&"</TH>"
  Next
  Response.Write "</TR>"
  Response.Write "<TR>"
  For I=0 To Session("ObjRS").Fields.Count-1
     Response.Write "<TD>"&Session("ObjRS")(I).Value&"</TD>"
  Next
  Response.Write "</TR>"
  Response.Write "</TABLE><BR>"
%>
<!-- #include file=L9-13.asp -->
</BODY>
</HTML>
```

说明：例 9.11 用包含指令#include 将例 9.13 据为己用。仅用了 ADO 的一个对象 Recordset。首先创建 ObjRS 对象实例，而后创建了一个含有 Recordset 对象属性的 Session 对象。该例用 Open 方法打开与数据库的连接。本例设置的数据库连接，对数据库的操作以及所执行的数据处理与前面的例题有些不同，请用户仔细比较。运行结果见图 9-13。

Recordset 对象的每一行都可以看做一个 Fields 集合。而 Fields 集合的每一个项目则是一个 Field 对象。也就是说，Fields 集合是一个数组，而数组里面存放的各个元素则是一个 Field 对象。这样，若要获取各字段的名称和数据，可先通过 Fields 集合的 Count 属性（ObjRS.Fields.Count）取得字段个数，然后利用 For...Next 循环，像读取数组一样读取 Fields 集合内各个 Field 对象的 Name（字段名）和 Value（记录值）属性。Fields 的索引值应从 0 计算到字段的个数减 1，即 ObjRS.Fields.Count-1，否则将会产生错误。

例中 ObjRS(I).Name 是读取第 I+1 个字段的名称，通过 Field 对象的 Name 属性，从数据库表 StTable 中取得各字段的字段名，用来作为所列表格的标题。ObjRS(I).Value 是读取第 I+1 个字段的数据，Fields(I)指的是第 I+1 个 Field 对象，通过 Field 对象的 Value 属性，从 StTable 中取得各字段的数据，用来生成表格内的数据。

Value 是 Fields 集合的默认属性，有 4 种效果相同的获取字段数据的用法：

- ObjRS(I)
- ObjRS.Fields(I)
- ObjRS(I).Value
- ObjRS.Fields(I).Value

【例 9.12】选择移动记录指针子程序（L9-12.asp）。

```
<HTML>
<TITLE>选择输出单条记录（子程序 1)</TITLE>
<BODY>
<%
  RsString=Request.QueryString("method")              '获取用户请求信息
  Select Case RsString                                 '根据请求信息选择执行
```

```
  Case "MoveFirst"
     Session("ObjRS").MoveFirst                          '移动到首条记录
  Case "MovePrevious"
     Session("ObjRS"). MovePrevious                      '向前移动一条记录
     If Session("ObjRS").Bof Then
        Session("ObjRS"). MoveNext
     End If
  Case "MoveNext"
     Session("ObjRS"). MoveNext                          '向后移动一条记录
     If Session("ObjRS").Eof Then
        Session("ObjRS"). MovePrevious
     End If
  Case "MoveLast"
     Session("ObjRS").MoveLast                           '移动到最后一条记录
  End Select
  Response.Write "<TABLE border=1>"                      '输出名单记录表格
  Response.Write "<TR>"
  For I=0 To Session("ObjRS").Fields.Count-1
     Response.Write "<TH>" & Session("ObjRS")(I).Name & "</TH>"
  Next
  Response.Write "</TR>"
  Response.Write "<TR>"
  For I=0 To Session("ObjRS").Fields.Count-1
     Response.Write "<TD>" & Session("ObjRS")(I).Value & "</TD>"
  Next
  Response.Write "</TR>"
  Response.Write "</TABLE><BR>"
%>
<!-- #include file=L9-13.asp -->
</BODY>
</HTML>
```

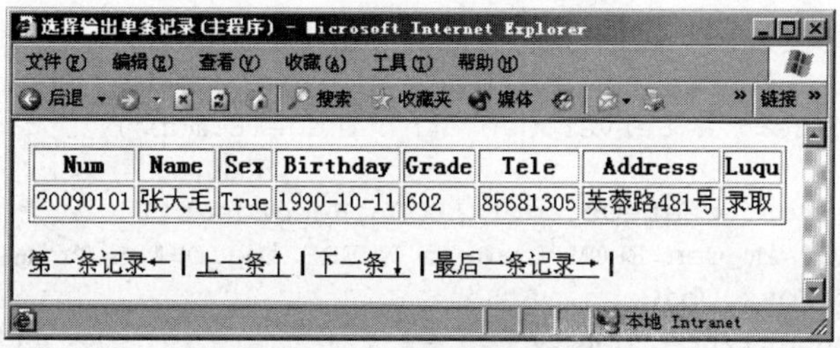

图 9-13　单条记录输出图示

【例 9.13】利用 Recordset 对象的 MoveFirst、MovePrevious、MoveNext 和 MoveLast 方法控制记录的输出（L9-13.asp）。

```
<HTML>
<TITLE>选择输出单条记录(子程序 2)</TITLE>
<%
Response.Write"<A HREF=""L9-12.asp?method=MoveFirst"">第一条记录←</A>|"
Response.Write"<A HREF=""L9-12.asp?method=MovePrevious"">上一条↑</A>|"
Response.Write"<A HREF=""L9-12.asp?method=MoveNext"">下一条↓</A>|"
Response.Write"<A HREF=""L9-12.asp?method=MoveLast"">最后一条记录→</A>|"
%>
</HTML>
```

【例 9.14】将数据库中的图片读出显示在网页上。所建数据库为 ImageDB.mdb，数据库表名定为 ImageTb，其结构如表 9-12（L9-14.asp）所示。

表 9-12 ImageTb 表的结构

字 段 名	类 型	宽 度	说 明
imgID	自动编号		主键值
imgCen	OLE 对象		保存图像，长二进制数据

```
<HTML>
<HEAD><TITLE>浏览图片</TITLE>
<BODY>
<CENTER>
<H2>浏览图片</H2>
<TABLE align=center border=0>
<IMG src="L9-15.asp?imgID=2" border=0><IMG src="L9-15.asp?imgID=3" border=0>
<BR>
<IMG src="L9-15.asp?imgID=4" border=0><IMG src="L9-15.asp?imgID=5" border=0>
<BR>
<IMG src="L9-15.asp?imgID=6" border=0><IMG src="L9-15.asp?imgID=7" border=0>
<BR>
</TABLE>
</CENTER>
</BODY>
</HTML>
```

说明：运行例 9.14，调用例 9.15，执行的是：<IMG src=***...>语句。imgID 给出的是数据库中图像文件的自动编号值。数据库中保存的图像应存为长二进制数据。

【例 9.15】供例 9.14 调用的数据库连接、参数设置文件（L9-15.asp）。

```
<%
  Set ObjConn=Server.CreateObject("ADODB.Connection")
  ObjConn.ConnectionString="Provider=Microsoft.Jet.OLEDB.4.0;" &_
     "Data Source=" & Server.MapPath("ImageDB.mdb")
  ObjConn.Open
  Set ObjRS=Server.CreateObject("ADODB.Recordset")
  RsText="SELECT imgCen FROM ImageTb WHERE imgID=" & Trim(Request("imgID"))
  ObjRS.Open RsText,ObjConn
  Response.ContentType="image/*"                    '设置图像文件类型
  '设置打开 80KB 大小的图像文件
  Response.BinaryWrite ObjRS("imgCen").GetChunk(80000)
  ObjRS.Close
  Set ObjRS=Nothing
  Set ObjConn=Nothing
%>
```

说明：用 Response 对象的 ContentType 属性告诉浏览器所期望的内容类型为图像。Field 对象的 GetChunk 方法返回一个大型的或二进制的 Field 对象的所有或部分内容。

9.6.4 SQL Server 数据库系统应用

可以换用其他的数据库驱动程序访问相对应的数据库（见图 1-4），如果用户需要访问 SQL Server 数据库，完全可以将例 9.1 的第 7～8 行的连接语句换成下列语句：

1．用 SQL ODBC 打开与数据库的连接

```
ObjConn.Open "Driver={SQL Server}; Server=p2;"&"UID=SA;PWD=SQL2000;Database=
SQLDb;DBQ=;"
```

2．用 SQL OLE DB 打开与数据库的连接

```
ObjConn.Open"Provider=SQLOLEDB;Server=p2;"&"Database=SQLDb;UID=SA;PWD=
SQL2000"
```

3．用 SQL ODBC DSN 打开与数据库的连接

```
ObjConn.Open"DSN=SQLTb;UID=SA;PWD=SQL2000"
```

其中，SQLDb、SQLTb 分别是用户所建立的数据库名和数据源名。p2、SA、SQL2000 分别是用户所使用的服务器名和对 SQL Server 2000 设置的用户 ID 号和密码。别的例题若要改接 SQL Server 数据库，主要也是改动“连接”语句，其他语句可根据连接方式略做调整。

9.7 实 训 题

【实例 9.1】采用 OLE DB 连接数据库 StBook.mdb，利用 Recordset 对象的 SORT 属性排序数据库表 BkList 中的数据，并使用 XML 得到数据列表（SL9-1.asp）。

程序代码：

```
<%@ Language="VBScript" %>
<!-- #include file="adovbs.inc" -->
<%
  Dim ObjConn,ObjRS
  '创建一个 Connection 对象
  Set ObjConn=Server.CreateObject("ADODB.Connection")
  ObjConn.ConnectionString="Provider=Microsoft.Jet.OLEDB.4.0;" & _
      "Data Source=" & Server.MapPath("StBook.mdb")
  ObjConn.Open
  '创建一个 Recordset 对象
  Set ObjRS=Server.CreateObject("ADODB.Recordset")
  ObjRS.CursorLocation=adUseClient          '使用客户端光标和其他 ADO 常量
  ObjRS.Open "BkList",ObjConn,adOpenStatic,adLockOptimistic,adCmdTable
  ObjRS.Sort="书名 ASC,出版日期 DESC"        '按书名(升序)和出版日期(降序)排序
%>
<% Response.ContentType="text/xml" %>
<?xml version="1.0" encoding="GB2312" ?>          <!-- 声明语句 -->
<!--指定用样式表转换 XML 文档-->
<?xml-stylesheet type="text/xsl" href="SL9-2.xsl" ?>
<目录>
<% Do Until ObjRS.EOF %> <!-- 循环输出每条记录 -->
  <图书>
     <书名><%=Trim(ObjRS("书名"))%></书名>
     <作者><%=Trim(ObjRS("作者"))%></作者>
     <出版><%=Trim(ObjRS("出版"))%></出版>
     <页数><%=Trim(ObjRS("页数"))%></页数>
     <价格><%=Trim(ObjRS("价格"))%></价格>
     <出版日期><%=Trim(ObjRS("出版日期"))%></出版日期>
  </图书>
<%
```

```
31:       ObjRS.MoveNext
32:   Loop
33:%>
34:</目录>
35:
36:<%
37:  ObjRS.Close                          '关闭数据库链接
38:  Set ObjRS=Nothing                    '释放 Recordset 对象
39:  ObjConn.Close                        '关闭数据库链接
40:  Set ObjConn=Nothing                  '释放 Connection 对象
41:%>
```

说明：SORT 属性可以指定一个或多个需要排序的字段名，并指定是按升序还是按降序进行排序。程序的第 12 行指定按书名（升序）和出版日期（降序）排列。SORT 属性并未重新排列数据表中的记录，只是简单地按用户的要求列出了所访问的数据，这和其他数据库的类似语句几乎是一样的。用户以往积累的一些使用数据库的知识和经验仍然可以应用于 Web 数据库。程序调用实例 9.2 作为 XML 的输出样式，采用 DO UNTIL 循环输出每条记录。

【实例 9.2】供实例 9.1 使用，定义并显示 XML 文档（SL9-2.asp）。

程序代码：

```
<?xml version="1.0" encoding="GB2312" ?> <!-- 声明语句 -->
<xsl:stylesheet xmlns:xsl="http://www.w3.org/TR/WD-xsl"> <!--声明按 XSLT 规范
转换文档-->
<xsl:template match="/">
<html>
  <body>
    <table border="2" bgcolor="AliceBlue">
      <tr>
        <th>书名</th>
        <th>作者</th>
        <th>出版</th>
        <th>页数</th>
        <th>价格</th>
        <th>出版日期</th>
      </tr>
      <xsl:for-each select="目录/图书"> <!-- 循环输出 -->
      <tr>
        <td><xsl:value-of select="书名"/></td> <!-- 输出指定的值 -->
        <td><xsl:value-of select="作者"/></td>
        <td><xsl:value-of select="出版"/></td>
        <td><xsl:value-of select="页数"/></td>
        <td><xsl:value-of select="价格"/></td>
        <td><xsl:value-of select="出版日期"/></td>
      </tr>
      </xsl:for-each>
    </table>
  </body>
</html>
</xsl:template>
</xsl:stylesheet>
```

【实例 9.3】利用 Recordset 对象的 FILTER 属性，按条件查询记录（SL9–3.asp）。

程序代码：

```
<%
 Dim ObjConn,ObjRS
 '创建一个 Connection 对象
 Set ObjConn=Server.CreateObject("ADODB.Connection")
 ObjConn.ConnectionString="Provider=Microsoft.Jet.OLEDB.4.0;"&_
   "Data Source="&Server.MapPath("StBook.mdb")
 ObjConn.Open
 '创建一个 Recordset 对象
 Set ObjRS=Server.CreateObject("ADODB.Recordset")
 ObjRS.Open "BkList",ObjConn
 ObjRS.Filter="书名 LIKE '%数据库%' AND 出版 LIKE '清华%'"  '设置筛选条件
%>
<HTML>
<BODY>
<TABLE BORDER="1"> <! 输出数据表中的记录 >
  <TR>
    <%
      For I=0 To ObjRS.Fields.Count-1
          Response.Write "<TH>"&ObjRS.Fields(I).Name&"</TH>"
      Next
     %>
  </TR>
  <%
    Do While Not ObjRS.EOF
        Dhead="<TR>"
        For I=0 To ObjRS.Fields.Count-1
        '输出数据表的记录行
            Dhead=Dhead&"<TD>"&ObjRS.Fields(I).Value&"</TD>"
        Next
            Response.Write Dhead&"</TR>"
            ObjRS.MoveNext
    Loop

    ObjRS.Close                           '关闭数据库连接
    Set ObjRS=Nothing                     '释放 Recordset 对象
    ObjConn.Close                         '关闭数据库连接
    Set ObjConn=Nothing                   '释放 Connection 对象
  %>
</TABLE>
</BODY>
</HTML>
```

说明：FILTER 属性指定 Recordset 对象中数据的筛选条件，选择性地屏蔽 Recordset 中的记录。实例 9.3 使用缺省的 ADO 常量，所以省去了实例 9.1 中的第 1 行、第 9 行、第 10 行等语句。从语句的结构上看，实例 9.3 与实例 9.1 没有本质的差别。

【实例 9.4】分页显示数据库内的记录（SL9–4.asp）。浏览第一页的结果如图 9-14 所示。

程序代码：

```
<%
 Sub DivPage(ObjRS,PageNo)                    '定义一个子程序过程
```

```
    Response.Write "<TABLE border=1>"  '列表输出数据表中的记录
    Dhead="<TR>"                          '将字段名作为表头输出
    For I=0 To ObjRS.Fields.Count-1
       Dhead=Dhead&"<TH>"&ObjRS.Fields(I).Name&"</TH>"
    Next
    Response.Write Dhead&"</TR>"
    ObjRS.AbsolutePage=PageNo              '输出当前页次，显示当前页中的记录

    For I=1 To ObjRS.PageSize  'Recordset的PageSize属性给出每页所含的记录数
       Dhead="<TR>"
       For J=0 To ObjRS.Fields.Count-1
          Dhead=Dhead&"<TD>"&ObjRS.Fields(J).Value&"</TD>"
       Next
       Response.Write Dhead&"</TR>"
       ObjRS.MoveNext
       If ObjRS.EOF Then Exit For
    Next
    Response.Write "</TABLE>"
  End Sub
%>
<HTML>
<TITLE>按页显示记录</TITLE>
<BODY>
<!-- #include file="GenFunction.asp" -->
<CENTER>
<%
  Set ObjRS=GetRecordset("StBook.mdb","BkList") '创建一函数的对象实例
  ObjRS.PageSize=8                              '设置每页显示的记录条数
  Response.Write"<FONT size=5><B>计算机图书目录</B></FONT>"
  Response.Write"<FONT size=2>    注：表中为模拟数据。</FONT><P>"
  PageNo=Request("Page")
  If PageNo<>"" Then
     DivPage ObjRS,PageNo
     Response.Write"<P>您打开的是<B>第 "&PageNo&" 页</B>"
     Response.Write"<P>"
  End If
  For I=1 To ObjRS.PageCount                    '显示页码的超链接
     Response.Write "<A HREF='SL9-4.asp?Page="&I&"'>"&_
         "第"&I&"页"&"</A>"&"   |   "
  Next
%>
</CENTER>
</BODY>
</HTML>
```

说明：每次都要书写一堆连接、设置数据库的语句不免有些累赘。而访问同类数据库时，仅仅是数据库文件名或表的名称不同而已，本例根据需求编制了一个通用程序模块 GenFunction.asp，使用#include 将其包含进来。其中 GetRecordset 函数打开与数据库的连接和读取表中的记录，该函数的返回值是一个存放了表记录的 Recordset 对象实例。GenFunction.asp 文件中的两个参数 DBName 和 TbName，分别接受调用程序传来的数据库文件名（如 StBook.mdb）和数据库表名（BkList）。如 GetRecordset(DBName,TbName)接收参数后为 GetRecordset("StBook.mdb","BkList")。

GenFunction.asp 文件的源程序如下：

```
<!-- #include file="adovbs.inc" -->
<%
  Dim ObjConn
  Function GetRecordset(DBName,TbName)
     '用 ODBC 打开与数据库的连接
     Set ObjConn=Server.CreateObject("ADODB.Connection")
     ObjConn.ConnectionString="Driver={Microsoft Access Driver(*.mdb)};"
     & "DBQ="&Server.MapPath(DBName)
     ObjConn.Open
     '从数据库表中读取数据，并存放在 Recordset 对象中
     Set GetRecordset=Server.CreateObject("ADODB.Recordset")
     GetRecordset.Open TbName,ObjConn,adOpenKeyset,adLockOptimistic, adCmdTable
  End Function
%>
```

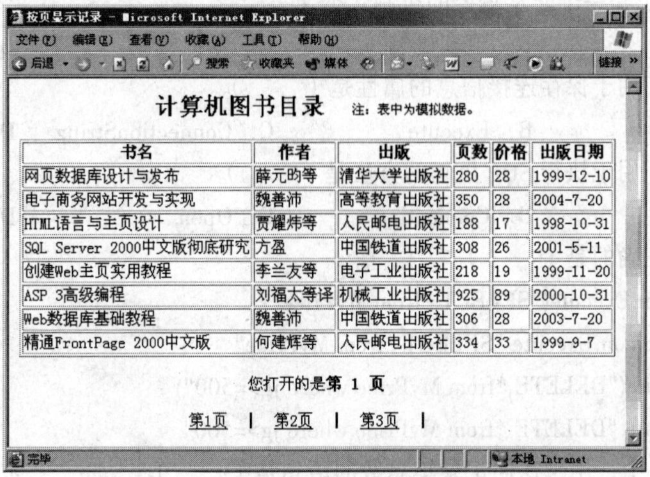

书名	作者	出版	页数	价格	出版日期
网页数据库设计与发布	薛元昀等	清华大学出版社	280	28	1999-12-10
电子商务网站开发与实现	魏善沛	高等教育出版社	350	28	2004-7-20
HTML语言与主页设计	贾耀炜等	人民邮电出版社	188	17	1998-10-31
SQL Server 2000中文版彻底研究	方盈	中国铁道出版社	308	26	2001-5-11
创建Web主页实用教程	李兰友等	电子工业出版社	218	19	1999-11-20
ASP 3高级编程	刘福太等译	机械工业出版社	925	89	2000-10-31
Web数据库基础教程	魏善沛	中国铁道出版社	306	28	2003-7-20
精通FrontPage 2000中文版	何建辉等	人民邮电出版社	334	33	1999-9-7

图 9-14　浏览计算机图书目录的第一页

小　结

ADO 的内容相当丰富，初学时难以一下子全部掌握。本章给出了 ADO 结构与 ADO 对象的两个关系图，粗线条地描述了 ADO 的 3 个主要对象（Connection、Command 和 Recordset）以及它们之间的重要关系（见图 9-2）。Connection 对象负责针对数据库的实际连接操作，Command 和 Recordset 对象对数据库的任何操作都要通过 Connection 对象才能够完成。

虽说 Command 和 Recordset 对象可以利用 ActiveConnection 属性产生一个 Connection 对象，建立对数据库的连接。但这种方法或许会造成数据库连接错误，导致在两个或多个数据库之间的数据存取失误，所以建议最好先定义并建立有效的 Connection 对象。

用 OLE DB 驱动程序连接数据库可以使访问效率更高。

ADO 常量可以体现 ADO 的功能，有两种调用常量文件的方法。也可以直接在 ASP 程序中自定义常量实现 ADO 的功能。

Access 数据库是功能强大、简单实用的数据库。SQL 语句是一个重要的知识点。

选择所需的列（字段）打开数据库，不要使用“SELECT *”，以节省访问数据库的时间。

可以采用配置 DSN 或 DSN-less 的方法建立 ASP 与数据库的连接。使用 DSN 方式的最大好处是使数据库更加安全；采用 DSN-less 方式的最大好处是可以满足没有 Web 服务器的用户建立和修改远程虚拟服务器数据的需要。

ASP、ADO 令人眼花缭乱、错综复杂，但只要熟悉四个关键点，是不难掌握的。第一，熟悉超文本和脚本语言；第二，基本对象的使用；第三，与数据库的连接；第四，对数据库的操作。请再次参阅第 1 章的图 1-3。

习　题

一、选择题

1. ADO 的（　　）是一个非常重要的机制。

   A. 共享机制　　B. 独享机制　　C. 保护机制　　D. 识别机制

2. 在连接对象中，用于保存连接信息的属性是（　　）。

   A. Open　　B. Execute　　C. ConnectionString　　D. Connection

3. 在连接对象中，用于执行 SQL 语句的方法是（　　）。

   A. Execute　　B. Connection　　C. Open　　D. Run

4. 下列语句中，正确的是（　　）。

   A. objRS=objcon.Execute("SELECT *from MyPrice")

   B. Set objRS=objcon.Execute "SELECT *from MyPrice"

   C. objcon.Execute("DELETE *from MyPrice where jg>=500")

   D. objcon.Execute "DELETE *from MyPrice where jg>=500"

5. 在记录集 objRS 中，用于返回记录集总数的语句是（　　）。

   A. n=objRS.Count　　B. n=objRS.Fields.Count

   C. n=objRS.Pagecount　　D. n=objRS.Recordcount

6. 获取当前记录在记录集中的位置号的属性是（　　）。

   A. AbsolutePage　　B. AbsolutePosition　　C. RecordCount　　D. Recno

二、填空题

1. ODBC 数据源管理器中的数据源分为________、________和________。
2. ADO 组件模型中定义的主要对象是________对象、________对象和________对象。
3. ADO 组件模型各主要对象之下还含有不同的________、________或________。
4. 利用 Recordset 对象向数据表添加记录时，应调用________方法。
5. 判断记录集指针是否到了记录集末尾的属性是________。
6. 要获取表单提交的二进制数据，应调用________对象的________属性。

三、判断题

1. 数据源名就是数据库的名字（　　）。
2. 连接数据库，只需将数据库打开就可以了（　　）。
3. Command 对象的作用就是将命令文本放入该对象中，然后再对数据库操作（　　）。
4. SQL 语句不区分大小写（　　）。
5. SQL 语句可以在 ASP 下直接运行（　　）。
6. 可以利用 SQL 的 create 语句创建新的数据库或数据库表（　　）。
7. 可以利用 SQL 的 select 语句和 like 字句来实现模糊查询（　　）。
8. 可以利用 SQL 的 insert into 语句一次插入多条记录（　　）。
9. 可以利用 SQL 的 Drop 命令删除表中的指定记录（　　）。
10. 用 SQL 创建数据库表时，字段的具体类型由所创建数据库的类型决定（　　）。

四、简答题

1. Connection、Command 和 Recordset 对象之间有何密切关系？以例句说明。
2. 简述 SQL 语言的主要特点。
3. 用 SELECT 语句编制一段程序，要求不同于书中的例句。
4. ADO 常量是什么？它有什么作用？
5. METADATA 语句在调用常量文件时所起的作用是什么？
6. 怎样配置 Access 数据库的数据源名（DSN）？
7. ADO 与数据库连接的方法有几种？请举例进行说明。
8. Connection、Command 和 Recordset 各对象的作用是什么？请举例进行说明。

五、编程题

1. 编制一段含有 SQL 语句的应用程序，要求向数据库中追加记录。
2. 编制一个删除特定用户的程序，要求：输入学号 xh，系统显示该用户的信息，经确认后删除。
3. 运行本章所有例题和实例，认真比较各种连接方法和对数据库的操作。
4. 调查零售店、书店等，设计一个小型的电子商务网站。

第 10 章 Web 数据库的发展趋势

10.1 Web 数据库的特征

在信息世界里，除了数据就是数据库。20 世纪 60 年代诞生的数据库技术，为使用计算机收集、存储、加工和利用数据提供了全面的支持，并起到了关键性的作用，已成为当今计算机信息系统的核心技术，是计算机技术和应用发展的基础。围绕着数据结构和模型的演变，传统数据库技术相继经历了网状数据库、层次数据库和关系数据库 3 个阶段。20 世纪 70 年代发展起来的关系数据库凭借完备的理论基础、简洁的数据模型、结构化的查询语言和方便的操作方法，在全球信息系统中得到了极为广泛的应用，基本上满足了企业对数据管理的需求。目前世界上大部分的数据都是由这种数据库系统来管理的。随着数据库系统的日益普及以及人们要求的不断提高，以网络为中心的企业级快速事务交易处理的应用需求，使关系数据库开始不断地暴露出它的局限性。其中特别突出的是关系数据库关系模型过于简单，不利于表达复杂的数据结构；而且关系数据库支持的数据类型有限，无非是结构化的数字或字符，无法包容更多的数据类型，如图形图像、声音、大文本、时间序列和地理信息等复杂数据类型。传统的数据库系统对此类数据处理也只是停留在简单的二进制代码文件的存储上，若对其查询和检索则无法实现。由于计算机被广泛应用于数据管理，以及互联网的普及与发展，人们对数据共享和联机实时处理的要求越来越高，导致数据库技术在不断地改进与发展。

Web 数据库，就是能将数据库技术与 Web 技术很好地融合在一起，使数据库系统成为 Web 的重要有机组成部分的数据库，能够实现数据库与网络技术的无缝有机结合。Web 数据库给我们带来的最愉悦的享受就是资源共享。除此之外，分布式数据处理也是 Web 数据库的一大特点。Web 数据库技术是电子商务的核心技术，它融合了网络技术、存储技术和检索技术，并结合传统数据库技术的优点，在数据库模型、存储机制和检索技术等诸多方面进行了创新。绝大多数情况下，Web 数据库是连续 24 小时工作，通过互联网为终端用户提供服务，且同一数据库可同时被多用户取用。它易用、实用，是当今使用最为广泛、最有前途、最具魅力的信息传播技术。

10.2 Web 数据库的趋势

近年来由于基于 Internet 应用的需求在迅速增长，而 Internet/Intranet/Extranet 的应用为 Web 数据库带来了一个全新和庞大的市场机会。因为电子商务、远程教育、数字图书馆、移动计算等各个领域都需要新的 Web 数据库技术的支持，将会有越来越多的用户开展面向 Internet 的应用，政府、教育科研、金融、证券、交通、制造、运输等诸多行业都会给 Web 数据库提供广阔的应用空间。

Web 技术的不断发展，使得信息共享和数据交换的范围不断扩大，传统的关系型数据库正面临挑战。数据库技术的应用是建立在数据库管理系统基础上的，而各数据库管理系统之间的异构性及其所依赖操作系统的异构性，严重限制了信息共享和数据交换范围。数据库技术的语义描述能力差，大多通过技术文档表示，很难实现数据语义的持久性和传递性，而数据交换和信息共享都是基于语义进行的，在异构应用数据交换时，不利于计算机基于语义自动进行正确数据的检索与应用。数据库属于高端应用，需昂贵的价格和较安全的运行环境。伴随 Internet 的发展，数据交换的能力已成为新应用系统的一个重要指标。

Web 数据库的发展，其主要特征是采用字表多维处理、变长存储以及面向对象等新的网络技术和数据库技术，使数据库应用转为全面基于 Internet 为基础的应用。一方面，Web 数据库采用字表多维处理方式支持包括结构化数据以及大量非结构化的多媒体数据等更多类型的数据，使组成用户业务的各种类型数据能够存储在同一个数据库中，从而使执行复杂处理的时间大大缩短。另一方面，Web 数据库支持 ActiveX、XML 等新的编程技术工具，能够支持和快速开发越来越复杂的事务处理系统应用程序，简化系统开发和管理的难度。

随着网络技术的发展，特别是 Internet 和 Intranet 技术的飞快发展，使得非结构化数据的数量日趋增大。这时，主要用于管理结构化数据的关系数据库的局限性暴露地越来越明显。因而，数据库技术相应地进入了“后关系数据库时代”，发展进入了基于网络应用的非结构化数据库时代。

1. 非结构化数据库

在信息社会，信息可以划分为两大类。一类信息能够用数据或统一的结构加以表示，我们称之为结构化数据，如数字、符号；而另一类信息无法用数字或统一的结构表示，我们称之为非结构化数据，如文本、图像、声音、网页等。所谓非结构化数据库，是指数据库的变长记录由若干不可重复和可重复的字段组成，而每个字段又可由若干不可重复和可重复的子字段组成。简单地说，非结构化数据库就是字段可变的数据库。结构化数据属于非结构化数据，是非结构化数据的特例。显然，结构化数据库是非结构化数据库的特例。

非结构化数据库突破了传统关系数据库的访问方法，包括索引机制和查询机制，采用 B*树倒排索引技术，支持目前几乎所有的索引方式；并采用布尔逻辑检索方式，支持包括全文检索在内的复杂检索方式，具有关系数据库不可比拟的查询速度和查准与查全率。更重要的是，将非结构化和结构化数据都定义为资源，使得非结构数据库的基本元素就是资源本身，而数据库中的资源可以同时包含结构化的和非结构化的信息。所以，非结构化数据库能够存储和管理各式各样的非结构化的复杂数据。通过这种对资源的管理方法，非结构化数据库实现了数据库系统从数据属性管理到内容管理的转化，从而为管理复杂的网络数据奠定了坚实基础。

2. 异构数据库系统

所谓异构数据库系统是相关的多个数据库系统的集合，可以实现数据的共享和透明访问，每个数据库系统在加入异构数据库系统之前本身已经存在，并拥有自己的数据库管理系统。其异构性主要体现在①计算机体系结构；②基础操作系统；③数据库管理系统自身。异构数据库系统的目标是实现不同数据库之间的数据信息资源、硬件设备资源和人力资源的合并与共享。相互关联的数据库被归纳在一起，创建一个单一的虚拟数据库，也叫做异构数据库系统。

3. 数据库技术

从数据库技术的发展趋势来看，能够提供持续的数据可用性，将故障时间控制到最低，确保企业系统随时接受访问调用；用低成本实现系统的伸缩性，使得既保证各系统的独立性，又能提高系统的使用效率；保证在互联网架构下企业系统的安全性，为企业数据提供最高层次的安全保障；集成商业智能功能，使数据库产品不再仅仅是提供一般的数据存储功能，而能提供从数据存储到数据分析、使用的整体解决方案；数据库产品的自我管理能力，使之可以自动地对自身进行监控、适应和调整。

在互联网环境下分布式海量信息如何建立合理高效的海量数据库，成为我们待解决的问题。针对目前关系型数据库占据了绝大多数市场的情况，要实现网络环境下的海量信息共享，就必须联合各个异构数据库，使得数据库之间能够通过主动式的超文本链接，实现相互连接，使得交叉引用的数据可以被很容易地检索到。目前，异构数据库系统的集成以及建立在此基础之上的数据仓库（Data Warehouse，DW）、数据挖掘（Data Mining，DM），成为 Web 数据库技术研究的重点之一。它已经成为国内外数据库厂商的竞争焦点，将传统的、可能分布于各地的多个关系数据库集成起来，进行改进和发展，形成虚拟异构数据库系统和数据仓库。在数据仓库的基础上，又可以进行数据挖掘、Web 挖掘，实现真正地信息检索查询，更好地为企业信息化、电子商务服务。

沉舟侧畔千帆过，病树前头万木春。事物的发展永无止境，用户的需求永远推动着技术的发展。早期的网状、层次数据库如过眼烟云，当今的关系型数据库也可能是“廉颇老亦”，而非结构化数据库却如初生的太阳，将其“阳光”洒满大地。

小 结

从关系型数据库到 Web 数据库，呈现了一幅信息处理发展史的结构图。随着计算机技术、网络技术的不断提高，大型、复杂、异构、专项、分布、实时的数据处理成为现实。

数据仓库是一个面向主题的、集成的、相对稳定的、反映历史变化的数据集合，用于支持企业或组织的管理决策分析处理。

数据仓库与数据库是两个完全不同的概念。

习 题

一、填空题

1. 关系数据库的主要局限性表现在________和________。

2. 信息一般被划分为两大类，一类是________，另一类是________。

3. 异构数据库系统的异构性主要体现在________、________和________。

二、简答题

1. 是什么原因导致了数据库技术在不断地改进与发展？

2. Web 数据库的主要特征是什么？

3. 什么是非结构化数据库？什么是异构数据库系统？两者有何联系？

第 11 章 Web 数据库实例

11.1 初步设计 Web 数据库

在第 10 章中我们了解了 Web 数据库的基本特征，从应用的角度来说，Web 数据库就是将单机数据库技术发展并应用到网络中。所以 Web 数据库并不是一门全新的技术，我们以前的许多经验和技巧今天仍然可以适用，所不同的是 Web 数据库对数据库的访问要比本地机对数据库的访问复杂得多。Web 数据库是通过编制好的 ASP 程序利用 ADO 对象，调用 ODBC 或 OLE DB 驱动程序，非常轻松地完成对网络上数据库的访问。但是 Web 数据库涉及的内容和知识比较多，初学者不太容易掌握，在第 1 章的图 1–3 中，我们就早已指出了这一点，现在回顾一下，再看看图 1–3，这张图的确帮我们总结了设计开发 Web 数据库需掌握的基础工具和基本技能。

无论采用 Access、SQL Server、Visual FoxPro、Informix、Oracle、dBase 还是其他数据库，只要该数据库提供有相应的 ODBC 或 OLE DB 驱动程序，ASP 就能通过一组 ADO 对象模块访问该数据库（见图 1–4）。虽然在不同的系统中可能装有不同的 ODBC 或 OLE DB 驱动程序，但只要加装了 IIS，系统就至少会有 Microsoft Access Driver、SQL Server、Microsoft ODBC for Oracle 等 ODBC 驱动程序，即系统至少可以使用 Access、SQL Server、Oracle 等 3 种数据库。若系统中还安装了 Microsoft Excel Driver、dBase Driver、Visual FoxPro Driver、Text Driver 等 ODBC 驱动程序，则就有更多的数据库可供选用。若读者想查看本机系统中已安装了哪些 ODBC 驱动程序，可以选择【控制面板】→【管理工具】→【数据源 ODBC】，打开如图 1–5 所示的对话框。

在前面章节中，我们所使用的数据库只要带有 ODBC 或 OLE DB 驱动程序，它就能成为 Web 数据库。那么下面的问题是选谁作为 Web 数据库呢？Access 小巧玲珑、实用性强；SQL Server 功能强大且比较安全；Oracle 安全可靠且功能强大。对于中小企业而言，首选作服务器级的数据库是 SQL Server，因为 SQL 语句已经成为数据库查询的一种标准。而作为非服务器级的数据库，首推 Access 数据库。若对数据的安全性、快捷速度和容量有更高的要求（如银行、证券业），则应当选用 Oracle。Access 是一款性能优良的数据库，相对于其他数据库而言，它具有如下特点：

① Access ODBC 所支持的 SQL 指令最齐全。

② Access ODBC 执行效率胜于其他 ODBC（此处不包括第三方开发的 ODBC）。

③ 它属于微软系列的软件。微软的其他开发工具 VB、VC 等，以及大多数应用程序（Office 系列）均以 Access 为数据库。

从网站的创建和维护等诸多方面来看，一个大中型的网站使用 Web 数据库是理所当然的事。就数据库本身的设计而言，它和传统的数据库设计几乎是一样的，包括数据库的库结构、字段、类型等的规划及数据表的分类等。在数据较多的大型数据库的设计中，数据冗余仍是要注意的问题。通常网站的设计流程如图 11-1 所示。图 11-2 是某企业的网站结构。

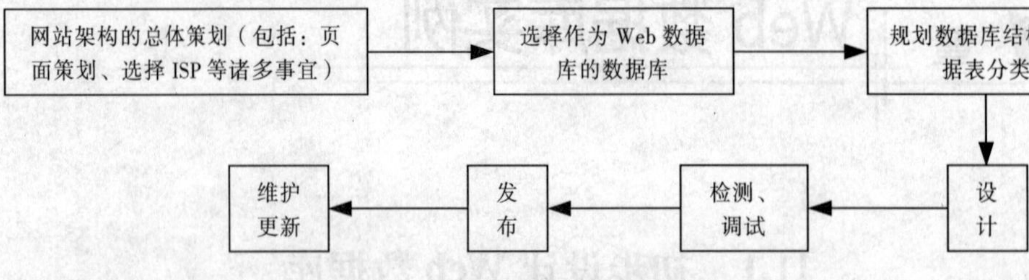

图 11-1　网站设计流程图

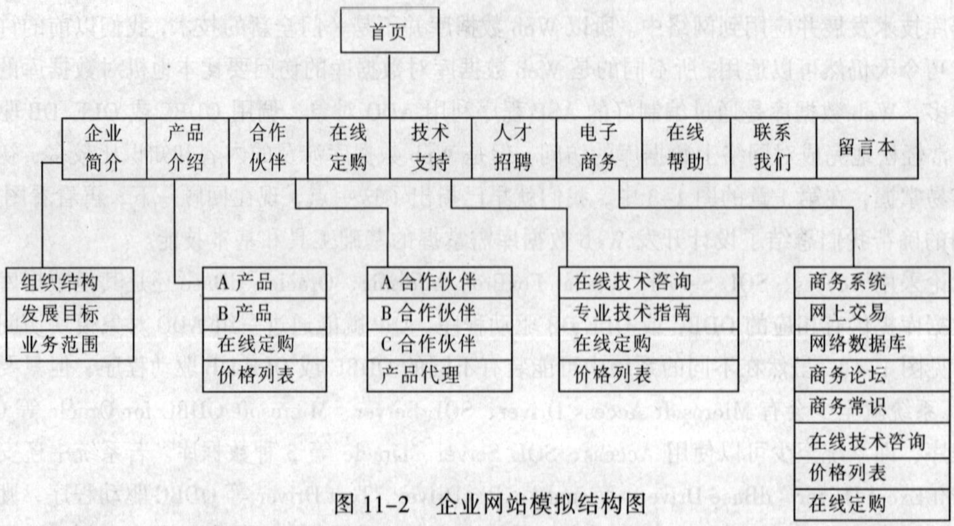

图 11-2　企业网站模拟结构图

11.2 网 络 超 市

11.2.1 概述

网络超市通常是商务网站的一个重要组成部分，它或大或小地提供了一个介绍商品、展示商品的环境，是客户选择、购买商品的虚拟平台。本例作为网络超市的一种模式，介绍了它的基本结构，所涉及的仅仅是超市的一角。用户经过学习，可以仿照本例并添加图片，以创建一个属于自己的网络超市。图 11-3 是网络超市的登录界面。

本系统提供两个入口，会员输入 ID 和 Password，单击【进入超市】按钮，即可进入超市选购商品。非会员只需输入用户名就可以进入超市（密码项暂不能填。可以仿照例 6.1 和例 6.2 加入一个注册程序，使之成为会员后进入超市）。本系统提供日用品、男女服装、体育用品、玩具、礼品、图书等商品展台，客户根据需求，选择不同类型的商品，并将已选定的商品放入购物车。另外，客户可以选择多种结算方式和送货方式。

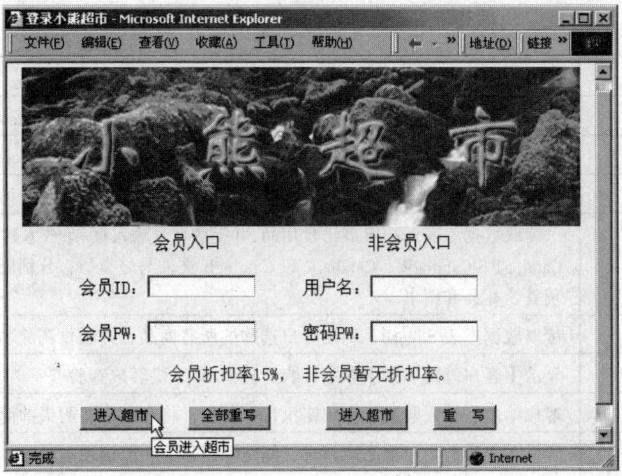

图 11-3　网络超市登录界面

系统采用数据库 Access 2000，用 Access ODBC 驱动程序实现与数据库的连接。其对数据库操作的源程序以函数的形式写在 GenFunction.asp 文件内，在 ASP 源程序中对数据库的操作只需使用 #include 包含该文件。以下是本系统的文件清单。

1．数据库及表文件

数据库 SupData.mdb 中含有 7 个表 SheetB 和 SmallB、SmallF、SmallL、SmallR、SmallT 和 SmallW，各表结构如下：

SheetB 表：

字段名	订单号	客户	品名	商品号	定价	数量	金额	日期
类型	自动编号	备注	备注	文本	数字	数字	数字	日期

SmallB 表：

字段名	编号	品名	商品号	定价
类型	自动编号	备注	文本	数字

SmallF 表：

字段名	编号	品名	商品号	定价
类型	自动编号	备注	文本	数字

SmallL、SmallR、SmallT 和 SmallW 的表结构与 SmallF 的表结构相同。其中，SheetB 表用于记录客户已购商品的数据，其他各表分别记录客户可在线购买的图书、男女服装、礼品、日用品、体育用品、玩具等物品的数据。

2．其他文件

除了数据库及表文件以外，其他.asp、.htm、.jpg 等文件及其说明如表 11-1 所示。

表 11-1　文件说明

程　序　名	说　　明
Adovbs.inc	系统自带的常量定义文件，可参见 9.3 节
GenFunction.asp	自定义函数文件，内含访问数据库的函数，可参见第 9 章的实例 9.4
Login.asp	“网络超市”登录文件。在此提供会员和非会员输入界面，输入数据后，单击【进入超市】按钮，系统调用表单处理程序 Main.asp 进入超市

续表

程 序 名	说 明
Main.asp	框架页面。分上、下两个框架，分别调用 XiUrl.asp 和 XiSheet.asp 两个页面的内容
XiUrl.asp	显示 3 个超链接：各类商品目录、查验购物车和显示物品清单
XiSheet.asp	显示各类商品的分目录，如日用品、男女服装、玩具、图书等商品
CatalogR.asp	读取数据库表 SmallR 展出日用品，并提供数量输入框和【放入购物车】按钮；其他 CatalogF、CatalogT、CatalogW、CatalogL 和 CatalogB 文件与之类似，分别展出男女服装、体育用品、玩具、礼品和图书
XiCar.asp	读取数据库表 SheetB，列出客户选购的所有商品，并提供删除功能
XiOrder.asp	显示【客户邮购单据】和【订购物品清单】，供客户查验
JOne.asp	客户单击【放入购物车】按钮执行本程序，将客户准备购买的商品数据写入表 SheetB
JnOne.asp	客户在查验购物车物品清单时，使用“删除”功能调用本程序
Xxcs.jpg	“网络超市”题头图片
Bg1.jpg	“网络超市”背景图片

11.2.2 框图

图 11-4 所示为网络超市流程图。

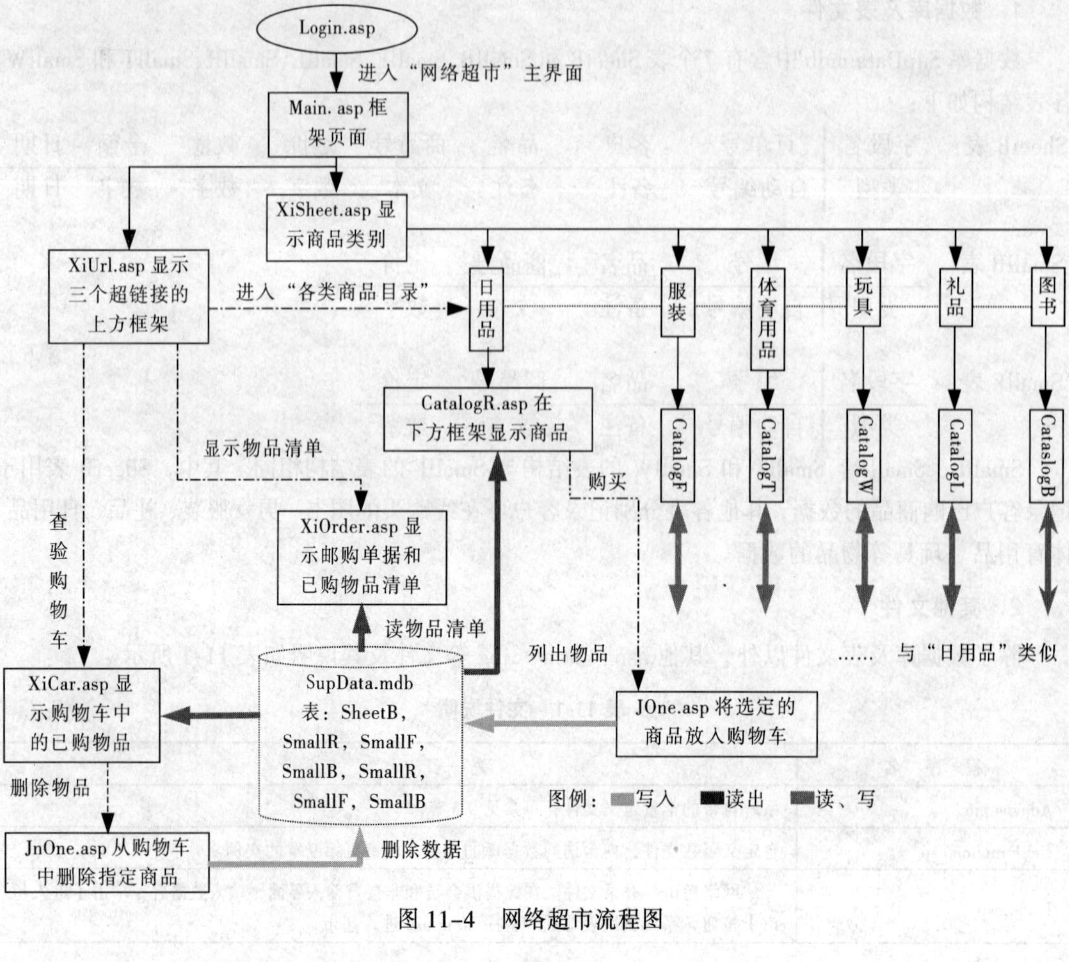

图 11-4 网络超市流程图

11.2.3 源代码

1. GenFunction.asp 源程序

```
<!-- #include File="adovbs.inc" -->
<%
 Dim ObjConn
 Function GetRecordset(FileName, TableName)
 '使用 Connection 对象打开数据库文件
 Set ObjConn=Server.CreateObject("ADODB.Connection")
 ObjConn.ConnectionString="Driver={Microsoft Access Driver (*.mdb)};"&_
    "DBQ="&Server.MapPath(FileName)       '用 ODBC 直接打开与数据库的连接
 ObjConn.Open       '从数据表中取出记录并存放在 Recordset 对象中
 Set GetRecordset=Server.CreateObject("ADODB.Recordset")
 GetRecordset.Open TableName,ObjConn,adOpenKeyset,adLockOptimistic, adCmdTable
 End Function

 Function GetSQLRecordset(strSQL, FileName, TableName)
 '使用 Connection 对象打开数据库文件
 Set ObjConn=Server.CreateObject("ADODB.Connection")
 ObjConn.ConnectionString="Driver={Microsoft Access Driver (*.mdb)};" &_
    "DBQ="&Server.MapPath(FileName)       '用 ODBC 直接打开与数据库的连接
 ObjConn.Open    '从数据表中取出符合 SQL 语句条件的记录并存放在 Recordset 对象中
 Set GetSQLRecordset=Server.CreateObject("ADODB.Recordset")
 GetSQLRecordset.Open
strSQL,ObjConn,adOpenKeyset,adLockOptimistic,adCmdText
 End Function
%>
```

2. Login.asp 源程序

```
<HTML>
<TITLE>登录小熊超市</TITLE>
  <BODY bgColor="Honeydew">
    <CENTER><IMG src="Xxcs.jpg">
    <BR>
    </CENTER>
    <CENTER>
      <DIV align="center">
        <CENTER>
        <TABLE border="0" width="425" height="127">
          <TR>
            <TD width="204" height="127" valign="top">
            <FORM METHOD="post" ACTION="Main.asp" id=form1 name=form1>
              <P align=center>会员入口</P><FONT face=宋体>
              <P>会员 ID: <INPUT name="Name" size="13"></P>
              <P>会员 PW: <INPUT type="password" name="PASSWD" size="13" >
              <P align=right><FONT color=red>会员折扣率 15%, </FONT></P>
              <P align=left>
              <INPUT type=submit value=进入超市 title="会员进入超市">   
              <INPUT type=reset value=全部重写></P></FONT>
           </FORM></TD>
            <TD width="205" height="127" valign="top">
```

```
          <FORM METHOD="post" ACTION="Main.asp" id=form2 name=form2>
            <P align="center">非会员入口</P><FONT face=宋体>
            <P>用户名: <INPUT name="Name" size="13"></P>
            <P>密码 PW: <INPUT type="password" name="PASSWD" size="13" disabled>
            <P align=left><FONT color=red>非会员暂无折扣率。</FONT></P>
            <P align=center>
            <INPUT type=submit value="进入超市" title="非会员进入超市"> 
 
            <INPUT type="reset" value="重  写"></P></FONT>
          </FORM></TD>
        </TR>
      </TABLE>
      </CENTER>
    </DIV>
  </CENTER>
</BODY>
</HTML>
```

3. Main.asp 源程序

```
<% Session("Name")=Request("Name") %>
<%
 Name=Request("Name")
 If Name="" Then
   Response.Write "您必须输入用户名才能购物，<A HREF=Login.asp>请返回</A>!"
 End If
%>
<HTML>
<TITLE>超市商品主目录</TITLE>
  <FRAMESET ROWS="60, *" BORDER="0">
    <FRAME NAME="Top" NORESIZE SCROLLING="No" src="XiUrl.asp">
    <FRAME NAME="Bottom" NORESIZE src="XiSheet.asp">
  </FRAMESET>
<BODY  bgColor="Honeydew">
</BODY>
</HTML>
```

4. XiUrl.asp 源程序

```
<HTML>
  <BODY bgColor="#99CC99">
    <TABLE ALIGN="Center" WIDTH="60%" BORDER="0">
      <TR HEIGHT="30" bgColor="#EDF8F8" ALIGN="Center">
        <TD><A HREF="XiSheet.asp"  TARGET="Bottom" TITLE="显示各类商品目录">
            各类商品目录</A></TD>
        <TD><A HREF="XiCar.asp" TARGET="Bottom" TITLE="显示购物车内的商品">
            查验购物车</A></TD>
        <TD><A HREF="XiOrder.asp" TARGET="Bottom" TITLE="显示订购单据和商品">
            显示物品清单</A></TD>
      </TR>
    </TABLE>
  </BODY>
</HTML>
```

5. XiSheet.asp 源程序

```
<HTML>
<TITLE>商品分类</TITLE>
<BODY  bgColor="Honeydew">
  <P align="center">
    <A href="CatalogR.asp" title=进入日用品区>日用品</A>
            
    <A href="CatalogF.asp" title=进入服装区>男女服装</A>
            
    <A href="CatalogT.asp" title=进入体育用品区>体育用品</A>
            
    <A href="CatalogW.asp" title=进入玩具区>玩具</A>
            
    <A href="CatalogL.asp" title=进入礼品区>礼品</A>
            
    <A href="CatalogB.asp" title=进入图书区>图书</A></P>
</BODY>
</HTML>
```

6. CatalogR.asp 源程序（CatalogF、CatalogT、CatalogW、CatalogL、CatalogB 与之类似）

```
<HTML>
<TITLE>日用品</TITLE>
 <BODY bgColor="honeydew">
  <!-- #include file="GenFunction.asp" -->
  <%
    strSQL="SELECT * FROM SmallR"
    Set objRS=GetSQLRecordset(strSQL,"SupData.mdb","SmallR")
  %>
  <H3 align="center">日用品</H3>
  <TABLE BORDER="0" ALIGN="Center" WIDTH="90%">
    <TR bgColor="#00A0FF" HEIGHT="30" ALIGN="Center">
      <%
        '读数据表的字段名作为表格的标题
        For I=0 To objRS.Fields.Count-1
          Response.Write "<TD>"&objRS.Fields(I).Name&"</TD>"
        Next
        Response.Write "<TD>订购数量</TD>"
        Response.Write "<TD>现在采购</TD>"
      %>
    </TR>
  <%
  '读各字段的数据并显示在表格内
  Do While Not ObjRS.EOF
    Data="<TR HEIGHT='30' bgColor='#C9EDFF'>"
    For I=0 To ObjRS.Fields.Count-1
      Data=Data&"<TD>"&ObjRS.Fields(I).Value&"</TD>"
    Next
    Response.Write Data
    Response.Write "<TD><FORM METHOD='POST' TARGET='Bottom' ACTION='JOne.
    asp?Goods="&ObjRS("品名")&"&GNo="&ObjRS("商品号")&"&Price="&ObjRS("定价")
    &"'><INPUT type='TEXT' NAME='Quantity' SIZE='5'></TD>"
```

```
      Response.Write "<TD><INPUT type='SUBMIT' VALUE='放入购物车'></TD></FORM>
      </TR>"
      ObjRS.MoveNext
    Loop
    objRS.Close                                    '关闭数据库连接并释放对象
    Set objRS=Nothing
    objConn.Close
    Set objConn=Nothing
    %>
  </TABLE>
  </BODY>
</HTML>
```

7. XiCar.asp 源程序

```
<HTML>
<TITLE>看购物车</TITLE>
  <BODY bgColor="Honeydew">
   <!-- #include file="GenFunction.asp" -->
   <%
    strSQL="SELECT*FROM SheetB WHERE 客户='"&Session("Name")&"'"
    Set ObjRS=GetSQLRecordset(strSQL,"SupData.mdb","SheetB")

    If ObjRS.EOF Then
      Response.Write "<CENTER><IMG src='Xxcs.jpg'><P>当前购物车内无任何商品!
          </P>"&"<P><A href='XiSheet.asp'>返回商品目录</A></P></CENTER>"
    Else
   %>
   <TABLE BORDER="0" ALIGN="Center">
    <TR bgColor="#FFACAC" HEIGHT="30" ALIGN="Center">
      <%
       '读数据表的字段名作为表格的标题
       For I=0 To ObjRS.Fields.Count-1
         Response.Write "<TD>"&ObjRS.Fields(I).Name&"</TD>"
       Next
       Response.Write "<TD> </TD>"
      %>
    </TR>
   <%
    Total=0                                   'Total 变量用来统计总金额
    Do While Not ObjRS.EOF
      Data="<TR HEIGHT='30' bgColor='#FFEAEA'>"
      For I=0 To ObjRS.Fields.Count-1
        Data=Data&"<TD>"&ObjRS.Fields(I).Value&"</TD>"
      Next
      Response.Write Data
      Response.Write "<TD><A href='JnOne.asp?No=" & ObjRS("订单号")&"' TITLE=
         删除本商品，请斟酌!>删除</A></TD></TR>"
      Total=Total+ObjRS("金额")               '累计金额算出总金额
      ObjRS.MoveNext
    Loop
```

```
    ObjRS.Close                                    '关闭数据库连接并释放对象
    Set ObjRS=Nothing
    ObjConn.Close
    Set ObjConn=Nothing
   %>
    <CAPTION ALIGN="Right">总金额：<%= Total %></CAPTION>
   </TABLE>
   <% End If %>
  </BODY>
</HTML>
```

8. XiOrder.asp 源程序

```
<HTML>
  <BODY background="Bg1.jpg">
   <H3>注意事项</H3>
   <OL type="1">
     <LI>购买方式一：请按所需物品填妥专用购物清单后，免贴邮票，直接投递。也可传真至
         020-12345678。</LI>
     <LI>购买方式二：在网络上选购物品后，直接使用信用卡购买。</LI>
     <LI>购买方式三：请用邮局汇款单，填妥姓名、地址、邮编、电话、商品名、商品号、数量，
         直接去邮局邮购付款。
         账号：123456789  户名：小熊超市</LI>
     <LI>到货与补订：您在寄出邮购定单后 15 日内应收到商品，若没有收到，请来电查询
         020-12345678。</LI>
   </OL><HR>
   <TABLE BORDER="1" bgColor="White"RULES="Cols" ALIGN=" Center"CELLPADDING=
          "5">
     <TR HEIGHT="25">
     <TD COLSPAN="4" ALIGN="Center" bgColor="#00C0FF">客 户 邮 购 单 据</TD>
</TR>
     <TR HEIGHT="25"><TD COLSPAN="4">姓名：<U>
     <% For I=0 To 15
          Response.Write " "
        Next %></U>
        电话：<U>
     <% For I=0 To 15
          Response.Write " "
        Next %></U>
        地址：<U>
     <% For I=0 To 30
          Response.Write " "
        Next %></U></TD></TR>
     <TR HEIGHT="25">
     <TD COLSPAN="4">交货方式：□送货上门   □快件投递 
           □挂号投递</TD></TR>
     <TR HEIGHT="25">
     <TD COLSPAN="4">付款方式：□信  用  卡   □邮局汇款 
           □银行汇款</TD></TR>
     <TR HEIGHT="25"><TD COLSPAN="4">信用卡卡号：<U>
     <% For I=0 To 34 Response.Write " " Next %></U>
        有效日期：<U>
```

```
        <% For I=0 To 25
              Response.Write " "
           Next %></U></TD></TR>
        <TR HEIGHT="25"><TD COLSPAN="4">签名(与信用卡签名相同): <U>
        <% For I=0 To 62
              Response.Write " "
           Next %></U></TD></TR>
        <TR HEIGHT="25"><TD COLSPAN="4">支付总金额: <U>
        <% For I=0 To 74
              Response.Write " "
           Next %></U></TD></TR>
        <TR HEIGHT="25"><TD COLSPAN="4">开发票: □二联式    
           □三联式    □四联式</TD></TR>
        <TR HEIGHT="25"><TD COLSPAN="4">发票地址: <U>
        <% For I=0 To 36
              Response.Write " "
           Next %></U>
           统一编号: <U>
        <% For I=0 To 25
              Response.Write " "
           Next %></U></TD></TR>
        <TR HEIGHT="25"><TD COLSPAN="4" ALIGN="Center" bgColor="#00C0FF">订购物
           品清单</TD></TR>
        <!-- #include file="GenFunction.asp" -->
        <%
          strSQL="SELECT 品名,定价,数量,金额 FROM SheetB WHERE 客户='"& Session
             ("Name")&"'"
          Set ObjRS=GetSQLRecordset(strSQL,"SupData.mdb","SheetB")
          For I=0 To ObjRS.Fields.Count-1
             Response.Write "<TD>"&ObjRS.Fields(I).Name&"</TD>"
          Next
          Do While Not ObjRS.EOF
             Data="<TR HEIGHT='25'>"
             For I=0 To ObjRS.Fields.Count-1
                 Data=Data&"<TD>"&ObjRS.Fields(I).Value&"</TD>"
             Next
                 Response.Write Data&"</TR>"
                 Total=Total+ObjRS("金额")
                 ObjRS.MoveNext
             Loop
        %>
        <TR HEIGHT="25">
        <TD COLSPAN="4" ALIGN="Right" bgColor="#00C0FF">总金额: <%=Total%> </TD>
</TR>
    </TABLE>
  </BODY>
</HTML>
```

9. JOne.asp 源程序

```
<%
  Goods=Request("Goods")                    '读取商品名
```

```
  GNo=Request("GNo")              '读取商品号
  Price=Request("Price")          '读取定价
  Quantity=Request("Quantity")    '读取数量
  If Quantity="" Then
    Response.Write "非常抱歉！您未输入购买数量，请返回！"
    Response.End
  End If
  subTotal=Price*Quantity         '计算单笔金额=定价*数量
%>
<HTML>
  <BODY bgColor="Honeydew"><!-- #include file="GenFunction.asp" -->
   <%
   '插入记录
   Set ObjRS=GetRecordset("SupData.mdb","SheetB")
   ObjRS.AddNew Array("客户","品名","商品号","定价","数量","金额","日期/时间"),
          Array(Session("Name"),Goods,GNo,Price,Quantity,subTotal,Now())
   ObjRS.Update
   ObjRS.Close                     '关闭数据库连接并释放对象
   Set ObjRS=Nothing
   ObjConn.Close
   Set ObjConn=Nothing
   %>
   <!--显示标头图片，返回成功购买的信息和商品目录超级链接 -->
   <CENTER><IMG src="Xxcs.jpg">
   <P>您已经选购好该商品，并已按您购买的数量放入购物车！<P>
   <P><A href="XiSheet.asp">返回超市</A></P></CENTER>
  </BODY>
</HTML>
```

10. JnOne.asp 源程序

```
<HTML>
<TITLE>从购物车中取出商品</TITLE>
  <BODY bgColor="Honeydew">
   <!-- #include file="Adovbs.inc" -->
   <%
    No=Request("No")
    Set ObjConn=Server.CreateObject("ADODB.Connection")
    ObjConn.ConnectionString="Driver={Microsoft Access Driver(*.mdb)};" &_
       "DBQ="&Server.MapPath("SupData.mdb")'打开与数据库的连接
    ObjConn.Open
    strSQL="DELETE*FROM SheetB WHERE 订单号="&No
    ObjConn.Execute(strSQL)
   %>
   <!--显示标头图片，返回成功购买的信息和商品目录超级链接 -->
   <CENTER><IMG src="Xxcs.jpg">
   <P>按照您的要求本商品已经从购物车中取出！<P>
   <P><A href="XiCar.asp">返回购物车</A></P></CENTER>
  </BODY>
</HTML>
```

11.3 在线考试系统

11.3.1 概述

在线考试系统提供了一个无纸、便利、快捷的考试环境。本考试系统建立在浏览器/服务器（B/S）之上，学生只要通过浏览器进入站点，输入姓名、学号登录考试系统，就可开始选择要考试的科目。每一科目都有规定的时间，确认考试结束或时间用完即刻停止考试，之后系统将给出本门课程的得分。完成一门考试之后，学生还可以接着选择另一科目的考试。

教师从另一入口给出姓名、ID 号进入系统，完成对科目、题目的设置或修改，学生姓名、学号的设置或修改，学生成绩查询等操作。考试系统的登录界面如图 11-5 所示。本系统使用数据源名（testsys）连接 Access 2000 数据库，运行系统之前应预先设置好数据源名。程序中使用了 JavaScript 脚本语言，用户可参阅其他书籍。

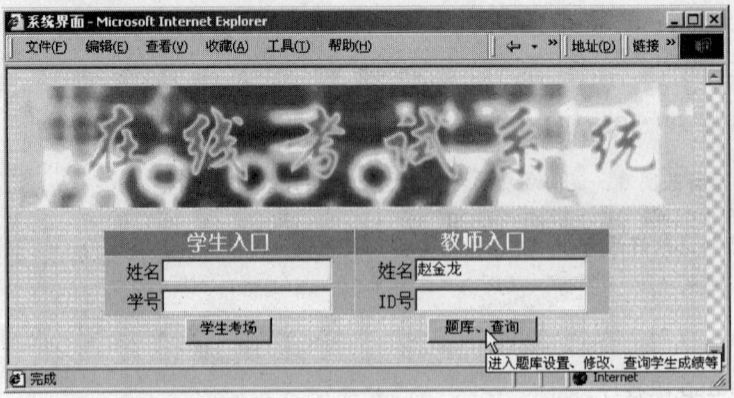

图 11-5 在线考试系统登录界面

1．数据库文件

DBTest.mdb 内共含有 6 个表：question、score、studentinfo、subinfo、tbanswer 和 teacherinfo，其结构如下：

question 表：

项 目	考题号	题目	4 个选择项	答案	科目	教师 ID 号
字段名	questionid	question	A B C D	answer	sub	teachid
类 型	自动编号	文本	文本	文本	文本	文本

score 表：

项 目	学生学号	科目	成绩	教师 ID 号
字段名	stid	sub	score	teachid
类 型	文本	文本	数字	文本

studentinfo 表：

项 目	学生姓名	科目
字段名	stname	sub
类 型	文本	文本

subinfo 表：

项 目	科目	教师 ID 号	考试时间	题目个数
字段名	sub	teachid	testtime	testnum
类 型	文本	文本	数字	数字

tbanswer 表：

项 目	学生选择的答案	学生学号	考题号
字段名	answer	stid	questionid
类型	文本	文本	数字

teacherinfo 表：

项 目	教师姓名	教师编号
字段名	teachname	teachid
类型	文本	文本

2. 其他文件

其他文件包括.asp、.htm 和图形文件等，如表 11-2 所示。

表 11-2 各类文件和说明

程 序 名	说 明
Login.asp	登录“在线考试系统”，提供学生和教师两个入口
Stssubject.asp	考场科目选择，先搜索表 score，若该学生已有成绩，则给出提示
Stcritfrm.asp	横幅框架调用 Stestop.asp；目录框架调用 Stmessage.asp；主框架调用 Stprocess.asp，由它间接调用 Stevalue.asp
Stestop.asp	显示考试科目，供学生选择
Stmessage.asp	考试期间的时间、题量等必要信息
Stprocess.asp	试题评分处理程序，先将答案写入表 tbanswer，后由 Stevalue 删除
Stevalue.asp	给出考试试题、计算成绩、显示评分成绩等
Tcritfrm.asp	教师进入题库框架，目录框架调用 Tleftfrm.asp，显示各种功能的超链接；主框架调用欢迎界面 Mwelcom.asp
Tleftfrm.asp	教师进入考试系统后显示的目录框架，提供功能选项
Mwelcom.asp	教师进入“在线考试系统”的欢迎界面
Tseekinfo.asp	查询学生已考科目、成绩、授课教师等，访问表：score 和 teacherinfo
Taddsub.asp	教师进入题库新增或更改考试科目，操作对象是表 subinfo
Taddstinfo.asp	教师编辑学生信息，修改、添加或删除表 studentinfo 内的数据
Tmodisub.asp	调用 Tmodiques.asp 修改试题内容或修改课程科目，调用 Taddques.asp 添加考试试题
Tseekst.asp	查询学生姓名、成绩、名次等，访问表：score 和 studentinfo
Taddques.asp	教师向试题库内添加新试题，写入数据库表 question
Tmodiques.asp	教师修改试题库中的试题，即修改数据库表 question 内的数据
Zxks.jpg	“在线考试系统”题头图片
Bg.jpg	“在线考试系统”背景图片

11.3.2 框图

图 11-6 所示为在线考试系统流程图。

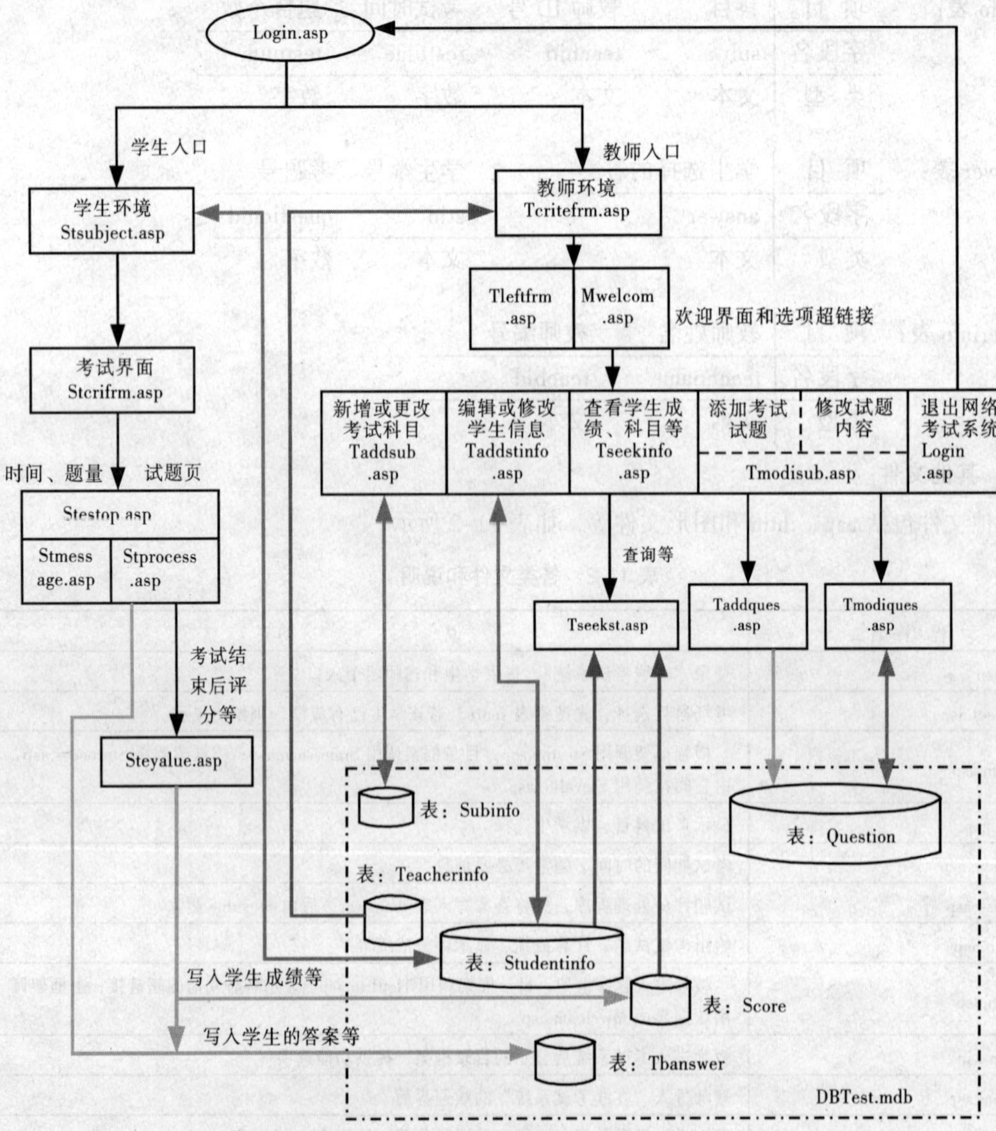

图 11-6　在线考试系统流程图

小　结

任意的一种数据库系统只要提供 ODBC 或 OLE DB 驱动程序，就能成为 Web 数据库。可以通过 ODBC 数据源管理器，查看本机所含的 ODBC 驱动程序。应从实际出发选择适用于 Web 数据库的数据库系统。“网络超市”给出了网络营销的一种简单模型，以此扩展和修饰，用户可以建立一个网络营销模块。“在线考试系统”给出了一种接近实际的、简单的在线考试系统结构，用户根据此结构编制程序。

数据的管理和数据库的应用有着广阔的前景，不管您身处何方，信息裹着数据的浪花都会冲您扑面而来，信息世界就是这样。迎上去，弄潮儿必定是您。

习　题

一、简答题

1. 怎样查看本机系统中已安装的 ODBC 驱动程序？
2. Access、SQL Server、Oracle 三者的主要特点是什么？
3. 作为企业来说，应当怎样选择数据库系统？
4. 请给出设计一个网站的流程结构图。

二、编程题

1. 仿照本章实例构建自己的网络超市。
2. 课程设计：自立主题，查阅资料，综合各章实例构建一个 Web 数据库网站（含用户和管理两个界面）。
3. 课程设计：完成“在线考试系统”，并调试运行。

附录 A HTML 参考

A.1 HTML 4.01 标识参考

注释

标　识	属　性	功　能
<!--…-->		创建注释，也可用于隐含浏览器不支持的 Script 程序

结构

标　识	属　性	功　能
<HTML>…</HTML>		插入全部 HTML 文档内容
	VERSION	常量
<HEAD>…</HEAD>		插入 HTML 文档头标部分
	PROFILE	标识的命令词典
<BODY>…</BODY>		插入 HTML 文档正文部分
	ONLOAD	文档被加载
	ONUNLOAD	移除所有文档
	BACKGROUND	页面背景图像（链接 URL）
	BGCOLOR	页面背景颜色
	TEXT	文本文字颜色
	LINK	未被访问过的文本链接颜色
	VLINK	已访问过的文本链接颜色
	ALINK	文本链接被点击时的颜色
<BASE>		设置基准 URL，用以扩展相对 URL，在头标部分使用
	HREF	基准 URL
<LINK>		表达与其他文档的关系信息
	CHARSET	所链接资源的字符编码
	HREFLANG	语言代码
	TYPE	咨询内容形式

续表

标　识	属　性	功　　能
	MEDIA	在哪些媒介上显示
	TARGET	在哪一个框架中显示
	HREF	链接资源的URL
	REL	正向链接类型
	REV	反向链接类型
<META>		用以声明关于文档的一些属性，在头标部分使用
	SCHEME	选择内容的表单
	NAME	如果Meta的数据以“关键字/属性值对”形式使用，NAME定义属性值
	CONTENT	如果Meta的数据以“关键字/属性值对”形式使用，CONTENT定义属性值
	HTTP-EQUIV	用以替代NAME属性，HTTP服务器使用该属性收集HTTP消息头消息

头标和标题

标　识	属　性	功　　能
<H1>…</H1>		第一级头标
<H2>…</H2>		第二级头标
<H3>…</H3>		第三级头标
<H4>…</H4>		第四级头标
<H5>…</H5>		第五级头标
<H6>…</H6>		第六级头标
	ALIGN	标题文本等的对齐方式，以上标识均有该属性
<TITLE>…</TITLE>		设定HTML文档标题，在头标部分使用

段落和区域

标　识	属　性	功　　能
<P>…</P>		定义段落
	ALIGN	段落文本对齐方式，取值为left、center或right
<DIV>…</DIV>		定义文档内容块
	ALIGN	内容块对齐方式，取值为left、center或right
<SPAN>…</SPAN>		定义段落内内容块
<HR>		水平分界尺
	SIZE	分界尺高度
	WIDTH	分界尺宽度
	ALIGN	水平线的对齐位置
	NOSHADE	水平线是否有阴影
 		强行中断当前文本行
	CLEAR	控制文字的排列

链接

标　识	属　性	功　　能
<A>...</A>		锚
	HREF	指定 Web 资源地址，定义“源”锚与 HREF 属性指定的“目的”锚之间的链接
	NAME	锚名，在当前文档中必须中唯一的，用做另一链接的“目的”锚
	REL	HREF 属性指定的锚与当前文档的关系
	REV	当前文档与 HREF 属性指定锚的反向链接关系
	TARGET	定义链接文档显示的表单
	ACCESSKEY	访问键
	TABINDEX	定义移动顺序中的序号
	CHARSET	所链接资源的字符编码
	COORDS	与客户端图像映射一起使用
	ONBLUR	元素失去焦点
	ONFOCUS	元素获得焦点
	SHAPE	与客户端图像映射一起使用
	TYPE	咨询内容形式
	HREFLANG	语言代码

字符格式

标　识	属　性	功　　能
<EM>...</EM>		强调（通常用斜体）
<STRONG>...</STRONG>		着重强调（通常用黑体）
<CODE>...</CODE>		代码
<KBD>...</KBD>		用户输入
<VAR>...</VAR>		变量
<SAMP>...</SAMP>		程序的示例输出
<DFN>...</DFN>		术语定义
<CITE>...</CITE>		引用
<ABBR>...</ABBR>		缩写
<ACRONYM>...</ACRONYM>		字头缩写
<BLOCKQUOTE>...</BLOCKQUOTE>		长引用
<Q>...</Q>		短内联引用
<B>...</B>		黑体
<I>...</I>		斜体
<BIG>...</BIG>		“大”字体
<SMALL>...</SMALL>		“小”字体
<TT>...</TT>		等宽字体（电传打字机字体）
<STRIKE>...</STRIKE>		给文本加删除线

续表

标　　识	属　　性	功　　能
<U>…</U>		给文本加下画线
_…		下标
[…]		上标
<PRE>…</PRE>		预格式文本

字体

标　　识	属　　性	功　　能
<FONT>…</FONT>		改变字体
	SIZE	字体尺寸
	COLOR	文字颜色
	FACE	字体名称
<BASEFONT>		基准字体
	SIZE	字体尺寸
	COLOR	文字颜色
	FACE	用逗号分隔的一组字体名称列表

列表

标　　识	属　　性	功　　能
<OL>…</OL>		有序列表
	TYPE	列表标识的数字类型，取值为 1、a、A、i 或 I
	START	第一个列表项的起始值
	COMPACT	交互减少的空间
<UL>…</UL>		无序列表
	COMPACT	交互减少的空间
	TYPE	列表项加重符号式样，取值为 disc、square 或 circle
<MENU>…</MENU>		菜单列表
	COMPACT	交互减少的空间
<DIR>…</DIR>		目录列表
	COMPACT	交互减少的空间
<LI>…</LI>		列表项
	COMPACT	交互减少的空间
	TYPE	列表项加重符号式样或数字类型
	VALUE	设定当前列表项的值
<DL>…</DL>		定义列表
<DT>…</DT>		定义术语，作为定义列表的一部分
<DD>…</DD>		定义术语的相关定义，作为定义列表的一部分

图像、声音和嵌入对象

标　识	属　性	功　能
<IMG>		在页面中嵌入图像
	NAME	Script 所指定的图片的名称
	SRC	图像的 URL
	ALT	图像的替换文本
	WIDTH	图像宽度，以像素表示。如果宽度不是实际宽度，图像按比例进行缩放
	HEIGHT	图像高度，以像素表示。如果高度不是实际高度，图像按比例进行缩放
	ALIGN	指定图像的水平或垂直对齐方式
	VSPACE	垂直方向空白间隔
	HSPACE	水平方向空白间隔
	BORDER	图像周围边框宽度
	ISMAP	指定该图像用于服务器端图像映射
	USEMAP	指定客户端图像映射名称
<SCRIPT>...		插入脚本语句
</SCRIPT>		
	CHARSET	所链接资源的字符编码
	DEFER	浏览器可能推迟执行 Script 程序
	LANGUAGE	预定义 Script 所使用的语言名称
	SRC	外部脚本的 URL
	TYPE	指定脚本语言
<NOSCRIPT>...		不支持脚本的浏览器使用的替换内容
</NOSCRIPT>		
<OBJECT>...		在页面中嵌入一般对象
</OBJECT>		
	ALIGN	水平或垂直对齐方式
	HSPACE	水平分隔空间
	VSPACE	垂直分隔空间
	NAME	作为表单的一部分提交
	STANDBY	在加载对象过程中显示的信息
	USEMAP	使用客户端图像映射
	WIDTH	覆盖宽度
	HEIGHT	覆盖高度
	BORDER	链接的边框宽度
	CODETYPE	代码的内容形式
	ARCHIVE	用空格各分隔的一组 URL 列表
	DECLEARE	声明不示例标注
	CODEBASE	基准 URL

续表

标识	属性	功能
	DATA	对象数据的引用
	TYPE	数据内容类型
	CLASSID	用以标识一个类号
	TABINDEX	定义移动顺序中的序号
<APPLET>…</APPLET>		在页面中嵌入Java小应用程序
	ALIGN	水平或垂直对齐方式
	ALT	简短描述语句
	ARCHIVE	用空格各分隔的一组URL列表
	CODE	类文件名称
	CODEBASE	applet的基准URL
	HSPACE	水平分隔空间
	VSPACE	垂直分隔空间
	NAME	允许applet能够彼此找到
	OBJECT	系列化的applet文件
	WIDTH	applet程序显示区域的初始宽度，以像素为单位
	HEIGHT	applet程序显示区域的初始高度，以像素为单位
<PARAM>		定义一对属性名称/属性值，通常在标识<APPLET>和<OBJECT>中使用
	NAME	属性名称
	TYPE	valuetype=ref时的数据类型
<MAP>…</MAP>		客户端图像映射
	NAME	usemap的参考
<AREA>		客户端图像映射区域
	ACCESSKEY	快捷键字符
	ALT	简短描述语句
	ONBLUR	元素失去焦点
	ONFOCUS	元素获得焦点
	TABINDEX	遍历顺序的位置
	TARGET	在哪一个框架中显示
	SHAPE	映射区域形状，取值为default、rect、circle和poly
	COORDS	映射区域坐标
	HREF	指定与该映射区域相连的URL
	NOHREF	指定该映射区域没有相应链接

表单

标识	属性	功能
<FORM>…</FORM>		交互式表单
	ACCEPT-CHARSET	可以被支持的字符解码列表

续表

标　识	属　性	功　能
	ACCEPT	文件上传 MIME 格式的列表
	ACTION	处理本表单信息的服务器端程序地址
	ONRESET	表单被重置
	ONSUBMIT	提交表单
	METHOD	表单提交方式，取值为 GET 或 POST
	ENCTYPE	表单数据编码方式，通常为/x-www-form-urlencoded
	NAME	表单名称
	TARGET	显示结果的表单
<INPUT>		输入表单控件
	ALT	简短描述语句
	ISMAP	使用服务器端图像映射
	ONBLUR	元素失去焦点
	ONCHANGE	元素的值改变
	ONFOCUS	元素获得焦点
	ONSELECT	选择一些文字
	SRC	表单区域的图片
	USEMAP	使用客户端图像映射
	TYPE	控件类型，允许的取值为 text、password、checkbox、radio、submit、reset、file、hidden、image、button
	NAME	控件名称
	VALUE	控件初始值
	SIZE	控件初始宽度
	MAXLENGTH	文本框的最大允许输入字符数
	CHECKED	设定复选框或单选框被选中
	READONLY	设置控件为只读
	DISABLED	设置控件被禁止
	ACCESSKEY	访问键
	TABINDEX	定义移动顺序中的序号
<TEXTAREA>...		多行文本域
</TEXTAREA>		
	ACCESSKEY	访问键
	DISABLED	不可用的项目
	NAME	独一无二的标识
	ONBLUR	元素失去焦点
	ONCHANGE	元素的值改变
	ONFOCUS	元素获得焦点

续表

标 识	属 性	功 能
	ONSELECT	选择一些文字
	READONLY	多行输入框只读属性
	TABINDEX	遍历顺序的位置
	ROW	可见文本行数
	COLS	可见宽度，以平均字符为宽度为单位
<SELECT>…</SELECT>		菜单类控件
	DISABLED	不可用的项目
	NAME	表单区域名称
	ONBLUR	元素失去焦点
	ONCHANGE	元素的值改变
	ONFOCUS	元素获得焦点
	TABINDEX	遍历顺序的位置
	SIZE	指定滚动式列表框的可见行数
	MULTIPLE	允许多重选择
<OPTION>…</OPTION>		菜单类控件中的可选项，在标识<SELECT>中使用
	DISABLED	不可用的项目
	LABEL	用于分层目录结构的菜单
	SELECTED	选项是否被事先选中
	VALUE	控件初始值
<LABEL>…</LABEL>		控件标签
	ACCESSKEY	快捷键字符
	FOR	匹配表单区域 ID 值
	ONBLUR	元素失去焦点
	ONFOCUS	元素获得焦点
<BUTTON>…</BUTTON>		按钮
	ACCESSKEY	快捷键字符
	DISABLED	不可用的项目
	NAME	独一无二的标识
	ONBLUR	元素失去焦点
	ONFOCUS	元素获得焦点
	TABINDEX	遍历顺序的位置
	TYPE	按钮类型，取值为 submit、reset 或 button

续表

标　　识	属　　性	功　　　　能
	VALUE	控件初始值
<FIELDSET>...		表单控件组
</FIELDSET>		
<LEGEND>...		表单控件组的标题，在标识<FIELDSET>中使用
</LEGEND>		
	ALIGN	标题显示的位置，取值为 left、center 或 right

表格

标　　识	属　　性	功　　　　能
<TABLE>...		表格
</TABLE>		
	ALIGN	相对于窗口而言的表格对齐位置
	BGCOLOR	表格的背景颜色
	WIDTH	表格宽度
	BORDER	表格边框宽度，以像素为单位
	FRAME	表格外边框样式，允许的取值为 void、above、below、hsides、lhs、rhs、vsides、box、border
	BULES	表格内部分隔线样式，允许的取值为 none、groups、rows、cols、all
	CELLSPACING	表格单元之间的空白间隔
	CELLPADDING	表格单元中内容的周边空间大小
<CAPTION>...		表格标题
</CAPTION>		
	ALIGN	相对表格而言的对齐方式
<TR>...</TR>		表行
	ALIGN	相对表格而言的对齐方式
	BGCOLOR	表格行的背景颜色
	CHAR	对齐字符
	CHAROFF	字符对齐的偏移
	VALIGN	单元格内的垂直对齐方式
<TD>...</TD>		表格单元
	ALIGN	相对表格而言的对齐方式
	ABBR	标题单元格的缩写形式
	AXSI	用逗号分隔的一组相关标题列表
	BGCOLOR	表格行的背景颜色
	CHAR	对齐字符
	CHAROFF	字符对齐的偏移
	COLSPAN	表格单元占据的列数
	ROWSPAN	表格单元占据的行数
	HEADERS	标题单元格的一组 ID 列表

续表

标　识	属　性	功　能
	HEIGHT	单元格高度
	WIDTH	单元格宽度
	NOWRAP	单词是否换行
	SCOPE	标题单元格所覆盖的范围
	VALIGN	单元格内的垂直对齐方式
<TH>…</TH>		表头单元
	属性同<TD>	
<THEAD>…		表格的题头部分
</THEAD>		
	ALIGN	相对表格而言的对齐方式
	CHAR	对齐字符
	CHAROFF	字符对齐的偏移
	VALIGN	单元格内的垂直对齐方式
<TFOOT>…		表格的脚注部分
</TFOOT>		
	属性同<THEAD>	
<TBODY>…		表格的正文部分
</TBODY>		
	属性同<THEAD>	
<COL>		表列
	ALIGN	相对表格而言的对齐方式
	CHAR	对齐字符
	CHAROFF	字符对齐的偏移
	SPAN	标识<COL>的属性影响的列数
	VALIGN	单元格内的垂直对齐方式
<COLGROUP>…		表格列组
</COLGROUP>		
	属性同<THEAD>	

框架

标　识	属　性	功　能
<FRAMESET>…		描述框架的布局
</FRAMESET>		
	COLS	垂直方向框架的布局
	ROWS	水平方向框架的布局
	ONLOAD	所有框架都被加载
	UNONLOAD	移除所有的框架
<FRAM>		框架
	LONGDESC	通向长文字的链接（作用于title）

续表

标　识	属　性	功　能
	NAME	框架的名称
	SRC	框架中显示的初始文档地址
	FRAMEBORDER	是否显示框架的边框，取值为 1 表示显示边框，取值为 0 则表示隐藏边框
	MARGINWIDTH	框架的左右边距，以像素为单位
	MARGINHEIGHT	框架的上下边距，以像素为单位
	NORESIZE	框架的大小固定
	SCROLLING	指定框架中滚动条显示方式，取值为 yes、no 或 auto
<NOFRAMES>…		不支持框架的浏览器使用的替换内容
</NOFRAMES>		
<IFRAME>…</IFRAME>	同<FRAM>，但不能改变其大小	内联框架

样式表单

标　识	属　性	功　能
<STYLE>...</STYLE>		嵌入式样式表单，一般在头标部分使用
	TYPE	样式表单语言
	MEDIA	为何种媒体所设计

A.2 X11 颜色名参考

颜色值可以是名字（如 Red、Green 等），也可以是十六进制值（如＃FF0000、＃00FF00 等）。把颜色值赋给规定的属性，可以设置文档相应内容的不同颜色。下表中带有*号者是我们常用的 16 种颜色，文档中不可以使用其他没有定义的颜色名。使用颜色名有时并不一定很理想，而如果使用十六进制值定义，则没有这种限制。

X11 名称	十六进制	X11 名称	十六进制	X11 名称	十六进制
AliceBlue	#F0F8FF	AntiqueWhite	#FAEBD7	*Aqua	#00FFFF
Aquamarine	#7FFFD4	Azure	#F0FFFF	Beige	#F5F5DC
Bisque	#FFE4C4	*Black	#000000	BlanchedAlmond	#FFEBCD
*Blue	#0000FF	BlueViolet	#8A2BE2	Brown	#A52A2A
BurlyWood	#DEB887	CadetBlue	#5F9EA0	Chartreuse	#7FFF00
Chocolate	#D2691E	Coral	#FF7F50	CornFlowerBlue	#6495ED
Cornsilk	#FFF8DC	Crimson	#DC143C	Cyan	#00FFFF
DarkBlue	#00008B	DarkCyan	#008B8B	DarkGoldenrod	#B8860B
DarkGray	#A9A9A9	DarkGreen	#006400	DarkKhaki	#BDB76B
DarkMagenta	#8B008B	DarkOliveGreen	#556B2F	DarkOrange	#FF8C00
DarkOrchid	#9932CC	DarkRed	#8B0000	DarkSalmon	#E9967A
DarkSeaGreen	#8FBC8F	DarkSlateBlue	#483D8B	DarkSlateGray	#2F4F4F
DarkTurquoise	#00CED1	DarkViolet	#9400D3	DeepPink	#FF1493
DeepSkyBlue	#00BFFF	DimGray	#696969	DodgerBlue	#1E90FF

续表

X11 名称	十六进制	X11 名称	十六进制	X11 名称	十六进制
FireBrick	#B22222	FloralWhite	#FFFAF0	ForestGreen	#228B22
*Fuchsia	#FF00FF	Gainsboro	#DCDCDC	GhostWhite	#F8F8FF
Gold	#FFD700	Goldenrod	#DAA520	*Gray	#808080
*Green	#008000	GreenYellow	#ADFF2F	Honeydew	#F0FFF0
HotPink	#FF69B4	IndianRed	#CD5C5C	Indigo	#4B0082
Ivory	#FFFFF0	Khaki	#F0E68C	Lavender	#E6E6FA
LavenderBlush	#FFF0F5	LawnGreen	#7CFC00	LemonChiffon	#FFFACD
LightBlue	#ADD8E6	LightCoral	#F08080	LightCyan	#E0FFFF
LightGoldenrodYellow	#FAFAD2	LightGreen	#90EE90	LightGrey	#D3D3D3
LightPink	#FFB6C1	LightSalmon	#FFA07A	LightSeaGreen	#20B2AA
LightSkyBlue	#87CEFA	LightSlateGray	#778899	LightSteelBlue	#B0C4DE
LightYellow	#FFFFE0	*Lime	#00FF00	LimeGreen	#32CD32
Linen	#FAF0E6	Magenta	#FF00FF	*Maroon	#800000
MediumAquamarine	#66CDAA	MediumBlue	#0000CD	MediumOrchid	#BA55D3
MediumPurple	#9370DB	MediumSeaGreen	#3CB371	MediumSlateBule	#7B68EE
MediumSpringGreen	#00FA9A	MediumTurquoise	#48D1CC	MediumVioletRed	#C71585
MidnightBlue	#191970	MintCream	#F5FFFA	MistyRose	#FFE4E1
Moccasin	#FFE4B5	NavajoWhite	#FFDEAD	*Navy	#000080
OldLace	#FDF5E6	*Olive	#808000	OlivDrab	#6B8E23
Orange	#FFA500	OrangeRed	#FF4500	Orchid	#DA70D6
PaleGoldenrod	#EEE8AA	PaleGreen	#98FB98	PaleTurquoise	#AFEEEE
PaleVioletRed	#DB7093	PapayaWhip	#FFEFD5	PeachPuff	#FFDAB9
Peru	#CD853F	Pink	#FFC0CB	Plum	#DDA0DD
PowderBlue	#B0E0E6	*Purple	#800080	*Red	#FF0000
RosyBrown	#BC8F8F	RoyalBlue	#4169E1	SaddleBrown	#8B4513
Salmon	#FA8072	SandyBrown	#F4A460	SeaGreen	#2E8B57
Seashell	#FFF5EE	Sienna	#A0522D	*Silver	#C0C0C0
SkyBlue	#87CEEB	SlateBlue	#6A5ACD	SlateGray	#708090
Snow	#FFFAFA	SpringGreen	#00FF7F	SteelBlue	#4682B4
Tan	#D2B48C	*Teal	#008080	Thistle	#D8BFD8
Tomato	#FF6347	Turquoise	#40E0D0	Violet	#EE82EE
Wheat	#F5DEB3	*White	#FFFFFF	WhiteSmoke	#F5F5F5
*Yellow	#FFFF00	YellowGreen	#9ACD32		

A.3 常用字符的数字代码参考

字　符	数字代码	名称代码（如果存在）	描　述	备　注
			水平制表（tab）	
	行进给（feed）	
!	!		感叹号	

续表

字　符	数字代码	名称代码（如果存在）	描　述	备　注
“	"	"	双引号	
#	#		数字符号	
$	$		美元符号	
%	%		百分号	
&	&	&	与符号	
‘	'		单引号	
(	(		左括号	
)	)		右括号	
*	*		星号	
+	+		加号	
,	,		逗号	
–	-		连接号	
.	.		点（句号）	
/	/		分号（除号）	
0~9	0~9		数字 0~9	
:	:		冒号	
;	;		分号	
<	<	<	小于号	
=	=		等于号	
>	>	>	大于号	
?	?		问号	
@	@		E-mail 中的“at”	
A~Z	A~Z		字母 A~Z	
[	[		左方括号	
\	\		反分号（backslash）	
]	]		右方括号	
—	_		水平线（bar）	
a~z	a~z		字母 a~z	
{	{		左大括号	
|				垂直线	
}	}		右大括号	
			空格	可连续使用
¦	¦	¦或&brkbar;	垂直分隔符	
©	©	©	版权符号	
®	®	®	注册符号	
°	°	°	度符号	
±	±	±	加减符号	
	²	²	上标 2	
·	·	·	中点	
	½	½	分号二分之一	

附录 B 内置组件 FileAccess

表 B-1　FileSystemObject 对象的属性

属　性	说　明
Drives	返回可被本地机使用的 Drive 对象的集合，包括该机映射的网络驱动器

表 B-2　FileSystemObject 对象的方法

方　法	说　明
Buildpath (path,name)	将文件夹或文件 name 加到 path 后面，必要时会自动修正路径符号(\),若在虚拟服务器下 objFSO.BuildPath (Server.Mappath("\My"),"My.asp")会返回 c:\inetpub\wwwroot\My\My.asp
CopyFile (source, destination, overwrite)	将 source 指定的文件复制到 destination，若 destination 已有同名文件，且 overwrite 的值为 True（默认值为 True），表示将其覆盖；若取 False 值，则出错
CopyFolder (source, destination, overwrite)	将 source 指定的文件夹及内容复制到 destination，若 destination 已有同名文件夹，且 overwrite 的值为 True（默认值），表示仅复制新内容；若取 False 值，则出错
CreateFolder (foldername)	创建 foldername 文件夹，若 foldername 已存在，则出错
CreateTextFile (filename, overwrite, unicode)	建立一个名称为 Filename 的文本文件，并返回一个 TextStream 对象实例（TextStream 对象可视为 FileSystemObject 对象的子对象）；overwrite 为布尔值，若值为 True，表示可覆盖，否则为不可覆盖：unicode 为布尔值，若值为 True，表示为 Unicode 文本文件，否则为 ASCII 文本文件；overwrite 和 unicode 的默认值均为 False。
DeleteFile (path,force)	删除 path 指定的文件，force 为布尔值，若值为 True，表示删除只读文件；force 的默认值为 False（不删除只读文件），文件名可以采用通配符
DeleteFolder (path,force)	删除 path 指定的文件夹，force 为布尔值，若值为 True，表示删除只读文件夹；force 的默认值为 False（不删除只读文件），可以采用通配符
DriveExists(path)	逻辑值，若 path 指定的磁盘存在，返回 True，否则返回 False
FileExists(path)	逻辑值，若 path 指定的文件存在，返回 True，否则返回 False
FolderExists(path)	逻辑值，若 path 指定的文件夹存在，返回 True，否则返回 False
GetDrive(path)	返回包含 path 的磁盘，返回值为一个 Drive 对象实例（Drive 对象可视为 FileSystemObject 对象的子对象）
GetDriveName(path)	返回包含 path 的磁盘名称，返回值为一个字符串

续表

方　法	说　　明
GetExtensionName(path)	返回 path 指定之文件的扩展名，返回值为一个字符串
GetFile(path)	返回 path 指定的文件,返回值为一个 File 对象实例(File 对象可视为 FileSystemObject 对象的子对象）。
GetFileName(path)	返回 path 指定路径和文件名的名称部分，若无，则返回最后一个文件夹，并不检查该文件夹和文件是否存在
GetFolder(path)	返回 path 指定的文件夹，返回值为一个 Folder 对象实例（Folder 对象可视为 FileSystemObject 对象的子对象）
GetParentFolderName(path)	返回 path 的父文件夹名称，不检查该文件夹是否存在
GetSpecialFolder(name)	返回特殊文件夹名称，name 可以是 WindowsFolder、SystemFolder 或 TemporaryFolder，分别代表 Windows 文件夹、系统文件夹及存放临时文件的文件夹
GetTempName()	返回一个随机产生的文件夹或文件，用于完成运算所需的文件或文件夹
MoveFile(source,destination)	将 source 指定的文件移动到 destination 中，source 参数可以使用通配符，若 destination 已经存在，则显示出错信息
MoveFolder(source,destination)	将 source 指定的文件夹移动到 destination 中，source 参数可以使用通配符，若 destination 已经存在，则显示出错信息
OpenTextFile (filename,iomode,create,format)	打开 filename 指定的文本文件，并返回一个 TextStream 对象实例；iomode 为文本文件的打开方式，1 表示只读，2 表示可写，8 表示附加到后面；create 表示当文本文件不存在时，是否要加以建立；format 为文本文件的格式，-1 表示 Unicode 文本文件，0 表示 ASCII 文本文件，-2 表示采用系统默认值

表 B-3　Folder 对象的属性

属　性	说　　明
Attributes	设置或返回文件夹的属性（例如只读、隐藏、保存等）
DateCreated	返回文件夹的创建日期，只读
DateLastAccessed	返回文件夹最后一次的存取日期和时间，只读
DateLastModified	返回文件夹最后一次的修改日期和时间，只读
Drive	返回文件夹所在磁盘驱动器的盘符，只读
Files	返回包含 File 对象的 Files 集合，表示该文件夹内的所有的文件
IsRootFolder	若文件夹为磁盘的根目录，返回 True，否则返回 False
Name	设置或返回文件夹的名称
ParentFolder	返回当前文件夹的父文件夹（返回值为 Folder 对象实例）
Path	返回文件夹的绝对路径（包含文件夹的名称）
ShortName	返回 DOS 风格 8.3 形式的文件夹名称
ShortPath	返回 DOS 风格 8.3 形式的文件夹绝对路径
Size	返回文件夹的大小（以字节为单位，包含所有文件及子文件夹）
SubFolders	返回一个 Folders 集合，由包含在文件夹内每个 Folder 对象实例所组成，包含隐含和系统文件夹
Type	返回文件夹的类型

表 B-4　Folder 对象的方法

方　法	说　明
Copy(destination, overwrite)	将文件夹及所有内容复制到 destination，若 destination 已有同名文件夹，且 overwrite 的值为 False，将产生错误，默认值为 True
Delete(force)	删除文件夹及内部所有文件，若 force 的值为 True，表示可删除只读文件夹，默认值为 False
Move(destination)	将文件夹及内部所有文件移动到 destination，若 destination 已有同名文件夹，则出错
CreatetextFile (filename, overwrite, unicode)	建立一个名称为 filename 的文本文件，并返回一个 TextStream 对象实例；若 overwrite 值为 True，表示可覆盖任何已有同名文件，否则为不可覆盖；unicode 为布尔值，若值为 True，表示为 Unicode 文本文件，否则为 ASCII 文本文件；overwrite 和 unicode 的默认值均为 False

表 B-5　File 对象的属性

属　性	说　明
Attributes	设置或返回文件的属性（例如只读、隐藏、保存等）
DateCreated	返回文件的建立日期，只读
DateLastAccessed	返回文件最近一次的存取日期与时间，只读
DateLastModified	返回文件最近一次的修改日期与时间，只读
Drive	返回文件所在的磁盘驱动器的盘符，只读
Name	设置或返回文件的名称
ParentFolder	返回文件的父文件夹（返回值为 Folder 对象实例）
Path	返回文件的路径（包含文件名）
ShortName	返回 DOS 风格的“8.3”形式文件名，以适用于不支持长文件名的环境
ShortPath	返回 DOS 风格的“8.3”形式文件绝对路径
Size	返回文件的大小（以字节为单位）
Type	返回文件的类型，例如.asp 文件的类型为 Active Server Document

表 B-6　File 对象的方法

方　法	说　明
Copy(destination, overwrite)	将文件复制到 destination，若 destination 已有同名文件，且 overwrite 的值为 True，表示将同名文件覆盖，否则不覆盖
Delete(force)	删除文件，force 的值可为 True 或 False，分别表示删除或不删除只读文件
Move(destination)	将文件移动到 destination
OpenAsTextStream(iomode,format)	返回代表文件的 TextStream 对象实例（TextStream 对象可视为对象 FileSystemObject 的子对象）；为文件 iomode 的打开方式，1 表示只读，2 表示可写，3 表示附加到后面；format 为文件的格式，-1 表示 Unicode 文本文件，0 表示 ASCII 文本文件，-2 表示采用系统默认值

表 B-7　Drive 对象的属性

属　性	说　明
AvailableSpace	返回磁盘的可用空间
DriveLetter	返回磁盘驱动器盘符，若没有的话，则返回空字符串（“”）
DriveType	返回磁盘类型（如本机磁盘、网络磁盘、CD-ROM 等）

表 B-8 Drive 对象的方法

方法	说明
FileSystem	返回磁盘的文件系统（如 FAT32、NTFS 等）
FreeSpace	返回磁盘的剩余空间
IsReady	布尔值，若返回值为 True，表示磁盘已准备好
Path	返回磁盘的路径
RootFolder	返回包含 Web 根目录的 Folder 对象实例
SerialNumber	返回磁盘卷标的序列号
ShareName	返回网络磁盘的共享名称，若非网络磁盘，则返回空字符串（“”）
TotalSize	返回磁盘的容量
VolumeName	设定或返回磁盘驱动器的卷名

表 B-9 TextStream 对象的属性

属性	说明
AtEndOfLine	若文件位置指针位于文件中某一行的末尾则返回 True
AtEndOfStream	若文件位置指针位于文件的末尾则返回 True
Column	返回文件位置指针位于文件的第几列
Line	返回文件位置指针位于文件的第几行

表 B-10 TextStream 对象的方法

方法	说明
Close()	关闭一个打开的文件
Read(numchars)	从文件指针的位置读出 numchars 个字符，存放至字符串
ReadAll()	作为单个字符串，读取整个文件
ReadLine()	从文件指针的位置读取一行，存放至字符串
Skip(numchars)	读取文件时跳过 numchars 个字符
SkipLine()	读取文件时跳过一行
Write(string)	向文件写入字符串 string
WriteLine(string)	向文件写入字符串 string（可选）和换行符（vbCrLf）
WriteBlankLines(n)	向文件写入 *n* 个换行字符（vbCrLf）

附录 C ASP 对象模型参考

表 C-1 Request 对象的集合

集　　合	说　　明
ClientCertificate	向服务器表明身份的客户证书中的所有字段或条目的数值集合，每个成员均是只读
Cookies	用户发出的所有 Cookie 值的集合，这些 Cookie 值仅对相应的域有效，每个成员均是只读
Form	Method 属性值为 POST 时，作为请求提交<FORM>中的 HTML 控件单元（如窗体）的值，每个成员均是只读
QueryString	Method 属性值为 GET（或缺省）时，作为请求提交<FORM>中所有 HTML 控件单元（如表单）的值，每个成员均是只读
ServerVariables	Web 服务器端集中环境变量的值，每个成员均是只读

表 C-2 Request 对象的属性

属　　性	说　　明
TotalBytes	返回由客户端所发出的请求整字节数量，只读

表 C-3 Request 对象的方法

方　　法	说　　明
BinaryRead(count)	当数据作为 POST 请求的一部分发往服务器时，从客户请求中获得 count 字节的数据，返回一个 Variant 数组（或 SafeArray）。若 ASP 代码已引用 Request.Form 集合，本方法则不能用。同样，若用了 BinaryRead 集合，则不能访问 Request.Form 集合

表 C-4 Response 对象的集合

集　　合	说　　明
Cookies	当前响应中，回送客户端的所有 Cookie 值，只写

设置 Cookie 应用的域、路径及有效期：

```
Response.Cookies("item-name").Domain="Domain-URL"
Response.Cookies("item-name").Path="Virtual-Path"
Response.Cookies("item-name").Expires= #Date#
```

表 C-5 Response 对象的属性

属　　性	说　　明
Buffer=True|False	布尔型，设置是否启用缓冲处理，读/写。在.asp 文件中，该设置值应放在<%@ Language= ... %>语句后的第一行。ASP 3.0 默认值为 True（开），早期版本中默认值为 False（关）

续表

属　性	说　明
CacheControl"setting"	字符型，设置属性为“Public”时，允许代理服务器缓存页面；属性为“Private”则禁止代理服务器缓存的发生。读/写
Charset="value"	字符型，在由服务器为每个响应创建的 HTTP Content-Type 报头重负上所有的字符集名称（如 ISO-LATIN-7）。读/写
Content Type="MIME-type"	字符型，设置响应的 HTTP 内容类型，标准的 MIME 类型（如 text/xml 或 Image/gif）。若省略，表示使用 MIME 类型“text/ html”。内容类型告诉浏览器所期望内容的类型。读/写
Expires minutes	数值型，指明页面的有效期时间（单位：min）。读/写
Expires Absolute#date[time]#	日期/时间型，设置当一个页面过期和不再有效的绝对日期和时间。读/写
IsClientConnected	布尔型，返回客户端是否仍和服务器端相连的状态标志。读/写
PICS("PICS-Label-string")	字符型，建立一个 PICS（Platform for Internet Content System）报头并将其加到响应中的 HTTP 报头中，PICS 报头定义页面内容中的词汇等级，如暴力、不良语言等。只写
Status="Code message"	字符型，设置回送客户端响应的 HTTP 报头中表明错误或页面处理是否成功的状态值和信息。例如：“200 OK”或“404 Not Found”

表 C-6　Response 对象的方法

方　法	说　明
AddHead("name","content")	将自定义的 HTTP 报头信息加入到所输出的网页中。不能替换现有相同名称的报头，一旦已经增加了一个报头就不能被删除。本方法必须在任何页面内容（即 text 和 HTML）被发往客户端前使用
AppendToLog("string")	响应用户的请求，在 Web 服务器的日志文件上增加一个条目
BinaryWrite(SafeArray)	将 Variant 类型的 SafeArray 写入 HTTP 输出，而不做任何字符转换。主要用于将二进制数据写入客户端，常用来处理非文字数据，如多媒体文件
Clear	当 Response.Buffer 为 True 时，清除所有存放在缓冲区内而尚未传送至浏览器的输出
End	当 Response.Buffer 为 True 时，让 ASP 结束处理脚本，并将所有现存的缓冲页面传送至客户端
Flush	当 Response.Buffer 为 True 时，发送缓冲区中所有当前页给客户端并清空缓冲区
Redirect("url")	指定浏览器重定向（链接）至 url 给出的页面地址
Write("string")	将指定的字符 string 写入 HTTP 输出，使其成为返回页面的一部分

注：什么是 HTTP 报头（HTTP header）？浏览器向服务器发出要求时，并不只是将所要求网页的 URL 传送给服务器，还会把自身的浏览器类型、版本等信息一起发过去，这些信息称为 Request Header；与之相同，当服务器响应浏览器的要求时，并不只是将 HTML 文件回送浏览器，还会将 HTML 文件的大小，日期等信息一起送过去，这些信息称为 Response Header。Request Header 和 Response Header 统称 HTTP Header（报头）。

表 C-7　Application 对象的集合

集　合	说　明
Contents	没有使用<OBJECT>元素定义的存储于 Application 对象中的所有变量和其值的集合。包括 Variant 数组和 Variant 类型对象实例的引用
StaticObjects	使用<OBJECT>元素定义的存储于 Application 对象中的所有变量和其值的集合

注：在运行期间不能从 Application.StaticObjects 集合中删除变量

表 C-8　Application 对象的方法

方　　法	说　　明
Contents.Remove("variable_name")	从 Application.Contents 集合中删除名为 variable_name 的变量
Contents.RemoveAll()	从 Application.Contents 集合中删除所有变量
Lock()	锁定 Application 对象，使得只有当前的 ASP 页面可访问数据。用于确保允许通过两个用户同时读取和修改该值的方法而进行的并发操作不会破坏数据
Unlock()	解除在 Application 对象上的 ASP 网页锁定

表 C-9　Application 对象的事件

事　　件	说　　明
OnStart	在建立 Application 对象时产生该事件，用于初始化变量、创建对象和运行其他代码
OnEnd	在结束 Application 对象时产生该事件，释放存储在应用程序中的所有变量

表 C-10　Session 对象的集合

集　　合	说　　明
Contents	没有使用<OBJECT>元素定义的存储于特定 Session 对象中的所有变量和其值的集合。包括 Variant 数组和 Variant 类型对象实例的引用
StaticObjects	使用<OBJECT>元素定义的存储于特定 Session 对象中的所有变量和其值的集合

注：在运行期间不能从 Session.StaticObjects 集合中删除变量

表 C-11　Session 对象的属性

属　　性	说　　明
CodePage	整型，定义用于在浏览器中显示页面内容的代码页（Code Page）。读/写
LCID	整型，定义发送给浏览器的页面地区标识（LCID）。读/写
SessionID	长整型，返回会话的会话标识符，创建会话时，该标识由服务器产生。只读
Timeout	整型，为会话定义以分钟为单位的超时设置。默认值是 20min。读/写

表 C-12　Session 对象的方法

方　　法	说　　明
Contents.Remove("variable_name")	从 Session.Contents 集合中删除名为 variable_name 的变量
Contents.RemoveAll()	从 Session.Contents 集合中删除所有变量
Abandon()	完成网页执行时，结束当前用户会话并撤销当前 Session 对象

表 C-13　Session 对象的事件

事　　件	说　　明
OnStart	在建立 Session 对象时产生该事件，用于初始化变量、创建对象和运行其他代码
OnEnd	在超时或结束 Session 对象时产生该事件，释放存储在应用程序中的所有变量

表 C-14　Server 对象的属性

属　　性	说　　明
ScriptTimeout	整型，设置或返回页面的脚本在服务器退出执行和报告一个错误之前可以执行的时间（单位：s，默认值：90）。达到该值后将自动停止页面的执行，并从内存中删除包含可能进入死循环的错误页面或者是那些长时间等待其他资源的网页。它将防止服务器因存在错误的页面而过载。对于运行时间较长的页面需要增大该值

表 C-15 Server 对象的方法

方　　法	说　　明
CreateObject("identifier")	创建一个由 identifier 标识的对象（组件、应用程序或脚本对象）实例，返回可以在代码中使用的一个引用
Execute("url")	终止当前的操作，执行 url 指定的网页。用户的当前环境也传递到新网页。该网页执行完后，返回原页面，并继续执行 Execute 方法后面的语句
GetLastError("string")	返回 ASPError 对象的一个引用，该对象包含页面在 ASP 处理过程中发生的最近一次错误的详细数据。这些数据包含：文件名、行号、错误代码等
HTMLEncode("string")	返回一个字符串，该字符串是输入值 string 的复制，但是去掉了所有非法的 HTML 字符，如<、>、&和双引号，并转换为等价的名称代码，即<、>、&、"等
MapPath("url")	将 url 指定的虚拟路径转换成实际路径
Transfer("url")	终止当前页面的执行，将控制权转移至 url 指定的页面。用户的当前环境也传递到新网页。与 Execute 方法不同的是：当新页面执行完后，不返回原页面。
URLEncode("string")	返回一个字符串，该字符串是输入值 string 的复制，但是在 URL 中无效的所有字符，如?、&、和空格，都转换为等价的 URL 数字代码，即%3F、%26 和+等

附录 D ADO 2.5 对象模型

ADO 2.5 版本中新增的属性和方法用斜体列出。除非声明，否则所有属性都是读/写属性。

表 D-1 ADO 对象的名称及说明

名　称	说　明
Command	Command 对象用来定义一个命令，使用该命令可执行对数据源的操作
Connection	Connection 对象表示打开一个与数据源的连接
Error	Error 对象包含了涉及提供者的简单操作的有关数据访问错误的详细情况
Errors	Errors 集合包含了涉及提供者的响应单个错误而创建的所有 Error 对象
Field	Field 对象代表普通的数据类型内的一列数据（即一个字段）
Fields	Fields 集合包含了一个 Recordset 对象的所有 Field 对象
Parameter	Parameter 代表一个与基于参数化查询或存储过程的 Command 对象有关的参数
Parameters	Parameters 集合是包含一个 Command 对象的全部 Parameter 对象
Properties	Properties 集合是包含一个对象特定实例的所有 Property 对象
Property	Property 对象代表由提供者定义的 ADO 对象的一个动态特征
Record	Record 对象代表在文件系统或 Web 资源中的一个文件或一个目录，或记录集内的一个记录
Recordset	Recordset 对象代表一个表的全部记录或执行命令的结果。在任何时候，Recordset 对象仅指向全部记录中的一条记录，作为当前记录
Stream	Stream 对象代表文本或二进制数据流

表 D-2 Command 对象的方法、返回值类型及说明

方　法	返回值类型	说　明
Cancel		取消未完成的 Execute 或 Open 调用的执行
CreateParameter	Paramter	创建一个新的 Parameter 对象
Execute	Recordset	执行由 CommandText 属性指定的存储过程、查询或 SQL 语句

表 D-3 Command 对象的属性、返回值类型及说明

属　性	返回值类型	说　明
ActiveConnection	Variant	指明当前命令所属的 Connection 对象
CommandText	字符串型	包含要对数据库发出的命令文本

续表

属　　性	返回值类型	说　　明
CommandTimeout	长整型	指明在结束命令并产生错误之前执行命令所要等待的时间，默认值为30s
CommandType	Command TypeEnum	指明Command对象的类型
Name	字符串型	指明Command对象的名字
Parameters	Parameters	包含Command对象的所有Parameter对象
Prepared	布尔型	指出是否在执行之前保存命令的编译版本
Properties	Properties	包含Command对象的所有Property对象
State	长整型	描述Command对象是被打开还是被关闭。只读

表D-4　Connection对象的方法

方　　法	返回值类型	说　　明
BeginTrans	整型	开始一个新事务
Cancel		删除正在异步执行的Execute或Open操作
Close		关闭一个打开的连接和任何相关的对象
CommitTrans		保留任何变化并结束当前的事务
Execute	Recordset	执行SQL语句、存储过程、查询或提供者指定的文本
Open		打开一个到数据源的连接，以便命令能对其操作
OpenSchema	Recordset	从提供者获得数据库模式信息
RollbackTrans		取消当前事务的所有改变，终止事务

表D-5　Connection对象的属性

属　　性	返回值类型	说　　明
Attributes	长整型	指出Connection对象的特性个数，默认为0
CommandTimeout	长整型	指明在结束命令并产生错误之前执行命令所要等待的时间，默认值为30s
ConnectionString	字符串型	包含用于建立与数据源的连接的信息
ConnectionTimeout	长整型	指明在结束并产生错误之前建立一个连接所要等待的时间，默认值为15s
CursorLocation	CursorLocationEnum	设置或返回光标引擎的位置
DefaultDatabase	字符串型	指出Connection对象的默认数据库
Errors	Errors	包含涉及提供者的响应单个错误而创建的所有Error对象
Isolationlevel	IsolationLevelEnum	指出用于Connection对象的事务隔离级别。只写
Mode	ConnectModeEnum	指出在Connection对象中修改数据的可用权限
Properties	Properties	包括一个Connection对象的全部Property对象
Provider	字符串型	指出Connection对象的提供者
State	长整型	指出Connection对象是打开还是关闭的。只读
Version	字符串型	指出ADO的版本号。只读

表 D-6　Connection 对象的事件

事　件	说　明
BeginTransComplete	在 BeginTran 操作结束后触发
CommitTransComplete	在 CommitTrans 操作结束后触发
ConnectComplete	在连接开始后触发
Disconnect	在连接结束后触发
ExecuteComplete	在命令执行结束后触发
InfoMessage	只要成功地完成 ConnectionEvent 操作并且提供者返回了附加的信息，随时可以触发
RollbackTransComplete	在 RollbackTrans 操作结束后触发
WillConnect	在连接开始前触发
WillExecute	在一个连接上执行命令之前触发

表 D-7　Error 对象的属性

属　性	返回值类型	说　明
Description	字符型	一个与错误相关的描述字符串，只读
HelpContext	整型	指出与错误相关的帮助文件的 ContextID，只读
HelpFile	字符型	指出帮助文件的名字，只读
NativeError	长整型	指出与错误相关的提供者指定的错误代码，只读
Number	长整型	指出唯一识别 Error 对象的数字，只读
Source	字符串型	指出产生的错误的应用程序或对象的名称
SQLState	字符串型	指出给定 Error 对象的 SQL 状态，这是符合 ANSI SQL 标准的 5 个字符的字符串，只读

表 D-8　Errors 集合的方法

方　法	返回值类型	说　明
Clear		从 Errors 集合中清除所有的 Error 对象
Refresh		用提供者提供的信息更新 Error 对象，只读

表 D-9　Errors 集合的属性

属　性	返回值类型	说　明
Count	长整型	指出 Errors 集合中的 Error 对象的数目，只读
Item	Erro	允许索引到 Errors 集合内，引用一个指定的 Error 对象，只读

表 D-10　Field 对象的方法

方　法	返回值类型	说　明
AppendChunk		附加数据给大型的或者二进制的 Field 对象
GetChunk	Variant	返回一个大型的或者二进制的 Field 对象的所有或部分内容

表 D-11　Field 对象的属性

属　性	返回值类型	说　明
ActualSize	长整型	指出字段值的实际长度，只读
Attributes	长整型	指出一个 Field 对象的属性个数
DataFormat	Variant	指出要求的数据显示格式

续表

属　性	返回值类型	说　明
DefinedSize	长整型	指出Field对象定义的大小，只写
Name	字符串型	指出Field对象的名称
NumericScale	字节型	指出Field对象的数值范围，只写
OriginalValue	Variant	指出在变化前存在于记录中的Field对象的值，只读
Precision	字节型	指出Field对象的数值精度，只读
Properties	Properties	包含一个Field对象的全部Property对象，只读
Type	DataTypeEnum	指出Field对象的数据类型
UnderlyingValue	Variant	指出一个Field对象在数据库中的当前值，只读
Value	Variant	指出赋给Field对象的值

表D-12　Fields集合的方法

方　法	返回值类型	说　明
Append		向Fields集合追加一个Field对象
CancelUpdate		撤销对Fields集合做的任何改动
Delete		从Fields集合中删除一个Field对象
Refresh		更新Fields集合中的Field对象
Resync		重新同步Fields集合中的数据
Update		存储对Fields集合所做的改变

表D-13　Fields集合的属性

属　性	返回值类型	说　明
Count	长整型	指出Fields集合中Field对象的数目，只读
Item	Field	允许索引到Fields集合内，引用一个指定的Field对象，只读

表D-14　Parameter对象的方法

方　法	返回值类型	说　明
AppendChunk		向大型的或者二进制的Parameter对象追加数据

表D-15　Parameter对象的属性

属　性	返回值类型	说　明
Attributes	长整型	指出Parameter对象的特性个数
Direction	ParameterDirectionEnum	指出Parameter对象是输入参数、输出参数或双向参数，参数是否从存储过程中返回值
Name	字符串型	指出Parameter对象的名称
NumericScale	字节型	指出Parameter对象的数值范围
Precision	字节型	指出Parameter对象的数值精度
Properties	Properties	包含一个Parameter对象的全部Property对象
Size	长整型	指出Parameter对象的最大大小，单位为字符或字节
Type	DataTypeEnum	指出Parameter对象的数据类型
Value	Variant	指出赋给Parameter对象的值

表 D-16　Parameters 集合的方法

方　　法	返回值类型	说　　明
Append		向 Parameters 集合追加一个 Parameter 对象
Delete		从 Parameters 集合中删除一个 Parameter 对象
Refresh		更新 Parameters 集合中的 Parameter 对象

表 D-17　Parameters 集合的属性

属　　性	返回值类型	说　　明
Count	长整型	指出 Parameters 集合中 Parameters 对象的数目，只读
Item	Parameter	允许索引到 Parameters 集合内，引用一个指定的 Parameter 对象，只读

表 D-18　Properties 集合的方法

方　　法	返回值类型	说　　明
Refresh		用提供者提供的细节更新 Properties 集合中的 Property 对象

表 D-19　Properties 集合的属性

属　　性	返回值类型	说　　明
Count	长整型	指出 Properties 集合中 Property 对象的数目，只读
Item	Property	允许索引到 Properties 集合内，引用一个指定的 Property 对象

表 D-20　Property 对象的属性

属　　性	返回值类型	说　　明
Attributes	长整型	指出 Property 对象的特性个数
Nume	字符串型	指出 Property 对象的名称，只读
Type	DataTypeEnum	指出 Property 对象的数据类型
Value	Variant	指出赋给 Property 对象的值

表 D-21　Record 对象的方法

方　　法	返回值类型	说　　明
Cancel		撤销执行一个并步的 Execute 或 Open 操作
Close		关闭打开的记录
CopyRecord	字符串型	从一个位置复制一个文件、目录和 Record 代表的对象到另一个位置
DeleteRecord		删除一个文件、目录和 Record 代表的对象
GetChildren	Recordset	返回一个记录集，包含 Record 代表的目录下的文件和文件夹
MoveRecord	字符串型	从一个位置移动一个文件、目录和 Record 代表的对象到另一个位置
Open		创建一个新的或打开一个现有的文件或目录

表 D-22　Record 对象的属性

属　　性	返回值类型	说　　明
ActiveConnection	Variant	指出指定的 Recordset 对象当前属于哪个 Connention 对象
Fields	Fields	包含当前 Recordset 对象中的所有 Field 对象，只读
Mode	ConnectModeEnum	指出修改 Connection 对象中数据的权限

续表

属　性	返回值类型	说　明
ParentURL	字符串型	指出当前Record对象的父Record对象的绝对URL，只读
Properties	Properties	包含当前Recordset对象中的所有Property对象，只读
RecordType	RecordTypeEnum	指出Record对象是简单记录、结构化文档还是一个集合，只读
Source	Variant	指出Record对象代表的是URL，还是到一个打开的记录集的引用
State	ObjectStateEnum	指出记录是打开的还是关闭的，如果打开，显示异步活动的状态。只读

表D-23 Recordset对象的方法

方　法	返回值类型	说　明
Addnew		为可更新的Recordset对象创建一个新记录
Cancel		撤销执行一个异步的Execute或Open操作
CancelBatch		撤销批更新
CancelUpdate		撤销对现在记录的任何改变
Clone	Recordset	创建现有的Recordset对象的副本Recordset对象
Close		关闭Recordset对象及相关的任何对象
CompareBookmarks	CompareEnum	比较两个书签并返回一个相对值的指示
Delete		删除当前记录或一组记录
Find		在记录集里寻找匹配给定标准的记录
GetRows	Variant	将Recordset对象中的多个记录检索到一个数组中
GetString	字符串型	作为字符串返回一个Recordset
Move		移动记录集指针指向一个记录
MoveFrist		移动记录集指针指向Recordset中的第一个记录
MoveLast		移动记录集指针指向Recordset中的最后一个记录
MoveNext		移动记录集指针指向Recordset中的下一个记录
MovePrevious		移动记录集指针指向Recordset中的前一个记录
NextRecordset	Recordset	清除当前的Recordset并用一组命令返回下一个Recordset
Open		打开一个Recordset
Requery		通过重新执行此对象所基于的查询，对Recordset对象的数据进行更新
Resync		根据底层数据刷新当前Recordset对象的数据
Save		将Recordset保存为一个文件
Seek		搜索记录集索引，查找一个值
Supports	布尔型	决定指定的Recordset对象是否支持某一功能
Update		保存对当前Recordset对象所做的所有改变
UpdateBatch		将所有的批更新写到磁盘

表D-24 Recordset对象的属性

属　性	返回值类型	说　明
AbsolutePage	PositionEnum	指定当前记录在哪一页上
AbsolutePosition	PositionEnum	指定一个Recordset对象的当前记录原始位置

续表

属　性	返回值类型	说　明
ActiveCommand	Object	出创建相关 Recordset 对象的 Command 对象，只读
ActiveConnection	Variant	指出指定的 Recordset 对象当前属于哪个 Connection 对象
BOF	布尔型	指出当前的记录是否在 Recordset 对象的第一条记录之前，只读
Bookmark	Variant	返回一个在 Recordset 里唯一识别当前记录的书签，或者把当前的记录设置为用一个有效的书签标识的记录
CacheSize	长整型	指出在内存中缓存的 Recordset 对象的记录数
CursorLocation	CursorTypeEnum	设置或返回光标引擎的位置
CursorType	CursorLocationEnum	指出 Recordset 对象中使用的光标类型
DataMember	字符串型	指定从由 DataSource 属性引用的对象检索的数据成员的名称，只写
DataSource	对象	指定一个对象，它包含的数据由一个 Recordset 对象，只写
EditMode	EditModeEnum	指出当前记录的编辑状态，只读
EOF	布尔型	指出当前记录是否在 Recordset 对象的最后一条记录之后，只读
Fields	Fields	包含当前的 Recordset 对象中的所有 Field 对象
Filter	Variant	指出 Recordset 中的数据过滤器
Index	字符串型	当前所使用的索引的名称
LockType	LockTypeEnum	指出编辑过程中放置在记录上的锁的类型
MarshalOptions	MarshalOptionsEnum	指出哪些记录被调度回服务器
MaxRecords	长整型	指出从一次查询中返回到一个 Recordset 对象的最大记录数目，默认是零(无限制)
PageCount	长整型	指出 Recordset 对象包含多少页面，只读
PageSize	长整型	指出 Recordset 对象中每页由多少记录组成
Properties	Properties	包含当前的 Recordset 对象的所有 Property 对象
RecordCount	长整型	指出当前的 Recordset 对象中的多少记录，只读
Sort	字符串型	指定 Recordset 对象用于排序的一个或多个字段名，并指定排序方向
Source	字符串型	指出 Recordset 对象的数据源
State	长整型	指出记录集是打开的还是关闭的，或者是否正在执行异步操作，只读
Status	整型	指出当前记录的有关更新或其他批操作的状态，只读
StayInSync	布尔型	在一个分层 Recordset 对象里，指出当下级记录改变时上一级记录是否应该改变，只读

表D-25　Recordset对象的事件

属　性	返回值类型	说　明
EndOfRecordset		当试图从 Recordset 对象的末尾移到下一行时触发
FetchComplete		当在一个异步操作里所有的记录检索到 Recordset 对象后触发
FetchProgress		在较长的异步操作期间内定期地触发，并且报告目前已经检索到的行数
FieldChangeComplete		当一个或几个字段的值改变完成后触发
MoveCopmlete		Recordset 对象里的指针位置改变后触发

续表

属　性	返回值类型	说　明
RecordChangeComplete		一个或多个记录改变完成后触发
RecordseChangeComplete		Recordset 对象改变完成后触发
WillChangeField		在一个操作将要改变一个或多个字段的值之前触发
WillChangeRecord		当 Recordset 对象里一行或多行改变前触发
WillChangeRecordset		在一个操作改变 Recordset 对象前触发
WillMove		在一个操作改变 Recordset 对象里的指针位置前触发

表 D-26　Stream 对象的方法

方　法	返回值类型	说　明
Cancle		撤销一个未打开的异步 Open 操作
Close		关闭一个打开的 Stream
CopyTo		从一个 Stream 到另一个 Stream 复制字符或字节
Flush		刷新 Stream 的内容到一个底层对象
LoadFromFile		从一个文件里读取一个 Stream
Open		从一个存在的 Record 或 URL 里打开一个 Stream 对象，或创建一个空的 Stream
Read	Variant	从一个 Stream 里读取一些字节
ReadText	字符串型	从一个文本 Stream 里读取一些字符
SaveToFile		存储一个打开的 Stream 到一个文件里
SetEOS		把当前的位置设置为 Stream 的末尾
SkipLine		当从一个文本 Stream 里读取时跳过一行
Write		把二进制数据写进一个 Stream 里
WriteText		把文本数据写进一个 Stream 里

表 D-27　Stream 对象的属性

属　性	返回值类型	说　明
Charset	字符串型	标识用于 Stream 的字符集
EOS	布尔型	如果当前的位置是 Stream 的末尾，设置为 True，只读
LineSeparator	LineSeparatorEnum	指出文本 Stream 里用来分隔行的字符，默认是 VbCrLf
Mode	ConnectionModeEnum	指出修改 Connection 里数据的可用的权限
Position	长整型	指定当前在 Stream 中的位置
Size	长整型	用字节指出 Stream 的长度，只读
State	ObjectStateEnum	指出 Stream 是打开的还是关闭的，如果是打开的，指出异步活动的状态，只读
Type	StreamTypeEnum	指出 Stream 是包含文本还是包含二进制数据

附录 E　ADO 2.5 常量参考

下列常量是 ADO 预先定义的。对于脚本语言，这些常量包含在 adovbs.inc 或 adojava.inc 中，文件存放在\Program Files\Common Files\System\Ado 下。对于 ASP，既可以包含这些文件，也可以使用一个 METADATA 标识引用类型库。例如：

```
<!--METADATA TYPE="typelib" unid="{00000205-0000-0010-8000-00AA006D2EA4}"-->
```

可以在单独的 ASP 页面或在 global.asa 中包含这个 METADATA 标识。ADO 有许多常量，本附录仅列出了极少的一部分，读者可到 http://6677.8u8.com 中查询。

表 E-1　AffectEnum 常量的名称、值及说明

名　　称	值	说　　明
adAffectAll	3	操作影响记录集内所有的记录
adAffectAllChapters	4	操作影响所有的子记录
adAffectCurrent	1	操作只影响当前的记录
adAffectGroup	2	操作只影响满足当前的 Filter 属性的记录

表 E-2　BookmarkEnum 常量的名称、值及说明

名　　称	值	说　　明
adBookmarkCurrent	0	从当前的记录开始，默认
adBookmarkFirst	1	从第一条记录开始
adBookmarkLast	2	从最后一条记录开始

表 E-3　CEResyncEnum 常量的名称、值及说明

名　　称	值	说　　明
adResyncAll	15	再同步每一个未完成的行的数据
adResyncAutoIncrement	1	再同步所有成功插入的行的自动增加值，默认
adResyncConfiicts	2	再同步所有由于并行操作冲突引起的删除或更新操作失败的行
adResyncInserts	8	再同步所有成功插入的行，包括标识列的值
adResyncNone	0	没有执行再同步
adResyncUpdates	4	再同步所有成功更新的行

表 E-4 CommandTypeEnum 常量的名称、值及说明

名　称	值	说　明
adCmdFile	256	指出提供者应该作为先前的永久文件给 CommandText 赋值
adCmdStoredProc	4	提出提供者应该作为一个存储过程给 CommandText 赋值
adCmdTable	2	指出提供者应该产生一个 SQL 查询来返回 CommandText 中指定的表中的所有行
adCmdTableDirect	512	指出提供者应该返回 CommandText 中指定的表中的所有行
adCmdText	1	指出提供者应该用文本化的命令定义(如 SQL 语句)给 CommandText 赋值
adCmdUnknown	8	指出在 CommandText 中命令的类型未知
adCmdUnspecified	–1	命令的类型未指定

表 E-5 CursorTypeEnum 常量的名称、值及说明

名　称	值	说　明
adOpenDynamic	2	打开一个动态类型的光标
adOpenForwardOnly	0	打开一个只许前向类型的光标，默认
adOpenKeyset	1	打开一个键集类型的光标
adOpenStatic	3	打开一个静态类型的光标
adOpenUnspecified	–1	指出光标类型是一个未指定的值

表 E-6 LockTypeEnum 常量的名称、值及说明

名　称	值	说　明
adLockBatchOptimistic	4	乐观的批更新
adLockOptimistic	3	乐观的锁定，逐个记录锁定，调用 Upate 时提供者锁定记录
adLockPessimistic	2	悲观的锁定，逐个记录锁定，编辑记录时提供者立即锁定记录
adLockReadOnly	1	数据不允许修改，默认，只读
adLockUnspecified	–1	创建一个与原来类型相同的锁

部分习题参考答案

第 2 章

一、1．C　　2．A　　3．A　　4．D　　5．B

二、1．.htm　　2．脚本　　3．<HTML></HTML>　　4．序　头部　文件主体

5．<!　>　<!--　-->　　6．<TABLE></TABLE>　<FORM></FORM>　<A></A>

7．选择器　样式规则

第 3 章

一、1．显示输出　描述信息　　2．转换文档　将文档格式化

第 4 章

一、1．设计　拆分　代码　预览　无框架　　2．GIF　JPG

3．n+1　　4．GIF　1

5．一个或多个输入域　一种提交结果的方式　一个用于收集　处理并记录提交数据的程序

6．将结果发送到某文件　将结果以电子邮件的形式发送　发送至某数据库保存　发送至其他对象

第 5 章

一、1．D　　2．A　　3．C　　4．D　　5．A　　6．B

二、1．算术　比较　逻辑　　2．<SCRIPT></SCRIPT>　　3．Language　JavaScript

4．数值　字符　　5．16　32　48　64　　6．/*　*/　//

7．构造函数

四、2．共有 3 处：setup→step　去掉 MsgBox()函数的圆括号　EndSub→End Sub

第 6 章

一、1．B　D　　2．A　　3．D　　4．A

二、1．服务器端执行代码　客户端执行代码　包含文件语句#include

2．VBScript　　3．VBScript　JavaScript　　4．Language="VBScript"

第 7 章

一、1．B　　2．C　　3．A　　4．B　　5．B

二、1．Application、Session　　2．浏览器端的主机名称　服务器的 IP 地址　当前打开网页的虚拟路径　服务器端的计算机名称或 IP 地址　服务器端的接口编号

3．持久、终止

第 8 章

一、1．A　　2．C　　3．B

二、1．Browser Capabilities　FileAccess　Content Linker　Ad Rotator

2．ADROT.DLL　超链接处理文件　广告数据库　　3．发送邮件

第9章

一、1. A　　2. C　　3. A　　4. B　　5. D　　6. B

二、1. 用户　系统　文件　　2. Connection　Command　Recordset

3. 集合　方法　属性　　4. Addnew

5. EOF　　6. Response　BinaryWrite

三、1. 错　　2. 错　　3. 对　　4. 对　　5. 错

6. 对　　7. 对　　8. 错　　9. 错　　10. 错

参考文献

[1] 贾耀炜．HTML 语言与主页设计[M]. 北京：人民邮电出版社，1998.

[2] 王国荣．Active Server Pages & Web 数据库[M]. 北京：人民邮电出版社，1999.

[3] 姚晓乐，等．Web 开发技术[M]. 北京：人民邮电出版社，1999.

[4] 林风. 动态网站设计捷径：ASP[M]. 西安：西安电子科技大学出版社，1999.

[5] 刘炳文．VBScript 可视化程序设计[M]. 北京：清华大学出版社，1999.

[6] 薛元昀．网页数据库设计与发布[M]. 北京：清华大学出版社，1999.

[7] 龚沛曾．Visual Basic 程序设计教程．6.0 版．北京：高等教育出版社，2000.

[8] 孙超，等译．Web 设计思想[M]. 北京：机械工业出版社，2000.

[9] 刘福太译．ASP 3 高级编程[M]. 北京：机械工业出版社，2000.

[10] 林志强．ASP 电子商务设计实务[M]. 北京：中国铁道出版社，2000.

[11] 黄斯伟．个人建站与企业建网轻松上手[M]. 北京：人民邮电出版社，2000.

[12] 邓文渊．ASP 与网页数据库设计[M]. 北京：中国铁道出版社，2001.

[13] 方盈．SQL Server 2000 中文版彻底研究[M]. 北京：中国铁道出版社，2001.

[14] 数位文化．网页数据库实例应用宝典[M]. 北京：清华大学出版社，2001.

[15] 康博译．ASP.NET Web 服务器高级编程[M]. 北京：清华大学出版社，2002.

[16] 王宝良译．基于 XML 的 ASP.NET 开发[M]. 北京：清华大学出版社，2002.

[17] 魏善沛．电子商务网站开发与实现[M]. 北京：高等教育出版社，2004.

[18] 魏善沛．网页设计创意与编程[M]. 北京：清华大学出版社，2006.

[19] 魏善沛．网页设计创意与编程实验指导[M]. 北京：清华大学出版社，2007.

[20] 魏善沛．Web 数据库编程与应用[M]. 北京：清华大学出版社，2008.

Learn more about it !

笔记栏